物理学专业实验教程

主　审　　陈中轩
主　编　　闵　琦
副主编　　王全彪　　朱加培　　田家金
编　委　（按姓氏拼音排序）
　　　　　毕雄伟　　蔡　群　　丁志美　　葛树萍　　和万全
　　　　　龙　飞　　蒙　清　　王　玻　　王翠梅　　王晟宇
　　　　　王世恩　　王小兵　　杨瑞东　　翟凤瑞　　张宏伟
　　　　　张黎黎　　张青友

中国科学技术大学出版社

内 容 简 介

本书是根据地方本科院校的实际情况,结合多年教学的实践经验编写而成的,以探究性实验为主,突出学生综合能力的培养。全书共分 3 个部分,分别是基础物理实验、综合物理实验和近代物理基础实验,共计 47 个实验。每一个实验都包含实验原理、实验内容和问题讨论等内容。

本书可作为本科院校理工科专业教材使用。

图书在版编目(CIP)数据

物理学专业实验教程/闵琦主编. —合肥:中国科学技术大学出版社,2019.6
ISBN 978-7-312-04673-5

Ⅰ. 物…　Ⅱ. 闵…　Ⅲ. 物理学—实验—高等学校—教材　Ⅳ. O4-33

中国版本图书馆 CIP 数据核字(2019)第 066276 号

出版	中国科学技术大学出版社
	安徽省合肥市金寨路 96 号,230026
	http://press. ustc. edu. cn
	https://zgkxjsdxcbs. tmall. com
印刷	合肥市宏基印刷有限公司
发行	中国科学技术大学出版社
经销	全国新华书店
开本	787 mm×1092 mm　1/16
印张	16.25
字数	406 千
版次	2019 年 6 月第 1 版
印次	2019 年 6 月第 1 次印刷
定价	48.00 元

前　言

物理学本质上是实验科学，物理学的教学离不开实验。如何充分利用有限的资源培养合格的物理学人才，对教学者而言是一个绕不开的话题。我们物理学教学团队与红河学院同龄，经历了最初的蒙自师范高等专科学校到现如今的红河学院40年的办学实践。在这40年的物理学教学过程中，物理学教学团队集全体智慧，酝酿、编写并几易其稿，最终编著出这本书，实现了我校老中青三代物理学人多年来的心愿。

本书由3个部分组成，即基础物理实验、综合物理实验和近代物理基础实验，由王全彪（第1章），蒙清（第2章、第5章），丁志美（第3章、第6章），王晟宇（第4章），葛淑萍、和万全（第7章）编写。

闵琦教授任主编，负责全书统稿。王全彪副教授、朱加培博士和田家金副教授任副主编，负责全书内容的安排。本书承蒙云南大学陈中轩教授审阅，陈教授提出了许多宝贵意见，在此对陈中轩教授表示衷心的感谢。

本书的出版得到了国家自然科学基金项目"变截面驻波管声学性质研究及其应用（11364017）"和"大振幅非线性纯净驻波场的获取及其声学特性的实验研究（11864010）"的资助，同时还得到了质量工程项目"红河学院物理学校级建设学科"和"红河学院自编教材出版"的资助。

由于我们经验不足，水平有限，书中难免存在缺点和错误，恳请读者批评指正。

闵　琦

2018 年 12 月 5 日

目　　录

基础物理实验

综合物理实验

近代物理基础实验

基础物理实验

第1章　力　　学

实验 1.1　长度和体积的测量

【实验目的】

(1) 掌握游标卡尺、螺旋测微器、读数显微镜的测量原理；
(2) 练习使用游标卡尺、螺旋测微器、读数显微镜；
(3) 练习记录数据和计算不确定度。

【实验仪器】

游标卡尺、螺旋测微器、读数显微镜、物理天平等。

【实验原理】

长度、质量和时间都是生活中经常使用的量，也是基本物理量，对其测量自古有之，至今有很多工具和方法。实验室里常用的长度测量工具有直尺、卷尺、游标卡尺、螺旋测微器(千分尺)和读数显微镜等；测量质量和时间常用的仪器分别有天平和秒表。测量方法有简单的，也有复杂的。本实验中主要介绍游标卡尺、螺旋测微器、读数显微镜。

1. 游标卡尺

游标卡尺虽有不同种类，但基本结构和使用方法相同，如图 1.1.1 所示。

众所周知，游标卡尺相较于直尺的测量更为准确，但大多不明白其测量原理——"错位放大法"。下面以 10 分度的游标卡尺为例介绍。

图 1.1.2(a)为当两个测量爪紧密接触(未测量)时尺身上的主尺和游标副尺的刻度线示意图，左端上下两条"0"刻线对齐，副尺的刻线"10"(即右边的 0 刻线)对其主尺上 0.9 cm(即 9 mm)的刻线。副尺上的"0"到"10"之间的真实长度为 9 mm，将其等分为 10 份，每一等份长 0.9 mm。主、副尺上"0"刻线后的两条第"1"刻线间相距 0.1 mm，第"2"刻线间相距 0.2 mm，以此类推，第"9"刻线间相距 0.＿＿ mm。当把游标向后移动 0.1 mm 时，如图 1.1.2(b)所示，副尺的所有刻线均向后移动 0.1 mm，主、副尺上的两条第"1"刻线对齐，第"2"刻线间相距 0.1 mm，副尺的"0"刻线后退了 0.1 mm，即两个测量爪间的长度为 0.1 mm。以此类推，游标每右移 0.1 mm，上下总有两刻线会对齐。如果游标从一开始向后

移动 0.9 mm,则副尺上的第"____"刻线对齐主尺上的第"9"刻线,副尺的"0"刻线后退了 0.9 mm,两个测量爪间的长度为____ mm,游标卡尺所测长度就是 0.9 mm。随后,若游标再向后移动 0.1 mm,则副尺的"0"刻线将对齐主尺的第"1"刻线,"10"刻线将对齐主尺的第"10"刻线(即 1 cm 线),此时游标卡尺测量的长度为 1 mm。若游标再向后退,则又开始新一轮"对齐刻线"测量长度的过程。

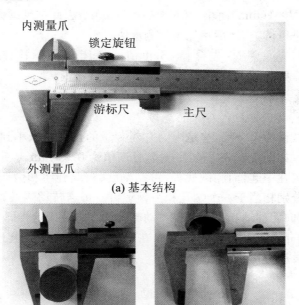

(a) 基本结构

(b) 测量长度　　　　(c) 测量内径

图 1.1.1　游标卡尺基本结构及使用示意图

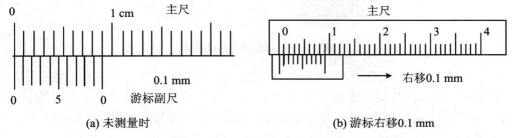

(a) 未测量时　　　　　　　　　　　(b) 游标右移0.1 mm

图 1.1.2　10 分度游标卡尺示意图

对于游标后移 1 mm 的过程,可以认为主尺上 1 mm 长度的移动是通过副尺上的 10 等分刻度线完成的,因此副尺上的一个分度值将代表主尺上的 0.1 mm,从而达到将主尺长度进行放大测量的效果。或者可以这样理解:主尺上相邻两条刻线间的长度(1 mm)被游标副尺上的刻度进行了 10 等分(所以称为 10 分度游标卡尺),副尺上的每 1 格代表测量长度的 $\frac{1}{10}$ mm(即分度值 0.1 mm);实际测量时,若副尺上"0"刻线后的第"N"条刻线对齐了主尺上的刻线,则副尺的读数即为"$N \times 0.1 = 0.N$(mm)",而后读出主尺上的读数与其相加便为所测长度。

图 1.1.1 是 50 分度的游标卡尺，主尺上的 1 mm 被副尺进行了 50 等分，副尺的每 1 格代表测量长度的_____mm；实际测量时，若副尺上"0"刻线后的第"10"条刻线对齐了主尺上的刻线，则副尺的读数即为"$10 \times$ ____（mm）"。

那主尺上的读数怎么读呢？主尺就是一把直尺，分度值为 1 mm。测量时，副尺的"0"刻线向后移动时大多会处在主尺上的第"N"条刻线和第"$N+1$"条刻线间，两测量爪间的长度（即测量长度）大于 $N \times 1$(mm) 而小于 $(N+1) \times 1$(mm)，因此主尺读数为 $N \times 1$(mm)，大于的部分则从副尺上进行读数，然后相加得到测量值。

使用游标卡尺时应注意：① 先看卡尺分度值。② 闭合卡钳，检查副尺和主尺的"0"刻线是否对齐，如果没有，则必须记录下零点读数，进行零点补正。

2. 螺旋测微器（千分尺）

螺旋测微器又被称为千分尺，这是因为它能测量的长度可以小到 0.001 mm，其测量原理为"螺旋放大"法。如图 1.1.3 中的千分尺，分度值为 0.01 mm，固定刻度就相当于一把直尺，和尺架、测砧固定在一起，而测微螺杆、可动刻度、粗调旋钮和微调旋钮固定成一体。固定刻度和测微螺杆分别相当于一个螺孔和一颗螺钉。每当转动测微螺杆（相当于螺钉）1 周时，测微螺杆向前或向后移动 0.5 mm，在可动刻度所处的圆周上将周长分为 50 等份，则每 1 等份代表直线方向上 0.01 mm 的长度。在 0.01 mm 的分度上还可以进一步估读到 0.001 mm，其示值误差为 0.004 mm。

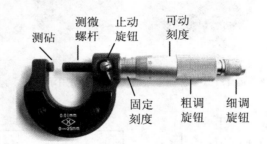

图 1.1.3 螺旋测微器结构图

千分尺就是通过"化直为曲"（螺旋运动）的方法将直线长度放大为圆周长度进行精密测量。测微螺杆转动整数周带来的长度变化通过间隔 0.5 mm 的固定刻度进行测量，不足 0.5 mm 的长度由可动刻度（圆周刻度线）读出，两个读数相加便为测量长度。

使用千分尺时应注意：

(1) 测前检查零点并记录。当未夹被测物体而使测砧和测微螺杆接触时，正常情况下可动刻度的"0"刻线应与固定刻度上的长横线对齐，但是使用不当或螺纹磨损过度，会造成有的千分尺不能对齐，如图 1.1.4 所示。如此则造成在测量时没有从"0"刻线开始测量，也就是尚未测量就已经有读数，因此必须记下此时的数值——"零点读数"，在测量读数时要减去该数值。在图 1.1.4 所示的零点读数中，由于可动刻度向左移动时超越了"0"刻线，因此要由上往下读出零点读数，记为"负值"，而如果可动刻度向左移动时不能到达"0"，则由下往上读出零点读数，记为"正值"。

(2) 用力要轻，且必须使用细调旋钮（也叫棘轮）。首先使用粗调旋钮使测微螺杆向被测物方向靠近，接近被测物时换用棘轮缓慢靠近，待听到棘轮发出声响时停止转动。此时螺杆已和被测物紧密接触而停止前进,用止动旋钮固定后便可读数。如果用力过猛或不使用棘轮,可能会损伤千分尺内部的螺纹,也可能会使被测物挤压变形,造成读数不准确,甚至损坏仪器。

图 1.1.4 千分尺零点读数"－0.193 mm"

(3)"不走回头路"。在使螺杆靠近被测物的过程中,旋钮只能往一个方向旋转,中途不能反向旋转。因为当反转时,由于螺纹机械的原因,在反转点虽然可以看见旋钮在转动,但在一定程度上螺杆却没有前进或后退,由此会造成"回程误差"。

3. 读数显微镜

当被测物比较小,无法用游标卡尺和千分尺测量时,就该如图 1.1.5 所示的读数显微镜出场了。读数显微镜在结构上相当于一台显微镜加上一把千分尺,显微镜的左右移动相当于千分尺上测微螺杆的移动。当旋转刻度转动 1 周时,显微镜在水平方向上向左或向右移动 1 mm。将旋转刻度上的圆周分成 100 等份,每 1 等份将代表水平方向____ mm 的长度,因此旋转刻度的分度值为____ mm,而固定刻度的分度值和直尺一样,依然为 1 mm。

测量时,将被测物固定于载物台上,调节显微镜的目镜看清楚镜中"十字叉丝",再调节物镜使被测物对焦清晰。如图 1.1.6 所示,移动显微镜对准测量目标的一侧,按千分尺的方法读数并记录下此时固定刻度和旋转刻度的数值,两者相加便得到显微镜的位置读数 X_1,然后往被测物的另一侧移动显微镜并对准,读出此时显微镜的位置读数 X_2,则被测物的长度即为 X_1 和 X_2 两者之_____。

图 1.1.5 读数显微镜

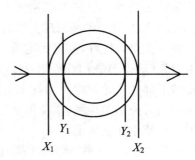

图 1.1.6 镜中图像

使用读数显微镜时应注意:① 为了避免产生＿＿＿＿＿＿＿＿,测量中"不走回头路";② 显微镜的运动方向要和被测两点间的连线平行。

【实验内容与要求】

(1) 用游标卡尺测量圆柱体的直径和高,计算体积;
(2) 用千分尺测量小钢球的直径,计算体积;
(3) 用读数显微镜测量毛细管的内径和外径,计算体积。

【问题讨论】

(1) 通过地图怎样测量出一段较为光滑的海岸线的长度?
(2) 怎样测量出一张纸的厚度?
(3) 要想知道一栋楼的高度,但测量工具只有一个皮卷尺,你能测量出来吗?
(4) 若游标卡尺的测量精度为 0.05 mm,请问游标的刻度是怎么划分的?

实验 1.2　质量和密度的测量

【实验目的】

掌握物体质量和密度测量的基本方法。

【实验仪器】

物理天平、电子天平、烧杯、温度计。

【实验原理】

设一个物质分布均匀的物体的质量为 m,体积为 V,则其密度为 $\rho = \dfrac{m}{V}$,由此公式可见密度的测量较为简单。质量可以用天平进行测量,其种类较多,机械天平的原理是杠杆原理,而电子天平则是利用平衡原理工作的。物理实验室中经常使用的是物理天平,如图 1.2.1 所示。天平的横梁即杠杆,其上固定有三个刀口:中央刀口(即杠杆支点)可以安置在支柱顶端的中央刀托(玛瑙刀垫)上;两侧刀口(即边刀托,杠杆上力的作用点)上各悬挂一秤盘。使用时需旋转下部的手轮使中央刀托上升将横梁顶起,横梁才成为杠杆。当天平不使用时中央刀口和中央刀托不能接触,横梁由立柱上左右两端的制动架支撑住。

物理天平使用注意事项:

(1) 天平使用需"三平":底座 1 平,横梁 2 平。

一调螺丝底座平。调整天平底脚的调平螺丝,让底座上圆形水准器的气泡处于中心位

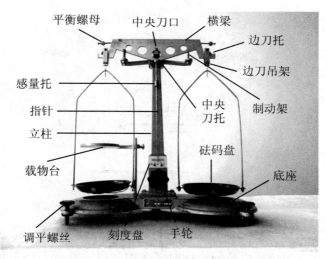

平衡螺母　中央刀口　横梁

边刀托

边刀吊架

制动架

感量托

指针

立柱

载物台

中央刀托

砝码盘

底座

调平螺丝　刻度盘　手轮

图 1.2.1 物理天平结构示意图

置(有的天平使用铅锤线显示),以保证天平的支柱竖直,刀垫水平。

二调螺母空载平。托盘挂刀口,游码在零线。然后升起横梁,检查指针是否停在中央(或小幅度摆动不超过一分格时左右两边幅度是否相同)。若是,则横梁已水平;若否,则先放下横梁稳定不动,再调节横梁两端的平衡螺母,反复数次直至平衡。

三调砝码称公平。前面 2 平完成后便可开始称量。按"左物右码"顺序放入物体和砝码,然后升起横梁,检查是否水平。若水平,下降并置稳横梁后记录砝码质量数,测量完成;若不平,依然需下降横梁并置稳,然后方能加、减砝码或调节游码,继而升高并检查横梁是否水平,如此反复,直至完成测量。

(2)"轻升轻降,轻取轻放,停用勿上"。物理天平能实现精密测量的关键在于刀口和砝码,为了保护它们需做到以下 4 点:升起和降落横梁时要轻;取放物体和砝码要轻;不使用时边刀吊架不要架上边刀托;物重不能超过量程。

(3)加减砝码有顺序,先大后小速度快。

(4)移动砝码必须使用镊子,不得用手接触。

在实际测量中,质量 m 可以由天平精确测量,而体积 V 的测量却有一定的复杂性。如对于长方体,可以测量其长度 a、宽度 b 和高度 h 后计算出体积 $V = abh$;对于圆柱体,测量其直径 d 和高度 h,由公式 $V = \pi d^2 h/4$ 计算得体积。但对于形状不规则的物体,其体积难以从外形尺寸得到精确数值,解决方法之一是借助于已知密度的水,用天平精确"称量"被测物体的体积。

1. 静力称衡法测固体密度

设有一个质量为 m_1 的固体,用如图 1.2.2 所示的方法称量出该物体浸没水中时的质量 m_2,根据阿基米德原理有 $m_1 - m_2 = \rho_水 V$,则固体的体积 $V = (m_1 - m_2)/\rho_水$,密度

$$\rho = \frac{m_1}{m_1 - m_2} \rho_水 \tag{1.2.1}$$

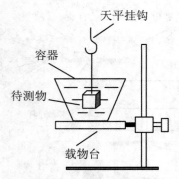

图 1.2.2 静力称衡法

2. 静力称衡法测液体密度

如将上述方法中的固体浸没待测液体时再次称量得质量 m_3，由于该物体的体积 V 没变，根据阿基米德原理，有 $V = \dfrac{m_1 - m_2}{\rho_水} = \dfrac{m_1 - m_3}{\rho_液}$，因此可得待测液体的密度

$$\rho_液 = \frac{m_1 - m_3}{m_1 - m_2} \rho_水 \tag{1.2.2}$$

【实验内容与要求】

(1) 用天平及游标卡尺测量金属长方体或圆柱体的密度；
(2) 再用静力称衡法测上述金属块的密度；
(3) 用静力称衡法测盐水的密度。

【问题讨论】

(1) 怎样测量水中漂浮的不规则物体的密度？
(2) 怎样用天平（含砝码）、刻度尺、烧杯（无刻度）、适量的水测量牛奶的密度？

实验 1.3 自由落体法测量重力加速度

【实验目的】

(1) 学习用自由落体法测重力加速度；
(2) 学习用作图法或数据处理软件计算重力加速度。

【实验仪器】

自由落体运动装置、钢球、光电门、光电计时器、钢卷尺。

【实验原理】

　　重力加速度对物理学、重力探矿、地球物理学和空间科学等都具有重要意义,对其最简单的测量方法就是自由落体法。但由于下落很快,时间的测量难度较大,因此测得的重力加速度的误差也较大。随着科技进步,光电传感器的发展使光电计时成为常见工具,自由下落的时间可以更为准确地测量,因此自由落体法也能准确测出重力加速度。现在甚至于可以用光的干涉法测量距离,用高频电信号测量时间,使得重力加速度的测量精度可达到10^{-9} m/s^2。

　　图1.3.1是自由落体运动装置示意图,钢球从入口处自由下落,经过上光电门时的速度为v_0,经过下光电门的速度为v_t,两光电门间的距离为h,钢球通过h的时间为t(由光电计时器测量),则有$h = v_0 t + \frac{1}{2}gt^2$,等式两边同除以$t$,可得

$$\frac{h}{t} = v_0 + \frac{1}{2}gt \tag{1.3.1}$$

在v_0不变的条件下,只要测量出2个不同的高度h_1,h_2及相应的时间t_1,t_2,由式(1.3.1)便可计算出重力加速度g。

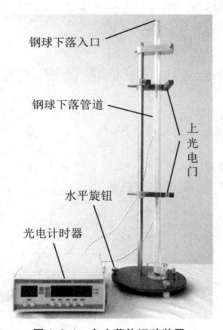

图1.3.1　自由落体运动装置

　　若令$y = \frac{h}{t}$,比例系数$k = \frac{g}{2}$,式(1.3.1)变为

$$y = v_0 + kt \tag{1.3.2}$$

可见y和t呈线性关系,由此使用图像法可方便地计算重力加速度。测量多个不同的高度h及相应的时间t后,以t为横坐标,y为纵坐标建立直角坐标系,在坐标系里通过描点连线可以绘出一条直线。随后计算直线的斜率k,再由k计算出重力加速度($g = 2k$)。或者用

实验数据处理软件(如 Origin)绘出 y 随 t 变化的图像,然后通过软件的直线拟合功能计算斜率 k,进而求出重力加速度 g。

【实验内容与要求】

(1) 调节实验装置使立柱沿竖直方向放置,使钢球下落时能通过每个光电门的中点。
(2) 固定光电门并测量其间距 h。
(3) 测量钢球自由落体运动时经过 h 的时间 t,重复多次。
(4) 改变光电门的位置,重复步骤(2)和(3)。
(5) 用作图法计算 g 和 v_0 及其标准不确定度。
(6) 用数据处理软件计算 g 和 v_0 及其标准不确定度。

【问题讨论】

(1) 本实验中是否可以用逐差法处理数据?怎样测量和计算?
(2) 为什么实验中要固定上光电门的位置?
(3) 怎样测量钢球下落过程中某处的瞬时速度?
(4) 如果只有一个光电门,应如何进行测量?

实验 1.4　用单摆测量重力加速度

【实验目的】

(1) 由单摆测量重力加速度;
(2) 用作图法或最小二乘法处理实验数据。

【实验仪器】

单摆、停表、钢卷尺、千分尺。

【实验原理】

当一个较重的小球用一根不可伸长的轻细线悬挂在空中,在竖直平面内做辐角很小的摆动时就成为一个单摆。忽略线重、单摆所受的空气阻力和浮力,摆球仅受摆线的拉力和重力,受力分析如图 1.4.1 所示。设摆球质量为 m,摆长为 l。小球所受合力(即回复力)为 $mg\sin\theta$,当 θ 很小(小于 5°)时,因为 $\theta\approx\sin\theta$,所以回复力近似为 $mg\theta$。

根据牛顿第二定律,摆球的运动方程为

$$ma_{切} = ml\beta = ml\frac{\mathrm{d}^2\theta}{\mathrm{d}t^2} = -mg\theta \tag{1.4.1}$$

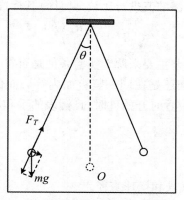

图 1.4.1　单摆受力分析

式中，$a_切$ 和 β 分别为切向加速度和角加速度。式(1.4.1)化简即为 $\dfrac{\mathrm{d}^2\theta}{\mathrm{d}t^2} = -\dfrac{g}{l}\theta$，这是一个简谐运动方程，即单摆此时做简谐振动，其角频率 ω 的平方等于 $\dfrac{g}{l}$。由此可得单摆振动的周期

$$T = \frac{2\pi}{\omega} = 2\pi\sqrt{\frac{l}{g}} \tag{1.4.2}$$

进而可得重力加速度

$$g = \frac{4\pi^2 l}{T^2} \tag{1.4.3}$$

由式(1.4.3)可知，只要测量出单摆的摆长和周期，就能计算出重力加速度。实验时若仅测量一个周期，产生的误差会较大，因此采取测量连续摆动 N 个周期的时间 t 来计算周期，式(1.4.3)变为 $g = \dfrac{4\pi^2 lN^2}{t^2}$，式中 π 和 N 为常数，则 g 的不确定度传递公式为

$$u_c(g) = g\sqrt{\left[\frac{u_c(l)}{l}\right]^2 + \left[2\,\frac{u_c(t)}{t}\right]^2} \tag{1.4.4}$$

式(1.4.2)还可以化为

$$T^2 = \frac{4\pi^2}{g}l \tag{1.4.5}$$

对同一地点，式(1.4.5)中的 $4\pi^2/g$ 是常数，则周期的平方与摆长成正比例关系。改变摆长 l，测量出多个摆长值及相应的周期 T，并计算出周期的平方(T^2)。对多组不同的 T^2 和 l 值，以 l 为横坐标，T^2 为纵坐标绘出 $T^2 - l$ 图像。然后在图像两端选取 A，B 两点，由公式 $k = \dfrac{T_A^2 - T_B^2}{l_A - l_B}$ 计算出斜率，其不确定度计算公式为

$$u_C(k) = k\sqrt{\left[\frac{2u_C(T^2)}{T_A^2 - T_B^2}\right]^2 + \left[\frac{u_C(l)}{l_A - l_B}\right]^2} \tag{1.4.6}$$

式中，$u_C(T^2) = \dfrac{\Delta_{T^2}}{\sqrt{3}}$，$u_C(l) = \dfrac{\Delta_l}{\sqrt{3}}$，$\Delta_{T^2}$ 与 Δ_l 需从 $T^2 - l$ 图像中得到，根据 T^2 轴与 l 轴的最小分度值估算。最后通过比例系数 $k = 4\pi^2/g$ 计算出重力加速度

$$g = \frac{4\pi^2}{k} \tag{1.4.7}$$

将计算值与本地重力加速度的标准值进行比较,并计算其标准不确定度

$$u_C(g) = g \frac{u_C(k)}{k} \tag{1.4.8}$$

注意　单摆实验的系统误差主要来源于实验条件是否符合单摆的理论模型,如摆球、摆线是否符合要求,摆动是圆锥摆还是在同一竖直面内等。而偶然误差主要来源于时间上的测量,因此要从摆球通过平衡位置时开始计时,且握表的手和小球同步运动。

【实验内容与要求】

(1) 组装好单摆,测量摆线长和摆球直径。
(2) 测量单摆做简谐运动 30 至 50 个周期的时间,重复多次。
(3) 等间距地改变摆长(6 至 10 次),按(2)的方法测量。
(4) 分别由式(1.4.3)和作图法计算重力加速度,并计算其不确定度。
(5) 尝试用最小二乘法处理数据。

【问题讨论】

(1) 当单摆摆角 θ 较大时,其周期 T 与很小摆角时的周期 T_0 间有近似关系 $T = T_0 \cdot \left(1 + \frac{1}{4}\sin^2 \frac{\theta}{2}\right)$,若在 $\theta = 15°$ 的条件下测得周期 T,则会对 g 值带来多少相对误差?

(2) 改变摆线和摆球的质量对单摆的周期有无影响? 为什么?

实验 1.5　运动滑块的动力学规律研究

【实验目的】

(1) 研究滑块质量及所受动力对其运动状态变化影响的规律;
(2) 测量滑块和气垫导轨间的黏性阻尼系数。

【实验仪器】

气垫导轨、滑块、砝码、光电门、光电计时器、直尺、垫块、细线。

【实验原理】

物理实验室中常用来研究直线运动的设备是气垫导轨,如图 1.5.1 所示。工作时,气泵将气充入导轨,从导轨面上的许多小孔喷出,可在滑块和导轨之间产生气垫,使得滑块运动时的阻力很小。如图 1.5.2 所示,滑块上的挡光片经过光电门时会产生信号,与光电门相连的光电计时器会测量出相应的时间,由直尺或导轨上的刻度尺测量出光电门间的距离,可得

到运动的位移,从而进行相应的计算。不同型号光电计时器的工作方式不同,有的仅能测量时间,有的可以直接测量出滑块经过光电门时的平均速度值,实验时需查看说明书。

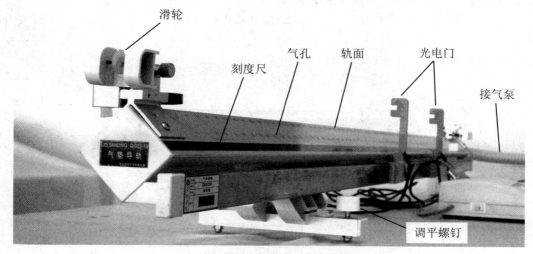

图 1.5.1 气垫导轨

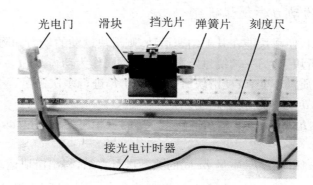

图 1.5.2 气垫导轨和滑块

当物体做匀变速直线运动时,其位移-时间关系式为 $S = v_0 t + \dfrac{1}{2}at^2$,位移-速度关系式为 $v_t^2 - v_0^2 = 2aS$。实验时利用光电计时器测量出运动时间 t、位移 S、初速 v_0 和末速 v_t,便可以计算出相应的运动量。

1. 黏性阻尼系数

当气垫导轨工作时,放在其上的滑块和气垫导轨间有一层空气,当滑块滑动时,会受到一个产生于空气层的内摩擦阻力 $F_{阻}$,其大小与滑块的平均速度成比例,即 $F_{阻} = b\bar{v}$,比例系数 b 称为(等效)黏性阻尼系数。欲得到阻尼系数 b,需将导轨调平进行测量,实际上是将导轨上 A,B 两个光电门的所在点调到同一水平线上。

设导轨上 A,B 两点在同一水平线上,由于内摩擦阻力的作用,滑块以 v_A 的速度通过点 A,到达 B 点时的速度为 v_B,由于阻力的作用,可知有 $v_A > v_B$,此间的速度损失为 $\Delta v = v_A - v_B = \dfrac{bl}{m}$,式中,$b$ 为黏性阻尼系数,l 为 A,B 两点间的距离,m 为滑块质量。则黏性阻

尼系数 $b = \dfrac{m\Delta v}{l}$，为了更准确地测量 Δv，可以分别测量出滑块向两个相反方向运动时的 Δv_{AB} 和 Δv_{BA}，取其平均值，则黏性阻尼系数

$$b = \frac{m}{l} \frac{\Delta v_{AB} + \Delta v_{BA}}{2} \tag{1.5.1}$$

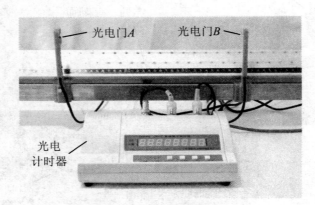

图 1.5.3　光电门和光电计时器

2. 滑块运动的动力学规律研究

将气轨略微倾斜，使滑块能在其上匀速运动，则滑块运动的动力和阻力相平衡。随后将细线的一端固定在滑块上，另一端绕过定滑轮挂上钩码作为动力。

首先，保持滑块质量不变，改变滑块所受的动力 F 进行多次测量，测量出滑块相应的加速度 a，得出加速度 a 受动力 F 影响的规律。

其次，保持动力 F 不变，改变滑块的质量 M，测量相应的加速度 a，得出加速度 a 受质量 M 影响的关系。

最后对加速度 a 和动力 F、质量 m 间的关系进行总结，得出滑块运动的动力学规律。

【实验内容与要求】

(1) 测量滑块和导轨间的黏性阻尼系数。

(2) 保持滑块质量 M 不变，等间距增加下挂钩码的质量，测量相应的速度或时间（重复多次），计算出相应的加速度 a，得出 a 和动力 F 的关系。

(3) 保持下挂钩码的质量不变，等间距增加滑块质量 M，测量相应的速度或时间（重复多次），计算出相应的加速度 a，得出 a 与滑块质量 M 间的关系。

(4) 总结出滑块运动的动力学规律。

【问题讨论】

(1) 实验的系统误差主要来自哪里？

(2) 怎样改进此实验？

实验 1.6　滑块碰撞规律的研究

【实验目的】

(1) 测量碰撞的弹性恢复系数;
(2) 研究滑块碰撞前后的动量关系;
(3) 研究滑块碰撞前后的动能关系。

【实验仪器】

气垫导轨、滑块、砝码、光电门、光电计时器、游标卡尺、尼龙胶带或双面胶。

【实验原理】

碰撞是生活中常见的现象,也是物理学研究中的重要对象,如核物理中粒子的碰撞研究。本实验将研究水平气垫导轨上两个滑块碰撞的规律。如图 1.6.1 所示,利用光电门分别测量出两个滑块碰撞前后的速度,用天平称量滑块的质量,计算出滑块碰撞前后的动量和动能,分析总结碰撞前后系统的动量和动能所遵循的规律。

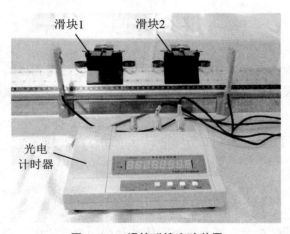

图 1.6.1　滑块碰撞实验装置

1. 弹性恢复系数

弹性恢复系数最早由牛顿提出,定义为两个物体碰撞后与碰撞前的相对速度之比,即

$$e = \frac{v_2 - v_1}{v_{10} - v_{20}} \tag{1.6.1}$$

一般称为恢复系数,式中的 1 和 2 代表两个碰撞物体,0 代表碰撞前的速度。当 $e = 1$ 时为完全弹性碰撞,$e = 0$ 时为完全非弹性碰撞,介于两者之间时为非完全弹性碰撞。

2. 误差分析

（1）如果滑块发生非对心碰撞，会使滑块发生振动，影响到所测量的动量和能量的准确性，因此必须调整碰撞点，使用较软的弹片，并且要在后侧平行导轨棱脊的方向推动滑块。

（2）由于导轨弯曲及其黏性阻力等外力也会产生影响，因此首先要使碰撞点尽量接近光电门的位置，其次是对速度进行修正。

【实验内容与要求】

（1）清洁导轨和滑块的表面，检查导轨的气孔是否通畅。

（2）调平气轨，检查滑块碰撞的弹簧，保证对心碰撞。

（3）用电子天平测量滑块质量。

（4）让滑块 1 静止，使滑块 2 对心碰撞滑块 1，测量两个滑块前后的速度，计算弹性恢复系数 e，比较碰撞前后的动量和动能关系，重复多次。然后，分别改变滑块 1 和 2 的质量，按上述方法继续实验。

（5）令两个滑块相向运动发生对心碰撞，测量两个滑块前后的速度，计算弹性恢复系数 e，比较碰撞前后的动量和动能关系，重复多次。然后，分别改变滑块 1 和 2 的质量，按上述方法继续实验。

（6）令滑块 1 和 2 发生完全非弹性碰撞，按（4）和（5）内容继续实验。

（7）分析总结各类碰撞前后的动量关系和动能关系。

【问题讨论】

（1）分析大质量物体撞小质量物体和小质量物体撞大质量物体的误差区别。

（2）你怎样从物理意义上理解完全非弹性碰撞和非完全弹性碰撞的区别？

实验 1.7 刚体定轴转动动力学规律的研究

【实验目的】

（1）研究刚体定轴转动时合外力矩与刚体转动角加速度的规律；

（2）考察刚体的质量分布对转动的影响。

【实验仪器】

刚体转动实验仪、秒表、游标卡尺、卷尺、砝码。

【实验原理】

刚体定轴转动也是常见的运动,如滑轮、飞轮、风车、车轮等等,如图 1.7.1 中的滑轮。滑轮上的任意一点(半径为 r)绕轴心做圆周运动,其切向加速度 a 和滑轮的角加速度 β 间有关系 $a = r\beta$,线速度和滑轮的角速度间存在 $v = r\omega$ 的联系。在图 1.7.1 所示的刚体转动实验仪中,细线一端环绕在绕线轴上,另一端通过定滑轮后系上重物。当重物下落时,带动转架转动,重物做匀变速直线运动,转架做匀变速转动。重物由静止开始下落的距离为 S,经过的时间为 t,则重物的平均速度 $\bar{v} = S/t$,末速度 $v = 2\bar{v} = 2S/t$,下落加速度 $a = v/t$,则转架的角速度和角加速度分别为

$$\omega = \frac{v}{r} = \frac{2S}{rt} \tag{1.7.1}$$

$$\beta = \frac{a}{r} = \frac{2S}{rt^2} \tag{1.7.2}$$

当刚体转动状态发生变化时,一定受到了合外力矩 $M_合$ 的作用,产生了角加速度 β,因此 β 和 $M_合$ 间必然有联系,本实验就是要探究它们间所遵循的规律。

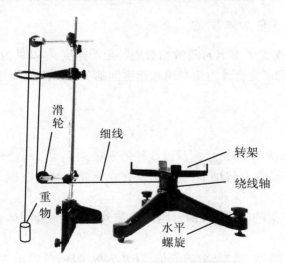

图 1.7.1 转台式刚体转动实验仪

1. 合外力矩 $M_合$

实验装置如图 1.7.1 所示,由转架构成转动系统,也可以如图 1.7.2 所示,将其他物体(如圆环)固定在转架上共同构成转动系统。转动系统在细线所系下垂砝码的拉力 T 作用下发生转动,所受外力矩主要有拉力 T 产生的力矩 M_T 和轴承处的摩擦力矩,系统所受合外力矩 $M_合 = TR - M_摩$(R 为绕线轴的半径)。当砝码加速下落时,其重力 mg 不等于引线的拉力 T,但在本实验中,近似认为它们相等,即 $T = mg$。

2. 角加速度 β

首先通过测量砝码匀加速下落的加速度 a,然后由 $\beta = \dfrac{a}{R}$ 计算出角加速度。测量 a 时,

让砝码由静止下落,测量其下落时间 t 和高度 h,则下落的平均速度 $\bar{v} = \dfrac{h}{t}$,末速度 $v = 2\bar{v}$,加速度 $a = \dfrac{2h}{t^2}$。

绕线轴
转架
细线
金属圆环
水平
螺旋

图 1.7.2　转台式刚体(俯视)

3. 外力矩 M_T 与角加速度的关系

改变外力矩 M_T(改变 T 或 R),测量相对应的角加速度 β,以 β 为纵坐标,M_T 为横坐标作 $\beta - M_T$ 图像,由图像研究合外力矩与角加速度间的关系及横截距的意义。

【实验内容与要求】

(1) 水平放置刚体转动实验仪,测量绕线轴的直径。

(2) 将细线一端环绕在绕线轴上,另一端绕过定滑轮后挂上砝码,调节各装置的位置使细线在同一竖直平面内。

(3) 挂上能加速下落的砝码 m,即对刚体施加外力矩,测量刚体转动的角加速度 β;重复 4~8 次。

(4) 改变砝码 5~10 次,重复(3)的测量,以 β 为纵坐标,外力矩 M_T 为横坐标作 $\beta - M_T$ 图,并分析角加速度与外力矩的关系。

(5) 考察刚体的质量分布对转动的影响。保持外力矩 M_T 不变,在刚体上加上不同的重物,测量相应的角加速度,定性比较刚体质量(转动惯量)对角加速度 β 的影响。

【问题讨论】

在 $\beta - M_T$ 图像中,横截距的物理意义是什么?

实验 1.8 金属丝弹性形变规律的研究

【实验目的】

(1) 掌握用光杠杆测量微小长度变化的原理和方法；
(2) 研究金属丝形变与受力的规律；
(3) 学习用作图法和最小二乘法处理数据。

【实验仪器】

杨氏弹性模量测定仪、光杠杆、螺旋测微器、金属丝、游标卡尺、直尺、望远镜、钢卷尺、水平仪、砝码。

【实验原理】

1. 应力与应变

材料在受外力作用时必然会发生形变。在弹性限度内,材料在长度方向单位横截面积上所受的力(F/S)称为应力,在长度方向产生的相对形变($\Delta l/L$)称为应变,应力和应变之间有一定的规律。本实验将通过金属丝的弹性形变来探究这一规律。

实验装置如图 1.8.1 所示,将一根长 L、直径 d 的金属丝竖直放置,上端固定,在其下端挂上质量为 m 的砝码作为拉力 F,使金属丝发生形变,伸长的长度 Δl,其应力 $F/S = 4mg/(\pi d^2)$,应变为 $\Delta l/L$。测量不同拉力时的应力和应变,经作图分析应力和应变间的规律。

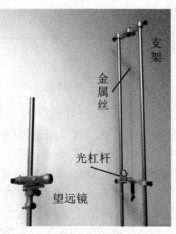

图 1.8.1 实验装置

由于金属丝的形变量很小,用尺直接测量时的误差较大,甚至难以测量,本实验中采用光杠杆进行间接测量。

2. 光杠杆原理

如图 1.8.2 所示为放置在平台上的光杠杆,通常被用来测量微小长度的变化。它是将一块平面镜固定在丁字架上,支架的两个前足尖放置在固定平台上,后足尖和形变的金属丝相连。如图 1.8.3 所示,当金属丝下端挂上砝码时,金属丝被拉伸,光杠杆的后足尖随之下降,平面镜发生偏转,偏转的微小角度可由其对面的望远镜及标尺测量,进而计算出金属丝的形变量。

图 1.8.2 光杠杆

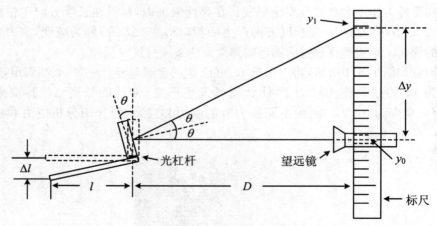

图 1.8.3 光杠杆原理

当金属丝未被拉伸时,使光杠杆镜面、标尺和金属丝均竖直放置,调整望远镜下面的旋钮使其水平,调整高度使其等高对准平面镜。调节望远镜侧面的旋钮,直至从望远镜中可以看见清晰的标尺,此时望远镜中的"十字叉丝"与标尺上某一刻度线 y_0 重合。当挂上砝码使金属丝被拉伸时,光杠杆的后足尖绕前足尖旋转而下移一段距离 Δl,镜面转过一个微小角度 θ,法线(原先水平)也转过 θ 角。因此在入射光线(原先水平)不变时,根据光的反射定律,反射光线(原先水平)将转过 2θ,到达标尺上刻度线 y_i 处。由光路可逆原理知,从望远镜中可以看见叉丝和 y_i 相重合,与 Δl 相对应的标尺读数变化量 $\Delta y = |y_i - y_0|$。由三角函数可知,$\tan\theta = \Delta l / l$,$\tan 2\theta = \Delta y / D$,又当 θ 很小时,$\tan\theta \approx \theta$,$\tan 2\theta \approx 2\theta$。因此有 $\theta = \Delta l / l$,$2\theta = \Delta y / D$,则金属丝的微小形变量

$$\Delta l = \frac{l \Delta y}{2D} \qquad (1.8.1)$$

式中,l 为后足尖到两前足尖连线的距离,D 为平面镜镜面到标尺尺面的距离。可见平面镜的作用在于将微小的长度变化 Δl,通过光的反射放大为标尺上的位移 Δy,故将其称为"光杠杆"。

【实验内容与要求】

(1) 使金属丝、光杠杆镜面、标尺竖直放置,望远镜水平与平面镜等高放置,加上一定量的砝码将金属丝拉直,记录此时望远镜对准标尺的读数为 y_0。

(2) 选择适当仪器测量光杠杆前后足距离 l(可在纸上压印后测量)、金属丝长度 L、标尺和平面镜面的距离 D、金属丝直径 d(在金属丝尾端测量)。

(3) 依次等量增加砝码,读出望远镜相应的读数 $y_1, y_2, y_3, \cdots$,至少9次。然后依次减去砝码并读出望远镜中标尺的读数,如此重复3次。

(4) 用图像法处理数据:作拉力 F 与伸长量 Δl 的 $F - \Delta l$ 图及应力与应变的 $F/S - \Delta l/L$ 图,分析两个图并得到金属丝的弹性形变规律。

(5) 用最小二乘法处理数据:计算应力 F/S 与应变 $\Delta l/L$ 的线性相关度及比例系数,分析金属丝的弹性形变规律。

【问题讨论】

(1) y_0 是否可以在标尺的最上(或下)端?

(2) 两根材料相同,粗细、长度不同的金属丝,在相同的外力作用时伸长量是否一致?为什么?

(3) 如果实验中望远镜或光杠杆位置发生移动,对实验是否有影响? 是否需要重新测量?

实验1.9 梁弯曲法测量金属的杨氏弹性模量

【实验目的】

(1) 用读数显微镜测量长度的微小变化;

(2) 用梁弯曲法测量金属的杨氏弹性模量。

【实验仪器】

读数显微镜、螺旋测微器、游标卡尺、米尺。

【实验原理】

材料在受外力作用时必然会发生形变。在弹性限度内,材料在长度方向单位横截面积所受的力(F/S)称为应力,在长度方向产生的相对形变($\Delta L/L$)称为应变,由胡克定律可知,这二者是成正比的,即

$$\frac{F}{S} = E\frac{\Delta L}{L} \tag{1.9.1}$$

其中的比例系数 E 称作杨氏弹性模量,即

$$E = \frac{FL}{S\Delta L} \tag{1.9.2}$$

材料的杨氏模量是描述材料在线度方向受力后,抵抗形变能力的重要物理量。它与材料的物质结构、化学结构及其加工制作方法等自身性质有关,与材料的几何形状和所受外力的大小无关,是工程设计中机械构件选材的重要参数和依据。

测量杨氏模量的常用方法有拉伸法、弯曲法和振动法等,本实验采用弯曲法测量。

如图 1.9.1 所示,在相距 l 且等高的两个刀刃上放置一厚为 a、宽为 b 的金属棒,在两刀刃中点处的棒上挂一质量为 m 的砝码将其拉弯。设挂砝码处下降的距离为 λ(称为弛垂度),这时棒材的杨氏模量为

$$E = \frac{mgl^3}{4a^3 b\lambda} \tag{1.9.3}$$

式(1.9.3)可由下述方法推导得到。

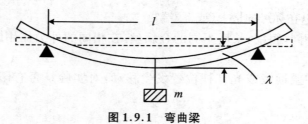

图 1.9.1 弯曲梁

图 1.9.2 为棒弯曲后沿棒方向的纵断面的部分示意图。相距 $\mathrm{d}x$ 的 O_1,O_2 两点在棒弯曲前处于同一水平高度,而分别经过 O_1,O_2 点的两个横截面在棒弯曲前是互相平行的,当棒弯曲后,两个横截面形成一个小角度 $\mathrm{d}\varphi$。由图可见,当棒形变弯曲后,棒的下半部分被拉伸,上半部分被压缩,因而在棒的中间部分有一薄层虽然发生形变弯曲,但长度保持不变,称为中间层。

在与中间层相距为 y 处取一与棒同宽、厚为 $\mathrm{d}y$、原长 $\mathrm{d}x$ 的微元段,其在弯曲后伸长了 $y\mathrm{d}\varphi$,设其受到的拉力为 $\mathrm{d}F$,由胡克定律有

$$\frac{\mathrm{d}F}{\mathrm{d}S} = E\frac{y\mathrm{d}\varphi}{\mathrm{d}x}$$

式中,$\mathrm{d}S$ 表示微元段的横截面积,即 $\mathrm{d}S = b\mathrm{d}y$。于是有

$$\mathrm{d}F = Eb\frac{\mathrm{d}\varphi}{\mathrm{d}x}y\mathrm{d}y$$

此力对中间层产生一大小为 $\mathrm{d}M$ 的转矩,即

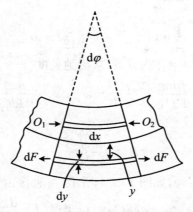

图 1.9.2　形变微元

$$\mathrm{d}M = Eb \frac{\mathrm{d}\varphi}{\mathrm{d}x} y^2 \mathrm{d}y$$

由此可得金属棒上整个横截面的转矩为

$$M = 2Eb \frac{\mathrm{d}\varphi}{\mathrm{d}x} \int_0^{\frac{a}{2}} y^2 \mathrm{d}y = \frac{1}{12} Ea^3 b \frac{\mathrm{d}\varphi}{\mathrm{d}x} \tag{1.9.4}$$

如图 1.9.3 所示,如果将棒的中点 C 固定,在中点两侧各为 $\frac{l}{2}$ 处分别施以向上的力 $\frac{1}{2}mg$,则棒的弯曲情况应当和图 1.9.1 所示的完全相同。棒上距中点 C 为 x、长为 $\mathrm{d}x$ 的一段,由于弯曲产生的下降

$$\mathrm{d}\lambda = \left(\frac{l}{2} - x\right)\mathrm{d}\varphi \tag{1.9.5}$$

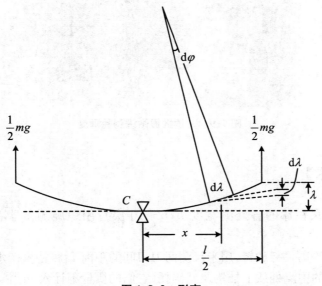

图 1.9.3　形变

当棒平衡时,由外力 $\frac{1}{2}mg$ 对该处产生的力矩 $\frac{1}{2}mg\left(\frac{l}{2} - x\right)$ 应当等于由式(1.9.4)求出的转

矩 M,即

$$\frac{1}{2}mg\left(\frac{l}{2}-x\right)=\frac{1}{12}Ea^3b\frac{\mathrm{d}\varphi}{\mathrm{d}x}$$

由上式求出 $\mathrm{d}\varphi$,代入式(1.9.5)中并积分,可求出弛垂度

$$\lambda=\frac{6mg}{Ea^3b}\int_0^{\frac{l}{2}}\left(\frac{l}{2}-x\right)^2\mathrm{d}x=\frac{mgl^3}{4Ea^3b} \tag{1.9.6}$$

则可得杨氏弹性模量

$$E=\frac{mgl^3}{4a^3b\lambda} \tag{1.9.7}$$

弛垂度 λ 的测量方法有多种,如图 1.9.4 所示,可直接由读数显微镜的升降进行测量。也可以采用光杠杆法测量,由实验 1.8 的(1.8.1)式得,$\lambda=\dfrac{d\Delta y}{2D}$,其中 d 为后足尖到两前足尖连线的距离,D 为光杠杆镜面到标尺尺面的距离,Δy 为加砝码 m 前后标尺上的位移。则棒材的杨氏模量

$$E=\frac{mgl^3D}{2a^3bd\Delta y} \tag{1.9.8}$$

E 的不确定度

$$u_C(E)=E\sqrt{\left[3\frac{u_C(l)}{l}\right]^2+\left[\frac{u_C(D)}{D}\right]^2+\left[3\frac{u_C(a)}{a}\right]^2+\left[\frac{u_C(b)}{b}\right]^2+\left[\frac{u_C(d)}{d}\right]^2+\left[\frac{u_C(\Delta y)}{\Delta y}\right]^2}$$

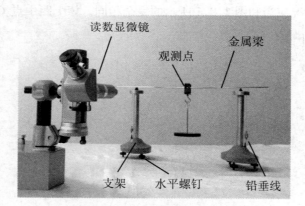

图 1.9.4   读数显微镜测弛垂度

【实验内容与要求】

(1) 用游标卡尺在棒的各处测宽度 b(5~10 次);用螺旋测微器在棒的各处测厚度 a(5~10 次)。

(2) 将两刀刃等高平行放置,用米尺测两刀刃间的距离 l;将待测棒水平放置于刀刃上。

(3) 在两刀刃的中点处放上挂钩及砝码托(它们的质量不计入 m 中)。

(4) 调节读数显微镜,使镜中叉丝对齐挂钩和金属棒的接触点,记录此时读数显微镜的读数 y_0。

(5) 等间隔增加质量相同的砝码,每加一个砝码后调节读数显微镜,使镜中叉丝对齐挂

钩和金属棒的接触点,记录显微镜相应的读数 $y_1,y_2,\cdots,y_i$,至少加 5 个。然后再逐个减砝码,每减一个砝码后,调节读数显微镜,使镜中叉丝对齐挂钩和金属棒的接触点,记录相应的显微镜读数 $y_i',\cdots,y_2',y_1'$。

(6) 重复内容(5)三次,求出挂相同砝码时显微镜读数的平均值 $\bar{y}_0,\bar{y}_1,\bar{y}_2,\bar{y}_3,\cdots$,继而求出挂 i 个砝码时的弛垂度 $\lambda_i=\bar{y}_i-\bar{y}_0$。

(7) 如果共挂了 n 个砝码,用分组求差法计算挂 $(n+1)/2$ 个砝码时的弛垂度 λ,再代入式(1.9.7)求出棒材的杨氏弹性模量 E,并计算其不确定度。

或根据式(1.9.7)的变形式 $\lambda=\dfrac{gl^3}{4a^3bE}m$,用最小二乘法或作图法计算出比例系数 k,进而计算出杨氏弹性模量 $E=\dfrac{gl^3}{4a^3bk}$。

【问题讨论】

(1) 如果用光杠杆法测量弛垂度,应当怎样进行测量?
(2) 哪些量要特别仔细测量? 为什么?
(3) 如果被测物是半径为 R 的圆棒,则测量公式是什么?

实验 1.10　测量金属丝的切变模量

【实验目的】

学习用扭摆法测金属丝的切变模量。

【实验仪器】

扭摆、圆环、游标卡尺、千分尺、米尺、秒表。

【实验原理】

1. 切变模量 G

设一弹性长方体,底面固定,如图 1.10.1 所示。在其上表面(面积 S)施加一个与平面平行而且均匀分布的切力 F,在 F 作用下,左右两个侧面将转过一定角度,物体成为斜的平行六面体,这种弹性形变称为切变。在切变较小的情况下,作用在单位面积上的切力 F/S(称为切应力,用 τ 表示)与切应变 $\tan\varphi$(形变程度)成正比,由图可知,$\tan\varphi=\dfrac{\overline{AA'}}{\overline{OA}}=\dfrac{\overline{BB'}}{\overline{OB}}$。当切变角 φ 较小时,有 $\tan\varphi=\varphi$。由实验可知,在一定限度内,切应力 τ 与切应变 $\tan\varphi$ 成正比,即

$$\tau = \frac{F}{S} = G\tan\varphi = G\varphi \tag{1.10.1}$$

式中,G 是一个物理常数,称作切变模量,单位为 N/m²。大多数材料的切变模量为杨氏弹性模量的 $\frac{1}{2} \sim \frac{1}{3}$。在相同外力作用下,材料的 G 值越大,其切向形变(切变角 φ)越小。

2. 圆柱体的扭转及扭转力矩

图 1.10.2 所示是一个上端面固定、下端面被扭力矩 M 作用而发生切变的均匀圆柱体,其半径为 R、长为 L,OO' 为中心轴。P 点为未形变时的位置,后被扭转至 P' 点,此时切应变为 φ,圆柱体下端面绕中心轴 OO' 转过 γ 角。由于圆柱体均匀,因此沿轴线方向每单位长度转过的角度为 $\mathrm{d}\gamma/\mathrm{d}l = \gamma/L$。

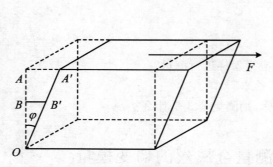

图 1.10.1　切变示意图

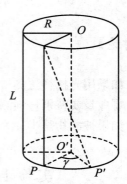

图 1.10.2　圆柱体切变

在发生切变的圆柱体中选取一段圆环微元进行分析,如图 1.10.3 所示。其位置距上端面为 l,距中心轴线为 r,长 $\mathrm{d}l$、厚 $\mathrm{d}r$,未形变前的上截面为 $ABCD$,切变后的上截面变为 $A'B'C'D'$,相应的下截面分别为 $EFGH$ 和 $E'F'G'H'$。此微元处的切变角为 $ABFE$ 面和 $A'B'F'E'$ 面间的夹角,设其上截面和下截面的扭转角分别为 β,$\beta + \mathrm{d}\beta$,则切变角

$$\varphi = \frac{r(\beta + \mathrm{d}\beta) - r\beta}{\mathrm{d}l} = \frac{r\mathrm{d}\beta}{\mathrm{d}l} = r\frac{\gamma}{L} \tag{1.10.2}$$

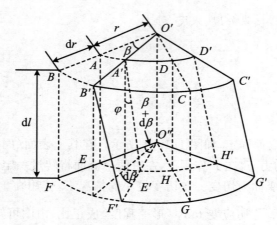

图 1.10.3　圆环微元形变

将 φ 代入式(1.10.1)可得

$$\tau = Gr\frac{\gamma}{L} \tag{1.10.3}$$

因此作用在下截面 $EFGH$(面积 $S = 2\pi r\mathrm{d}r$)上的力

$$\mathrm{d}F = \tau S = Gr\frac{\gamma}{L}2\pi r\mathrm{d}r = 2\pi G\frac{\gamma}{L}r^2\mathrm{d}r \tag{1.10.4}$$

该力对圆环微元的下截面产生一个扭力矩

$$\mathrm{d}M = r\mathrm{d}F = 2\pi G\frac{\gamma}{L}r^3\mathrm{d}r \tag{1.10.5}$$

而对于圆柱体在该位置处的整个下端面来说,所受的扭力矩

$$M = \int\mathrm{d}M = 2\pi G\frac{\gamma}{L}\int_0^R r^3\mathrm{d}r = \frac{\pi GR^4}{2L}\gamma = k\gamma \tag{1.10.6}$$

从式中可见,对于同一材料,其切变模量 G、半径 R 和长度 L 均不变,因此扭力矩 M 和扭转角 γ 成正比,比例系数 k 称为材料的抗扭劲度系数。式(1.10.5)也可变形为

$$G = \frac{2LM}{\pi R^4\gamma} \tag{1.10.7}$$

只要测量出圆柱体的长度、半径、力矩及其扭转角,就可以计算出该圆柱体的切变模量。

3. 扭摆

将一细金属棒或钢丝的上端固定,下端连接一个转动惯量为 J_1 的刚体,以金属棒轴线为轴使刚体转过一个较小角度后释放,则刚体将呈周期性地左右扭动,这样的装置称为扭摆。由式(1.10.5)可知,扭转力矩 M 和摆的扭转角 γ 有关系 $M = k\gamma$,而由转动定律有 $M = J_1\dfrac{\mathrm{d}^2\varphi}{\mathrm{d}t^2}$,消去 M 后可得刚体的运动方程为

$$J_1\frac{\mathrm{d}^2\varphi}{\mathrm{d}t^2} = -k\gamma \tag{1.10.8}$$

这是一个简谐运动微分方程,其角频率 $\omega = \sqrt{\dfrac{k}{J_1}}$,周期

$$T_1 = \frac{2\pi}{\omega} = 2\pi\sqrt{\frac{J_1}{k}} = 2\pi\sqrt{\frac{2LJ_1}{\pi GR^4}} \tag{1.10.9}$$

只要测得扭摆的周期 T_1 及刚体的转动惯量 J_1,就可计算金属棒的切变模量。

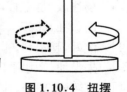

图 1.10.4　扭摆

若 J_1 不易测得,则可将一质量为 m、内外半径分别为 $R_{内}$ 和 $R_{外}$ 的金属环以金属棒为圆心放置在原刚体之上组成一个刚体系,系统的转动惯量为

$$J_2 = J_1 + \frac{1}{2}m(R_{内}^2 + R_{外}^2) \tag{1.10.10}$$

由它组成的新扭摆的周期

$$T_2 = 2\pi\sqrt{\frac{J_2}{k}} = 2\pi\sqrt{\frac{2LJ_2}{\pi GR^4}} \tag{1.10.11}$$

将式(1.10.11)及式(1.10.9)分别平方并相减,可得

$$T_2^2 - T_1^2 = \frac{8\pi L}{GR^4}(J_2 - J_1) = \frac{8\pi L}{GR^4}\frac{1}{2}m(R_{内}^2 + R_{外}^2) \tag{1.10.12}$$

由此得金属棒的切变模量

$$G = \frac{4\pi L m (R_內^2 + R_外^2)}{R^4 (T_2^2 - T_1^2)} \tag{1.10.13}$$

只要测出金属棒的长度 L、金属环的质量 m、内外半径 $R_內$ 和 $R_外$、金属棒的半径 R、扭摆前后两次的周期 T_1，T_2，就可以计算出金属棒的切变模量 G，它的不确定度传递公式为

$$u_C(G) = G \sqrt{\left[\frac{u_C(L)}{L}\right]^2 + \left[\frac{u_C(m)}{m}\right]^2 + \left[4\frac{u_C(R)}{R}\right]^2 + \frac{4\left[T_1^4 u_C^2(T_1) + T_2^4 u_C^2(T_2)\right]}{(T_2^2 - T_1^2)^2} + \frac{4\left[R_2^4 u_C^2(R_1) + R_1^4 u_C^2(R_2)\right]}{(R_2^2 + R_1^2)^2}}$$

【实验内容与要求】

(1) 用金属丝和一个金属圆盘组成扭摆，测量金属丝的长度和直径(在多余部分测量)。

(2) 使扭摆发生扭转，测量它平稳摆动时 n 个周期的时间，以得到周期 T_1。重复 5 次。

(3) 在金属圆盘上增加一个金属圆环形成新的扭摆，测量其质量、内外半径，按上述内容(2)测量 T_2。

(4) 根据式(1.10.13)计算金属棒的切变模量，并确定其不确定度。

【问题讨论】

(1) 实验中不用圆环，而用别的物体可以吗？

(2) 分析式(1.10.12)，对所增加的金属圆环有无要求？

(3) 金属丝的直径越小越好吗？

(4) 如果已知金属丝的抗扭劲度系数 k，扭摆还可以用来做什么实验呢？

参 考 文 献

[1] 杨述武,赵立竹,沈国土,等.普通物理实验:力学、热学部分[M].4 版.北京:高等教育出版社,2007.

[2] 沈韩,赵福利,崔新图,等.基础物理实验[M].北京:科学出版社,2015.

[3] 朱世坤,辛旭平,聂宜珍,等.设计创新型物理实验导论[M].北京:科学出版社,2010.

[4] 范巧成,田静,徐雁东,等.Excel 在测量不确定度评定中的应用及实例[M].北京:中国质检出版社,2013.

[5] 国家质量监督检验检疫总局.测量不确定度评定与表示:JJF1059.1—2012[S].北京:中国质检出版社,2013.

第 2 章 热　　学

实验 2.1　用降温混合法测量金属的比热容

【实验目的】

(1) 掌握基本的量热方法——混合法；
(2) 学会使用量热器测定金属的比热容；
(3) 学习一种修正散热的方法——用外推法修正温度。

【实验仪器】

量热器、水银温度计、数字温度表、待测金属块、电子天平、游标卡尺或小量筒、停表、线、小烧杯等。

【仪器介绍】

为了使待测物体与已知热容的物体系(即实验系统)成为孤立系统,热学实验中一般采用量热器装置。

图 2.1.1 是一种常用的量热器,通常是用良导体制的两个圆筒,小筒放在大筒内,两筒之间隔一层空气作为隔热层,两筒的外表面镀铬,以减少热辐射,大筒口用绝热盖盖住,以免与外界对流,小筒架于绝热架上,以防热传导。这样设计取到了良好的绝热效果,使实验系统近似为一个孤立系统。绝热盖上有小孔,可以插入搅拌器和温度计,搅拌器和量热器是用同种材料制成的。测量时温度计液泡(或者测温探头)不要接触内筒壁,也不要离开液面,应悬在液体中。搅拌器在搅拌时要轻,以防碰坏温度计和液体溅入两筒之间。

注意　量热器以实验室的实际仪器为准。

【实验原理】

测定物质比热的方法很多,最常用、最简单的是混合法。用混合法测定金属比热容的基本方法是:在量热器内,将待测物体与已知热容的系统混合起来,这样待测物体放出(或吸收)的热量 Q,就等于已知热容的系统吸收(或放出)的热量 Q',即 $Q = Q'$。

通常实验时,将质量为 m,温度为 T_2,比热容为 c_x 的待测金属与量热器内质量为 m_0,

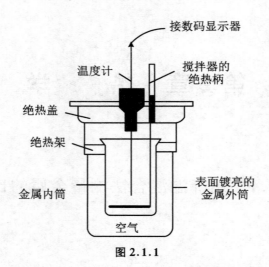

图 2.1.1

比热容为 c_0，温度为 T_1 的水混合（一般 $T_1 > T_2$）。经过搅拌器搅拌，混合后的终温为 T（$T_1 > T > T_2$）。如果量热器内筒和搅拌器的总质量为 m_1，比热容为 c_1，则量热器的热容量为 $C_1 = c_1 m_1$，温度计的热容量为 C_2（温度计由玻璃和水银或酒精组成），设温度计浸入水中部分的体积为 V cm³，V 可用盛水的小量筒或游标卡尺去测量。其中温度计插入水中部分的热容可按如下参数求出：玻璃的比热容为 0.19 cal/(g·℃)，密度约为 2.5 g/cm³；水银的比热容为 0.033 cal/(g·℃)，密度为 13.6 g/cm³；酒精在 21 ℃时的比热容为 0.57 cal/(g·℃)，密度为 0.79 g/cm³。

因而，1 cm³ 玻璃的水当量为：$0.19 \times 2.5 = 0.47$（cal/℃）；

1 cm³ 水银的水当量为：$0.033 \times 13.6 = 0.45$（cal/℃）；

1 cm³ 酒精的水当量为：$0.57 \times 0.79 = 0.45$（cal/℃）。

故通常计算水银温度计或酒精温度计的水当量只需求得浸入液体部分的体积 V cm³，然后乘以 0.46，即：$C_2 = 0.46V$（cal/℃）或者 $C_2 = 1.9V$（J/℃）；如果是用数字式温度表测温度，由于其测温传感器（铂电阻测温探头）自身热容甚小，可忽略不计。则热平衡方程 $Q = Q'$ 为

$$mc_x(T - T_2) = (m_0 c_0 + m_1 c_1 + C_2)(T_1 - T)$$

故

$$c_x = \frac{m_0 c_0 + m_1 c_1 + C_2}{m(T - T_2)}(T_1 - T) \tag{2.1.1}$$

测出式（2.1.1）等号右边各量，即可计算出待测金属的比热容 c_x。

从以上可知，是将上述系统看成是一个孤立系统。但事实上，系统与外界有热量交换，并不是一个绝对的孤立系统，为此必须对散热进行修正。修正散热损失的方法很多，并且各种方法的选择决定于实验条件，对于散热的修正可归结为混合过程的始温和终温的正确确定。

在本实验中我们采用 T（温度）- t（时间）曲线来修正温度，利用 T-t 曲线可以正确地确定混合前后的始温和终温，并可估计热量的散失量。这一修正方法的理论根据是牛顿冷却定律，即当物体与周围环境的温度差不太大（$\leqslant 15$ ℃）时，物体的冷却速率与温差成正比。

假设实验中的 T-t 曲线如图 2.1.2 所示,纵坐标从室温开始,AB 段表示混合前量热器及热水的冷却过程,而混合发生在 BC 段,CD 段表示混合后的冷却过程。如果将此曲线的 AB,DC 两部分外推到与纵轴平行的一条直线 MN 分别交于 E,F 两点,并使面积 BGE 和面积 CGF 相等,则 E,F 两点的纵坐标就是混合时的始温和终温。显然这里假定了混合过程中温度的降低是瞬时完成的,可以看成当量热器和其中的水沿 ABE 冷却后,在 E 点量热器被揭开盖投入待测样品,混合过程中温度沿 EF 瞬时降低,此后由于散热产生的冷却沿 FCD 发生。

由于纵坐标是以室温为起点,则高出横轴每一点的高度都表示物体与周围环境的温度差。根据牛顿冷却定律,它应该正比于冷却速率,取 Δt 时间间隔与对应冷却速率的乘积应等于在此时间内物体由于散热而引起的温度差,于是它正比于 Δt 时间内两直线间的面积(Δt 处斜线部分的面积)。那么,AD 时间内物体降低的温度就应正比于 $ABGCD$ 曲线下的面积,又因为 EF 使面积 BEG 等于 CFG,因而 $ABGCD$ 和 $ABEGFCD$ 曲线下面积相等,所以沿 $ABGCD$ 的实际降温过程和沿 $ABEGFCD$ 的理想降温过程放出的热量是相等的。把在 EF 混合过程的时间看作零,不向周围散热,那么待测金属块吸收的热量就等于系统温度从 T_E 降到 T_F 放出的热量。这样就正确地确定了混合过程的始温($T_1 = T_E$)和终温($T = T_F$)。

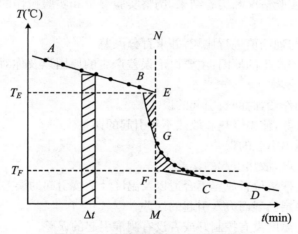

图 2.1.2 实验系统的温度-时间曲线

【实验内容】

(1)用天平称出待测金属块的质量 m,用温度计测出室温以及实验系统的环境温度 θ。

(2)将量热器的内筒及搅拌器擦干净,用天平称出它们的质量 m_1,在内筒中倒入高出实验系统的环境温度 θ 约 15 ℃的温水(水要能够恰好淹没金属块),盖好绝热盖,插好温度计和搅拌器,不断搅动搅拌器。启动停表,每隔一分钟记录一次温度计的读数(准确到 0.1 ℃)。在混合前共测读 8 次,将测量值记入自己设计好的实验数据记录表中。

(3)在第 8 min 末,迅速测出待测金属块的温度 T_2,并将系有细线的待测金属块放入内筒的水中(尽量放在中心位置处,以防盖绝热盖时碰坏温度计),迅速盖好盖子并继续搅拌(争取在第 8′10″钟完成),且每隔 5~10 s 记录温度一次(例如分别在第 8′15″;8′20″;8′25″;8′30″;8′35″;8′40″;8′55″;9′各记录一次系统温度),直到第 9 分钟后仍然每隔一分钟记录温度一次,再继续记录 8 次。

(4) 用游标卡尺测出温度计没入水中部分的长度和直径,并算出其体积。或用小量筒测出温度计没入水中部分的体积 V。如果是用数字式温度表测温度,由于其测温传感器(铂电阻测温探头)自身热容甚小,可忽略不计。

(5) 把内筒(连同金属块,搅拌器和水)取出,称其总质量 M,并求出水的质量 $m_0 = M - (m + m_1)$。

(6) 根据数据记录表中数据描绘出 T-t 曲线,并用外推法确定始温 T_1 和终温 T。

(7) 由式(2.1.1)求出结果并评价。水的比热容为 $1.000 \ \mathrm{cal/(g \cdot ℃)}$,铝的比热容为 $0.216 \ \mathrm{cal/(g \cdot ℃)}$,铜的比热容为 $0.094 \ \mathrm{cal/(g \cdot ℃)}$。

【实验要求】

(1) 自拟实验步骤。

(2) 设计数据记录表格。

(3) 选择恰当的实验参量,粗测金属的比热容。

(4) 根据粗测的实验情况和实验结果,调整实验参量和实验操作的步骤,细测金属的比热容。

(5) 将测量结果与理论值进行比较,并求百分误差。

(6) 分析讨论误差产生的原因:主要讨论误差产生的原因以及你对实验的感想。(以下误差产生的原因仅作参考。)

① 放金属块时动作慢,时间长引起的误差。

② 温度没有调节好,使得吸热和放热不等引起的误差。

③ 搅拌时将水搅出引起的误差。

④ 量热器没有盖严,散热引起的误差。

⑤ 温度计的测温探头位置放置不合适以及温度计估读引起的误差。

⑥ 量热器内绝热层已湿而失效引起的误差。

⑦ 待测金属块的温度没有控制好或者没有测准引起的误差。

⑧ 取金属块时带入冷水引起的误差。

【注意事项】

(1) 本实验的误差主要来自温度测量,所以测温度时应特别细心,读数准确。

(2) 由于金属的比热较小(可以考虑用较大质量的金属块),所以尽量使水的质量减少。以增大温差,减小相对误差,但金属块必须全部浸没在水中。

(3) 实验时温度计和金属块的放置位置要适合,以防测不准系统温度和碰坏温度计。

(4) 搅拌时不要过快,以防止有水溅出或损坏温度计。

(5) 用冷水控制金属块的温度,尽量减少放入金属块上带入的冷水质量。

(6) 放入金属块的过程应越短越好,最好是能在 5~10 s 内完成。这既可以减少热量的散失,又可以准确地测出混合过程的系统温度。

(7) 时间间隔的选取应同时考虑实验测量的方便性与作图描点时的方便性。

（8）实验过程中时间应该是一直连续的,中间不能间断。

（9）实验过程中应尽量保持实验室的温度与实验系统的环境温度不变。

（10）上实验课时,要备直角坐标纸、直尺及铅笔、计算器等工具,以便分析数据、调整参数、进行实验。

（11）比热容的单位换算:$1\ cal/(g\cdot℃)=4.186\ 8\times10^3\ J/(kg\cdot K)$。

（12）热量的单位换算:$1\ cal=4.186\ 8\ J$。

【问题讨论】

（1）降温混合量热法必须保证什么实验条件? 本实验是如何从仪器、实验安排和操作等各个方面来力求保证的?

（2）本实验中的"热力学系统"是由哪些组成? 量热器的外筒、绝热盖、绝热架都属于"热力学系统"吗?

（3）降温混合实验是怎样用外推法求系统的初温 T_1 和终温 T 的?

（4）本实验是利用水的降温曲线确定温度,以修正散热损失,如果采用水的升温曲线应如何设计实验?

（5）如果用降温混合法测量液体的比热容,应该如何安排实验?

【问题讨论提示】

（1）由本实验原理可知,保持实验系统为孤立系统是混合量热法所要求的基本实验条件。此外,降温混合量热法必须保证混合时放入的待测物体温度应低于内筒中已知热容的系统温度的实验条件。

由本实验的仪器介绍可知,量热器的构造从减少热辐射、热对流、热传导三种热量传递方式上保证内筒中的实验系统与周围环境取到了良好的绝热效果,使实验系统近似为一孤立系统。为此,整个实验在量热器内进行,同时要求实验者本人在测量方法及实验操作等方面也要设法从减少热辐射、热对流、热传导三种热量传递方式上保证内筒中的实验系统与周围环境取得良好的绝热效果。

（2）本实验中的"热力学系统"是由量热器内筒、搅拌器、水、待测金属块、温度计浸入水中的部分组成。而量热器的外筒、绝热盖、绝热架都不属于"热力学系统"。

（3）由本实验原理可知,在本实验中我们采用 T(温度)-t(时间)曲线来修正温度,利用 T-t 曲线可以正确地确定混合前后的始温和终温,并可估计热量的散失量。这一修正方法的理论根据是牛顿冷却定律,即当物体与周围环境的温度差不太大(大约在 15 ℃以内)时,物体的冷却速率与温差成正比。

具体的详细内容在本实验原理中已经有了。

（4）实验时,将质量为 m,温度为 T_2、比热容为 c_x 的待测金属与量热器内质量为 m_0、比热容为 c_0、初温为 T_1 的水温合($T_2>T_1$)。经过搅拌器搅拌,混合后的终温为 T($T_1<T<T_2$)。如果量热器内筒和搅拌器的总质量为 m_1,比热容为 c_1,则量热器的热容量为 $C_1=c_1m_1$,温度计的热容量为 δm(温度计由玻璃和水银组成),设温度计浸入水中部分的体积为 $V\ cm^3$,通过换算,$\delta m\approx1.9\ V\ J/℃$ 或 $\delta m\approx0.46\ V\ cal/℃$,则热平衡方程 $Q=Q'$ 为

$$mc_x(T_2 - T) = (m_0c_0 + m_1c_1 + \delta m)(T - T_1)$$

故

$$c_x = \frac{m_0c_0 + m_1c_1 + \delta m}{m(T_2 - T)}(T - T_1)$$

测出上式等号右边各量,即可计算出待测金属的比热容 c_x。

(5) 如果用降温混合法测量液体的比热容,实验安排方法不唯一。其中的一种方法是在用降温混合法测量金属比热容的实验安排中,如果把放入的待测金属块换成已知热容的金属,再把已知热容的液体换成待测液体,就可以变成用降温混合法测量液体的比热容的实验安排。

实验 2.2　混合法测量冰的熔解热

【实验目的】

(1) 正确使用量热器,熟练使用温度计;
(2) 用混合量热法测定冰的熔解热;
(3) 练习进行实验安排和实验参量选取;
(4) 学会一种粗略修正散热的方法——抵偿法。

【实验仪器】

量热器、水银温度计、数字温度表、冰温水、电子天平、停表、小烧杯、吸水纸、冰块、电冰箱(共用)、热水、小量筒等。

【仪器介绍】

本实验采用的量热器装置如图 2.1.1 所示。

【实验原理】

物质从固相转变为液相的相变过程称为熔解。一定压强下晶体开始熔解时的温度称为该晶体在此压强下的熔点。对于晶体而言,熔解是组成物质的粒子由规则排列转向不规则排列的过程,破坏晶体的点阵结构需要能量,因此,晶体在熔解过程中虽吸收能量,但其温度却保持不变。1 kg 物质的某种晶体熔解成为同温度的液体所吸收的能量,叫作该晶体的熔解潜热。简称熔解热,常用 λ 表示。单位为 $J \cdot kg^{-1}$ 或者 $cal \cdot g^{-1}$。

本实验用混合量热法测定冰的熔解热。其基本方法如下:把待测系统 A 与某已知热容的系统 B 相混合,并设法使其成为一个与外界无热量交换的孤立系统 $C = A + B$。这样 A（或 B）所放出的热量将全部为 B（或 A）所吸收,因而满足热平衡方程:

$$Q_{放} = Q_{吸} \tag{2.2.1}$$

已知热容的系统在实验过程中所传递的热量 Q 是可以由其温度的改变 ΔT 及其热容 C_S 计算出来：

$$Q = C_S \Delta T \qquad (2.2.2)$$

于是，待测系统在实验过程中所传递的热量即可求得。冰的熔解热也就可以据此测定。

由上所述，保持实验系统为孤立系统是混合量热法所要求的基本实验条件。为此，整个实验在量热器内进行，同时要求实验者本人在测量方法及实验操作等方面去设法保证。当实验过程中系统与外界的热量交换不能忽略时，就必须做一定的散热修正。

本实验用混合法测定在 0 ℃ 时冰的熔解热。若将质量为 m，温度为 0 ℃（标准大气压下冰的熔点）的冰，与质量为 m_0，温度为 T_1 ℃ 的水在量热器内混合。冰全部熔解成为水后，水的平衡温度为 T ℃，则在实验系统接近一个孤立系统的条件下，根据能量守恒定律有

$$Q_放 = Q_吸$$
$$Q_吸 = m\lambda + mcT$$
$$Q_放 = (m_0 c + m_1 c_1 + C_2)(T_1 - T)$$

则

$$\lambda = \frac{1}{m}(m_0 c + m_1 c_1 + C_2)(T_1 - T) - cT \qquad (2.2.3)$$

式中，m_1 和 c_1 分别为量热器内筒与搅拌器的质量和比热容；C_2 为温度计浸入水中部分的热容量，m_0 和 c 为水的质量和比热容。

参看实验 2.1 的实验原理部分，水银温度计是由玻璃和水银制成的，通常计算水银温度计或酒精温度计的水当量只需求得浸入液体部分的体积 V cm³，然后乘以系数 0.46 或者 1.9，即 $C_2 = 0.46V (\text{cal}/℃)$ 或者 $C_2 = 1.9V (\text{J}/℃)$；如果是用数字式温度表测温度，由于其测温传感器（铂电阻测温探头）自身热容甚小，可忽略不计。测定了式 (2.2.3) 中右边各量，即可由此式求出冰的熔解热 λ。

实际上量热器内的热交换系统并不是一个孤立的系统，它与周围环境有热交换。为了减少系统误差，在实验中除了准确测量外，应尽量减少系统与外界的热量交换，为此在实验操作过程中应注意不要用手去摸量热器的任何部位，避免在通风处和火炉旁做实验，实验进行要迅速等等。尽管如此，一般还是不能达到绝热的要求，如果在实验中设法求出放出或吸收了多少热量，就能实现对热学量的准确测量。

本实验利用牛顿冷却定律采用散热补偿法来进行散热修正。散热补偿法的基本思想就是设法使系统在实验过程中能从外界吸收热量以补偿散热损失，使系统与外界的热量传递相互抵消。

实验证明，在系统温度 T 与环境温度 θ 相差不太大（$\leqslant 15$ ℃）时，散热速率与温度差成正比，此即牛顿冷却定律，用数学形式表示为

$$\frac{\mathrm{d}Q}{\mathrm{d}t} = k_0(T - \theta) \qquad (2.2.4)$$

式中，k_0 为散热常数，它与系统表面积成正比并随表面的热辐射本领而变。当 $T > \theta$ 时，$\frac{\mathrm{d}Q}{\mathrm{d}t} > 0$，系统向外界散热；当 $T < \theta$ 时，$\frac{\mathrm{d}Q}{\mathrm{d}t} < 0$，系统从外界吸热。若实验过程中系统吸收的热量和放出的热量相等，则可以把此热交换系统看成绝热系统（即孤立系统），实现准确测量。

本实验量热器中水的温度随时间的变化曲线如图 2.2.1 所示。在混合初期，冰块大，水

温高,使冰块熔解快,系统温度降低快;随着冰的熔解,水温降低,冰块变小,熔解变慢,系统温度的降低也就变慢了。在 $t_0 \rightarrow t_1$ 这段时间内,温度由 T_1 降为 θ,由式(2.2.4)可求出系统放出的热量

$$Q'_{\text{放}} = k_0 \int_{t_0}^{t_1} (T_1 - \theta) \mathrm{d}t = k_0 S_A$$

其中,$S_A = \int_{t_0}^{t_1} (T_1 - \theta) \mathrm{d}t$。

在 $t_1 \sim t_2$ 时间内,由于系统温度低于环境温度,所以系统从外界吸收的热量

$$Q'_{\text{吸}} = k_0 \int_{t_1}^{t_2} (\theta - T) \mathrm{d}t = k_0 S_B$$

其中,$S_B = \int_{t_1}^{t_2} (\theta - T) \mathrm{d}t$。

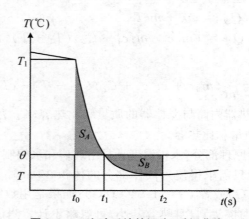

图 2.2.1　实验系统的温度-时间曲线

散热补偿法要求要 $Q'_{\text{放}} = Q'_{\text{吸}}$,因此只要使 $S_A = S_B (S_A, S_B$ 为图 2.2.1 中阴影部分的面积),系统对外界的吸热和散热就可以相互抵消,即系统吸收的热量可以补偿散失的热量,实现了散热修正的目的。

粗略的散热补偿,可将条件 $S_A = S_B$ 改写为

$$(T_1 - \theta)(t_1 - t_0) \approx (\theta - T)(t_2 - t_1) \tag{2.2.5}$$

如果式(2.2.5)的左边大于右边,可适当增加冰的质量或减少水的质量或降低水的温度;若左边小于右边,可减少冰的质量或增加水的质量或提高水的温度,以使式(2.2.5)可以近似满足。但应注意到 $T > 0 \ ℃$ 的条件,否则,冰将不能全部熔解。

【实验内容】

(1) 用温度计测出室温以及实验系统的环境温度 θ,将量热器的内筒及搅拌器擦干净,用天平称出它们的质量 m_1。

(2) 将高于室温的温水(约高 15 ℃)倒入内筒(约少于半筒),测出水的质量 m_0。

(3) 组装好仪器,不断地轻轻搅拌,启动停表,每隔 30 s 或 1 min 记录一次温度,在混合前共测读 8 次,将测量值记入自己设计好的实验数据记录表中。

(4) 在第 8 次末,将揩干水分的 0 ℃ 的冰块迅速投入内筒的水中,记下投冰的时刻,搅拌

并连续继续间隔 5～10 s 记录一次温度、时间。

（5）当系统温度开始上升时,每隔一分钟记录温度一次,再继续记录 8 次。作系统的温度-时间曲线,用外推法确定水的初温 T_1 和冰水混合后的终温 T。

（6）用游标卡尺测量温度计浸入水中部分的深度和直径,并算出其体积 V 或用小量筒测出温度计浸入水中部分的体积 V。如果是用数字式温度表测温度,由于其测温传感器（铂电阻测温探头）自身热容甚小,可忽略不计。

（7）取出内筒（连同冰、水、搅拌器）,称其总质量 M,再求出冰的质量 $m = M - m_0 - m_1$。

（8）根据式（2.2.5）分析各参量的选择是否满足散热补偿要求,如果补偿效果不佳,可在此次实验基础上重新选取 m_0, m 和 T_1 的值,再做一次实验。

（9）由式（2.2.3）计算出结果并评价。

水的比热容为 $1.000\ \mathrm{cal/(g \cdot ℃)} \approx 4\,186.8\ \mathrm{J/(kg \cdot K)} \approx 4\,186.8\ \mathrm{J/(kg \cdot ℃)}$;

铝的比热容为 $0.216\ \mathrm{cal/(g \cdot ℃)} \approx 904.3\ \mathrm{J/(kg \cdot K)} \approx 904.3\ \mathrm{J/(kg \cdot ℃)}$;

铜的比热容为 $0.094\ \mathrm{cal/(g \cdot ℃)} \approx 393.6\ \mathrm{J/(kg \cdot K)} \approx 393.6\ \mathrm{J/(kg \cdot ℃)}$;

冰在 0 ℃时的熔解热的最近真值约为 $3.329 \times 10^5\ \mathrm{J/kg} \approx 77.488\ \mathrm{cal/g}$。

【实验要求】

（1）自拟实验步骤。

（2）设计数据记录表格。

（3）选择恰当的实验参量,粗测冰的熔解热。

（4）根据粗测的实验情况和实验结果,调整实验参量和实验操作的步骤,细测冰的熔解热。

（5）将测量结果与理论值进行比较,并求百分误差。

（6）分析讨论误差产生的原因:主要讨论误差产生的原因以及你对实验的感想。（以下误差产生的原因仅作参考。）

① 放冰块时动作慢,时间长,热量散失引起的误差。

② 实验系统的环境温度没有测好引起的误差。

③ 搅拌时将水搅出引起的误差。

④ 量热器没有盖严,散热引起的误差。

⑤ 温度计的测温探头位置放置不合适以及温度计估读引起的误差。

⑥ 量热器内绝热层已湿而失效引起的误差。

⑦ 取冰块时带入水引起的误差。

⑧ 热水的质量与温度没有取好引起的误差。

⑨ 冰的质量没有取好引起的误差。

【注意事项】

（1）本实验的误差主要来自温度测量,所以测温度时应特别细心,读数准确。测温和测时要紧密配合,同时读数。

（2）实验过程中应尽量保持实验室的温度与实验系统的环境温度不变，并准确测量其值。

（3）测量过程中要时刻不停的搅拌，力求使水的温度均匀，但要轻搅，且不要用手去摸温度计和量热器壁，更不要把水溅出内筒外。

（4）温度计的液泡或数字式温度表测温探头不要接触量热器和冰块，应悬于水中。

（5）冰块的温度要控制在 0 ℃，且尽量减少放入冰块时带入的冷水质量。

（6）放入冰块的过程应越短越好，最好是能在 5～10 s 内完成。这既可以减少热量的散失，又可以准确地测出混合过程的系统温度。

（7）时间间隔的选取应同时考虑实验测量的方便性与作图描点时的方便性。

（8）实验过程中时间应该是一直连续的，不能中断。

（9）上实验课时，要备直角坐标纸、直尺、铅笔、计算器等工具，以便分析数据、调整参量、进行实验。

【问题讨论】

（1）本实验中能否做到散热完全补偿？如果多次实验过程后，测得 S_A 略大于 S_B 或 S_B 略大于 S_A 交替几次，能否说明式（2.2.5）近似成立？

（2）混合量热法必须保证什么实验条件？本实验是如何从仪器、实验安排和操作等各个方面来力求保证的？

（3）本实验中是怎样用外推法求系统的初温 T_1 和终温 T 的？

（4）实验一外推温度的散热修正方法能否用于本实验？如果可行，试简述其基本做法。

【问题讨论提示】

（1）本实验中不能做到散热完全补偿。如果多次实验过程后，测得 S_A 略大于 S_B，或 S_B 略大于 S_A 交替几次，不能说明式（2.2.5）近似成立。

（2）由本实验原理可知，保持实验系统为孤立系统是混合量热法所要求的基本实验条件。

由实验 2.1 的仪器介绍可知，量热器的构造从减少热辐射、热对流、热传导三种热量传递方式上保证内筒中的实验系统与周围环境取到了良好的绝热效果，使实验系统近似为一孤立系统。为此，整个实验在量热器内进行，同时要求实验者本人在测量方法及实验操作等方面也要设法从减少热辐射、热对流、热传导三种热量传递方式上保证内筒中的实验系统与周围环境取得良好的绝热效果。

（3）由本实验原理可知，在本实验中我们采用 T（温度）- t（时间）曲线来修正温度，利用 T - t 曲线可以正确地确定混合前后的始温和终温，并可估计热量的散失量。这一修正方法的理论根据是牛顿冷却定律，即当物体与周围环境的温度差不太大（≤15 ℃）时，物体的冷却速率与温差成正比。

具体的详细内容在本实验原理中已经有了。

（4）具体的详细内容在实验 2.1 的原理中已经有了。只是要注意各参量的选取要合适，但是，各实验参量的选取方式不唯一。方法是在用降温混合法测量金属比热容的实验安排中,如果把放入已知热容的待测金属换成待测冰块,其中冰与热水的质量都应适当少些。就可以变成用降温混合法测量冰的熔解热的实验安排。

实验 2.3 功热转换的研究

【实验目的】

(1) 正确使用电热量热器,熟练使用温度计;
(2) 用电热法测定热功当量;
(3) 练习进行实验安排和参量选取;
(4) 学习一种散热修正方法——修正热量。

【实验仪器】

电热量热器、电子天平、停表、直流电源、直流安培表、直流伏特表、变阻器、开关、水银温度计、数字温度表、游标卡尺、量筒等。

【仪器及装置描述】

本实验的实验装置和线路连接如图 2.3.1 所示。电热量热器是在量热器内放一电热丝线圈的装置,接线柱由良导体黄铜制成。量热器通常是用良导体制成的两个圆筒,小筒放在大筒内,两筒之间隔一层空气作为隔热层,两筒的外表面镀铬,以减少热辐射,大筒口用绝热盖盖住,以免对流,小筒架于绝热架上,以防热传导。这样设计取到了良好的绝热效果,使实验系统近似为一孤立系统。绝热盖上有小孔,可以插入搅拌器和温度计,搅拌器和量热器是用同种材料制成的。测量时温度计液泡不要接触内筒壁或电热丝线圈,也不要离开液面,应悬在液体中。搅拌器在搅拌时要轻,以防碰坏温度计和使液体溅入两筒之间。

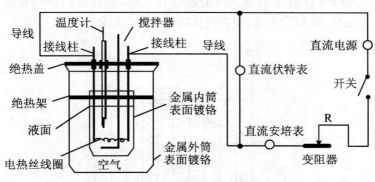

图 2.3.1 电热量热器实验装置

【实验原理】

本实验采用电热法,即电功和热量的转换来测定热功当量。在图 2.3.1 中,若加在电热丝两端的电压为 U,通过电热丝的电流强度为 I,通电时间为 t,则电场力做功

$$W = UIt \tag{2.3.1}$$

式(2.3.1)中 U 的单位是伏特(V),I 的单位是安培(A),t 的单位是秒(s),W 的单位是焦耳(J)。

如果电场力所做的功全部转化为热量,使盛水的电量热系统的温度从 T_0 升高到 T_n,则系统所吸收的热量

$$Q = C_S(T_n - T_0) \tag{2.3.2}$$

其中

$$C_S = m_0 c_0 + m_1 c_1 + m_2 c_2 + m_3 c_3 + 0.46V \tag{2.3.3}$$

式(2.3.3)中,m_0,c_0 是水的质量和比热容,m_1,c_1 是内筒与搅拌器的质量和比热容,m_2,c_2 是电热丝的质量和比热容,m_3,c_3 是接线柱的质量和比热容,$0.46V$ 是温度计浸入水中部分的热容量,V 是温度计浸入水中部分的体积,其单位是立方厘米(cm^3),可以用盛水的小量筒或游标卡尺测量。参看实验 2.1 的实验原理部分,温度计是由玻璃和水银或酒精制成的,通常计算水银温度计或酒精温度计的水当量只需求得浸入液体部分的体积 V cm^3,然后乘以 0.46 即:$0.46V$(cal/℃)。如果是用数字温度计测量温度,数字式温度计的测温传感器(铂电阻测温探头)自身热容甚小,可忽略不计。

如果在转化过程中没有热量散失,则

$$W = JQ \tag{2.3.4}$$

$$J = \frac{W}{Q} \tag{2.3.5}$$

式(2.3.4)与(2.3.5)中,J 是一个常数,称为热功当量,其标准值为 $4.186\,8$ J/cal;而 W 的单位是焦耳(J);Q 的单位是卡(cal)。

在以上的叙述中,我们是假设在转化过程中没有热量散失,但是在实际实验过程中是有热量散失的,因此 $W = JQ$ 并不成立。因为系统在温度升高的过程中,其温度高于环境温度,所以要向外界放出热量,设为 q,根据能量守恒定律,式(2.3.5)可写成

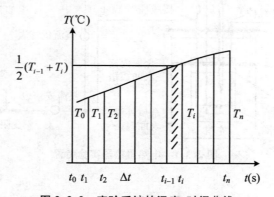

图 2.3.2　实验系统的温度-时间曲线

$$J = \frac{W}{Q + q} \tag{2.3.6}$$

本实验用牛顿冷却定律计算 q 进行散热修正。设实验开始 t s 后,系统温度为 T,环境温度为 θ,则当 $T - \theta$ 不太大($\leqslant 15\,℃$)时,由牛顿冷却定律可知,系统在 $t \rightarrow (t + \mathrm{d}t)$ 时间内散失的热量

$$\mathrm{d}q = k(T - \theta)\mathrm{d}t$$

系统在 $t_0 \rightarrow t_n$ 时间内散失的热量

$$q = \int_{t_0}^{t_n} k(T - \theta)\mathrm{d}t$$

$$= k \int_{t_0}^{t_n} T\mathrm{d}t - k\theta(t_n - t_0) \tag{2.3.7}$$

环境温度 θ 在实验过程中变化不大,可以认为是常量。θ 和 t_0,t_n 可以测定,如果求出 k 和 $\int_{t_0}^{t_n} T\mathrm{d}t$ 便可直接求出 q。

在 $t_0 \rightarrow t_n$ 时间内,考虑到有热量散失,系统的 T(温度)$-t$(时间)曲线如图 2.3.2 所示。把 $t_0 \rightarrow t_n$ 等分为 n 等份,每一份时间为 Δt,则式(2.3.7)第二项为

$$k\theta(t_n - t_0) = k\theta n \Delta t$$

在第 i 个 Δt 时间内,曲线下的面积为 $\frac{1}{2}(T_{i-1} + T_i)\Delta t$,则 $t_0 \rightarrow t_n$ 时间内,曲线下的面积为

$$\int_{t_0}^{t_n} T\mathrm{d}t = \left[\frac{1}{2}(T_0 + T_1) + \frac{1}{2}(T_1 + T_2) + \cdots + \frac{1}{2}(T_{n-1} + T_n)\right]\Delta t$$

$$= \left[\frac{1}{2}(T_0 + T_n) + T_1 + T_2 + \cdots + T_{n-1}\right]\Delta t$$

因此

$$q = k\left[\frac{1}{2}(T_0 + T_n) + T_1 + T_2 + \cdots + T_{n-1} - n\theta\right]\Delta t \tag{2.3.8}$$

当切断电源,电场力不对系统做功,且外界也不再对系统做功时,若系统温度 T' 高于环境温度,系统将由于散热而自然冷却。设在冷却过程中的某一时刻为 t_0',此刻的系统表面温度为 T_0',经过时间 $t_0' \rightarrow t_m'$ 后,温度降为 T_m',则在此时间内系统散失的热量

$$q' = C_\mathrm{s}(T_0' - T_m')$$

$$= k \int_{t_0'}^{t_m'} (T' - \theta)\mathrm{d}t$$

同式(2.3.7)一样的计算后可得到

$$k = \frac{C_\mathrm{s}(T_0' - T_m')}{\left[\frac{1}{2}(T_0' + T_m') + T_1' + T_2' + \cdots + T_{m-1}'\right]\Delta t - m\theta\Delta t} \tag{2.3.9}$$

将式(2.3.9)代入式(2.3.8),得

$$q = C_\mathrm{s}(T_0' - T_m') \frac{\frac{1}{2}(T_0 + T_n) + T_1 + T_2 + \cdots + T_{n-1} - n\theta}{\frac{1}{2}(T_0' + T_m') + T_1' + T_2' + \cdots + T_{m-1}' - m\theta} \tag{2.3.10}$$

本实验由式(2.3.1),(2.3.2),(2.3.3),(2.3.10)分别算出 W,C_s,Q,q 后,再由式(2.3.6)求出热功当量 J。

【实验内容】

(1) 用温度计测出室温以及实验系统的环境温度 θ；将量热器的内筒及搅拌器擦干净，用天平称出它们的质量 m_1；用天平称量电热丝的质量 m_2 和接线柱的质量 m_3。

(2) 按照图 2.3.1 连接电路，内筒装约多于半筒左右的冷水，称出其质量 m_0，在经过反复检查无短路的情况下通电加热，调节电压 U，使水温随着时间缓缓上升（每分钟上升约 $1.0\ ℃$），调节好合适的实验参量 m_0，U，I 后断开电源。

(3) 根据调节好的实验参量 m_0，U，I，重新取水实验。充分搅拌后读取系统初温 T_0，同时计时与开始加热，通电后不断搅拌，且每隔 1 分钟测量并记录一次系统温度、电压、电流强度。当水温升高 $(T-\theta)$ 约 $15\ ℃$ 时，断开电路（或经过 15 min 左右时断开电路）。

(4) 继续搅拌，且继续连续每隔 1 min 记录一次系统温度，约 15 min。

(5) 用温度计测出室温以及实验系统的环境温度 θ。

(6) 用游标卡尺测量温度计浸入水中部分的深度和直径，并算出其体积 V 或用小量筒测出温度计浸入水中部分的体积 V。如果是用数字式温度表测温度，由于其测温传感器（铂电阻测温探头）自身热容甚小，可忽略不计。

(7) U，I，θ 取平均值，水的比热容为 $1.000\ \text{cal}/(\text{g}\cdot℃)$，铝的比热容为 0.216 $\text{cal}/(\text{g}\cdot℃)$，铜的比热容为 $0.094\ \text{cal}/(\text{g}\cdot℃)$，计算 W，C_s，Q，q。

(8) 由式(2.3.6)计算出结果并评价。

【实验要求】

(1) 自拟实验步骤。

(2) 设计数据记录表格。

(3) 选择恰当的实验参量，粗测加热过程中实验系统的升温情况。

(4) 根据粗测的实验情况和实验结果，调整实验参量和实验操作的步骤，细测实验系统的升温与自然冷却过程。

(5) 算出热功当量 J，将测量结果与理论值进行比较，并求百分误差。

(6) 分析讨论误差产生的原因，主要讨论误差产生的原因以及你对实验的感想。（以下误差产生的原因仅作参考。）

① 实验用的水的质量、电源电压、电流强度等参量选择不合适引起的误差。

② 加热过程实验系统的升温太快或太慢引起的误差。

③ 搅拌时将水搅出或出现短路引起的误差。

④ 量热器没有盖严，散热引起的误差。

⑤ 温度计的测温探头位置放置不合适以及温度计估读引起的误差。

⑥ 量热器内绝热层已湿而失效引起的误差。

⑦ 实验系统的环境温度没有测好引起的误差。

⑧ 实验过程中搅拌不均匀引起的误差。

【注意事项】

（1）注意正确组装量热器,连接电路,以防电极接反而损坏仪表。

（2）本实验的误差主要来自温度测量,所以测温时应特别细心,准确读数。测温和测时要紧密配合,同时读数。

（3）量热器内注入水后方可接通电源,以防加热器损坏。

（4）通电后每隔一定时间（可取 1 min）记下系统温度;断电后继续连续每隔一定时间（可取 1 min）记温,到系统自然冷却一段时间后再停止。

（5）隔一定时间记下 U,I 数值,取平均值;"实验系统的环境温度 θ"应读取实验前、中、后的平均值。

（6）自始至终必须不断搅拌,这样才能使温度计的示数能够代表系统的温度,并注意搅拌器、加热器、量热器内筒之间不要短路。

（7）电热丝不要太靠近液面;温度计不要太靠近加热电阻丝。

（8）搅拌器应在内筒底部与电热丝之间缓慢搅拌。

（9）系统加热的温度最高不要超过（$\theta + 15$）℃,即 $T - \theta \leqslant 15$ ℃。

（10）正确使用直流稳压电源、直流电流表、直流电压表、数字式温度表、停表、电子天平等。

（11）注意维护数字式温度表、停表、水银温度计、烧杯等。

（12）实验结束后应将内筒擦干,并将其他仪器用品整理复原。

（13）上实验课时,要备草稿纸、直尺、铅笔、计算器等工具,以便分析数据、调整参量、进行实验。

【问题讨论】

（1）电功量热法的理论依据是什么? 其基本实验条件在本实验中是怎样得到满足的?

（2）为了避免短路,电热量热器内部装置应如何放置? 各种质量称量的次序应如何安排才能减少误差?

（3）T_0 是否是系统通电加热前的温度? 开始通电时就计时、计温吗? 何时开始计时、计温较好? 为什么?

（4）为什么切断电源后系统温度仍会升高? 如何判断系统已开始自然冷却? 怎样才能把 k 值测得更准确些?

（5）读取初温前及自然降温过程中是否需要搅拌? 为什么?

（6）温度计测温探头放置位置不同对温度测量有影响吗? 为什么?

（7）比较修正后和不加修正散热损失前的热功当量,说明修正散热的必要性? 能否另外设计一种方法进行本实验的散热修正?

【问题讨论提示】

（1）电功量热法的依据是热平衡方程与焦耳热效应原理。

由实验原理可知,保持实验系统为孤立系统是电功量热法所要求的基本实验条件。由本实验的仪器描述可知,电热量热器的构造从减少热辐射、热对流、热传导三种热量传递方式上保证内筒中的实验系统与周围环境取到了良好的绝热效果,使实验系统近似为一孤立系统。为此,整个实验在量热器内进行,同时要求实验者本人在测量方法及实验操作等方面也要设法从减少热辐射、热对流、热传导三种热量传递方式上保证内筒中的实验系统与周围环境取得良好的绝热效果。

(2) 为了避免短路,电热量热器内部装置应如图 2.3.3 所示放置。并注意搅拌时搅拌器的上下幅度不能太大,只能在加热电热丝与内筒底部之间搅动,且搅拌器不能碰到电热丝。

各种质量称量的次序应如下安排才能减少误差:

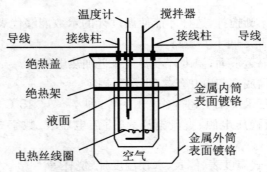

图 2.3.3 电热量热器内部装置

① 称量电热丝与接线柱的质量。
② 称量搅拌器与内筒的质量。
③ 称量搅拌器、内筒与水的质量。

(3) 代入公式中计算的 T_0 不是系统通电加热前的温度;不能使用刚开始通电就计时、计温的实验数据;应使用等到加热几分钟后,且通过搅拌使系统内部各部分的温度均匀并开始升温时,才开始计时、计温的实验数据。但是,实验时应该把整个实验过程的实验数据都记录下来,从中选择合适的数据代入公式计算。

(4) 因为在加热过程中,电热丝及其周围的局部温度总是比其他部分的温度高,切断电源时,电热丝及其周围的局部温度还是比其他部分的温度高,通过搅拌使系统温度均匀后,系统温度仍会升高。

切断电源后,通过搅拌使系统温度均匀,当系统温度没有继续上升,而是在相同的时间间隔内系统温度下降的幅度相同,就可以判断系统已开始自然冷却了。

根据本实验原理,在系统冷却过程的测量数据中,选择在相同的时间间隔内系统温度下降的幅度完全相同,且没有间断的测量数据代入式(2.3.9)就能把 k 测得较准些。

(5) 读取初温前及自然降温过程中都需要搅拌。因为只有通过搅拌才能使系统内部各部分的温度均匀,才能使得测量得到的温度准确和有意义。

(6) 温度计测温探头放置位置不同对温度测量有影响。因为在加热过程中,电热丝及其周围的局部温度总是比其他部分的温度高,如果温度计测温探头放置位置靠近电热丝周围,则会使得测量出的温度偏高;而靠近内筒内壁及其附近的局部温度会比其他部分的温度低,如果温度计测温探头放置位置靠近内筒内壁及其附近的位置,则会使得测量出的温度偏低。

（7）由实验数据分别把修正后和不加修正散热损失前的热功当量求出进行比较,说明如果不加修正散热损失,测量结果将会产生多大的误差,说明修正散热的必要性。

能另外设计其他方法进行本实验的散热修正,而且方法不唯一。例如:

① 可以考虑用实验 2.4 中介绍的修正末温的方法进行本实验的散热修正;具体可以参考实验 2.4 的实验原理部分。

② 可以考虑用实验 2.2 中介绍的散热抵偿法进行本实验的散热修正;具体可以参考实验 2.2 的实验原理部分。但是选取参量时要注意水的温度应低于系统的环境温度。

实验 2.4　电热法测量金属的比热容

【实验目的】

（1）正确使用量热器,熟练使用温度计;

（2）用电热法测量金属的比热容;

（3）练习进行实验安排和参量选取;

（4）学习一种散热修正方法——修正末温。

【实验仪器】

电热量热器、电子天平、停表、直流电源、直流安培表、直流伏特表、变阻器、开关、待测金属块、水银温度计、数字温度表、游标卡尺、量筒等。

【仪器介绍】

本实验的实验装置和线路连接如图 2.4.1 所示。

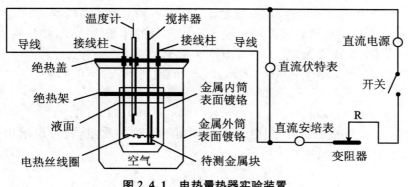

图 2.4.1　电热量热器实验装置

【实验原理】

1. 用电热法测定金属的比热容

本实验测定金属的比热容采用电功量热法,其理论依据是热平衡方程与焦耳热效应原理。若加在电热丝两端的电压为 U,通过的电流为 I,则在时间 $\mathrm{d}t$ 内电场力做功为

$$\mathrm{d}W = UI\mathrm{d}t \tag{2.4.1}$$

这些功全部转化为热量,使一个盛水与待测金属块的量热器系统温度升高 $\mathrm{d}T$,该系统吸收的热量为

$$\mathrm{d}Q = (c_x m_x + C_\mathrm{S})\mathrm{d}T \tag{2.4.2}$$

其中,m_x,c_x 分别为待测金属块的质量和比热容;C_S 为量热器系统(包括内筒中的水、内筒、搅拌器、电热丝、接线柱以及温度计浸没水中的那一部分等)的热容量,即

$$C_\mathrm{S} = m_0 c_0 + m_1 c_1 + m_2 c_2 + m_3 c_3 + m_4 c_4 + C_5 \tag{2.4.3}$$

式中,m_0,c_0 是内筒中水的质量和比热容,m_1,c_1 是内筒的质量和比热容,m_2,c_2 是搅拌器的质量和比热容,m_3,c_3 是电热丝的质量和比热容,m_4,c_4 是接线柱的质量和比热容,C_5 是温度计浸入水中部分的热容量,V 是温度计浸入水中部分的体积,其单位是立方厘米(cm³),可以用盛水的小量筒或游标卡尺测量。如果是用数字温度计测量温度,数字式温度计的测温传感器(铂电阻测温探头)自身热容甚小,可忽略不计。

如果通电过程中无热量散失,则 $\mathrm{d}W = \mathrm{d}Q$(热量以焦耳为单位),即

$$UI\mathrm{d}t = (c_x m_x + C_\mathrm{S})\mathrm{d}T \tag{2.4.4}$$

当 U,I 均不随时间变化时,对式(2.4.4)积分,并令 $t = 0 \rightarrow t_n$ 时,系统温度 $T = T_0 \rightarrow T_n'$,则有

$$\int_0^{t_n} UI\mathrm{d}t = \int_{T_0}^{T_n'} (c_x m_x + C_\mathrm{S})\mathrm{d}T$$

$$UI(t_n - t_t) = (c_x m_x + C_\mathrm{S})(T_n' - T_0)$$

$$UI t_n = (c_x m_x + C_\mathrm{S})(T_n' - T_0) \tag{2.4.5}$$

如果 C_S 已知,则由式(2.4.5)即可求出待测金属的比热容 c_x。

参考实验 2.1 中的实验原理部分,温度计是由玻璃和水银或酒精制成的,通常计算水银温度计或酒精温度计的水当量只需求得浸入液体部分的体积 V cm³,然后乘以 0.46 或者 1.9,则 $C_5 = 0.46V$(cal/℃)或者 $C_5 = 1.9V$(J/℃)。

$$C_\mathrm{S} = c_0 m_0 + m_1 c_1 + m_2 c_2 + m_3 c_3 + m_4 c_4 + 0.46V \tag{2.4.6}$$

或者

$$C_\mathrm{S} = c_0 m_0 + m_1 c_1 + m_2 c_2 + m_3 c_3 + m_4 c_4 + 1.9V \tag{2.4.7}$$

这样给定一系列的比热容,用电子天平称出一系列的质量,就可以求出 C_S;再由式(2.4.5)即可求出待测金属块的比热容

$$c_x = \frac{1}{m_x}\left(\frac{UI t_n}{T_n' - T_0} - C_\mathrm{S}\right) \tag{2.4.8}$$

2. 散热修正

由于通电过程中,系统温度与环境温度不相一致,所以,实验系统与外界的热量交换是

不可避免的。设系统实际达到的末温 T_n 与无热量交换时所应抵达的末温 T'_n 偏离 ΔT_n，则有

$$T'_n = T_n - \Delta T_n \tag{2.4.9}$$

根据牛顿冷却定律，在系统与环境温差不大，且处于自然冷却的情况下，系统的降温制冷速率为

$$\frac{\mathrm{d}T}{\mathrm{d}t} = -k'(T - \theta) \tag{2.4.10}$$

式中，$k' = k/C_\mathrm{S}$ 是一个与系统表面积成正比并随表面辐射本领及系统热容而变的常数，称为降温常数。其物理意义为：单位温差下，单位时间内因与外界的热量交换而导致的温度变化量。单位：s^{-1}。T 及 θ 分别表示系统的表面温度及环境温度。

以相等的时间间隔 $\Delta t_0 = 60\,\mathrm{s}$ 连续记录通电加热过程中系统温度 $T_0, T_1, \cdots, T_i, \cdots, T_n$ 随时间 $0, 1 \cdot \Delta t_0, \cdots, i \cdot \Delta t_0, \cdots, n \cdot \Delta t_0 \equiv t_n$ 的变化。为求降温常数，切断加热电源后，仍然以相等的时间间隔 $\Delta t'_0 = 60\,\mathrm{s}$ 连续记录降温过程中的系统温度 $T_{n+1}, T_{n+2}, \cdots, T_m, \cdots$ 随时间 $(n+1)\Delta t'_0, (n+2)\Delta t'_0, \cdots, m\Delta t'_0, \cdots$ 的变化。当可假定室温不变时，对式 (2.4.10) 求解，并以降温过程中达到自然冷却时的边界条件：$t = (n+a)\Delta t'_0 \to m\Delta t'_0$ 时，$T = T_{n+a} \to T_m$ 代入，可得

$$\frac{\mathrm{d}T}{T - \theta} = -k'\mathrm{d}t$$

$$\int_{T_{n+a}}^{T_m} \frac{1}{T - \theta}\mathrm{d}T = -\int_{(n+a)\Delta t'_0}^{m\Delta t'_0} k'\mathrm{d}t$$

$$\ln\frac{T_m - \theta}{T_{n+a} - \theta} = -k'[m\Delta t'_0 - (n+a)\Delta t'_0]$$

$$k' = \frac{1}{(n+a-m)\Delta t'_0}\ln\frac{T_m - \theta}{T_{n+a} - \theta} \tag{2.4.11}$$

当时间间隔很小、以致可假定系统温度随时间线性变化时，其在任一时间间隔内的平均温度可写作：

第 1 min 内系统的平均温度：$\overline{T}_1 = \frac{1}{2}(T_0 + T_1)$，

第 2 min 内系统的平均温度：$\overline{T}_2 = \frac{1}{2}(T_1 + T_2)$，

第 3 min 内系统的平均温度：$\overline{T}_3 = \frac{1}{2}(T_2 + T_3)$， $\tag{2.4.12}$

……

第 i min 内系统的平均温度：$\overline{T}_i = \frac{1}{2}(T_{i-1} + T_i)$，

……

将式 (2.4.10) 及式 (2.4.11) 代入式 (2.4.9)，可求出加热过程中系统在不同表面温度 $\overline{T}_i$ 下，Δt_0 时间内由于散热而导致的温度差 ΔT_i，即：

第 1 min 内系统由于散热而导致的温度差：$\Delta T_1 = -k'[\overline{T}_1 - \theta]\Delta t_0$，

第 2 min 内系统由于散热而导致的温度差：$\Delta T_2 = -k'[\overline{T}_2 - \theta]\Delta t_0$，

第 3 min 内系统由于散热而导致的温度差：$\Delta T_3 = -k'[\overline{T}_3 - \theta]\Delta t_0$，

......　　　　　　　　　　　　　　　　　　　　　　　　　　　　(2.4.13)

第 i min 内系统由于散热而导致的温度差：$\Delta T_i = -k'(\overline{T}_i - \theta)\Delta t_0$，

......

式(2.4.12)对加热过程中所有的时间间隔求和,将式(2.4.11)代入并整理,可得整个加热过程中由于散热而导致的总温降 ΔT_n,即

$$\Delta T_n = -k'\left[\sum_{i=1}^{n-1} T_i + \frac{1}{2}(T_0 + T_n) - n\theta\right]\Delta t_0 \tag{2.4.14}$$

将 ΔT_n 代入式(2.4.8),即可求出修正后系统的末温 T'_n。

$$T'_n = T_n - \Delta T_n = T_n + k'\left[\sum_{i=1}^{n-1} T_i + \frac{1}{2}(T_0 + T_n) - n\theta\right]\Delta t_0$$

$$= T_n + \left[\frac{1}{(n+a-m)\Delta t'_0}\ln\frac{T_m - \theta}{T_{n+a} - \theta}\right]\left[\sum_{i=1}^{n-1} T_i + \frac{1}{2}(T_0 + T_n) - n\theta\right]\Delta t_0 \tag{2.4.15}$$

【实验内容】

(1) 用温度计测出室温以及实验系统的环境温度 θ;将量热器的内筒及搅拌器擦干净,再将接线柱与电热丝、待测金属块上的水擦干,用电子天平分别称出各质量。

(2) 向量热器内加入适量(约 3/5)的水,称取其二者的总质量。将其置于量热器外筒内,把待测金属块放入内筒的水中,在经过反复检查无短路的情况下通电加热,调节电压 U,使水温随着时间缓缓上升(每分钟上升约 1.0 ℃),调节好合适的实验参量 m_0,U,I 后断开电源。

(3) 根据调节好的实验参量 m_0,U,I,重新取水实验。充分搅拌后读取系统初温 T_0,同时计时与开始加热,通电后不断搅拌,且每隔 1 min 测量并记录一次系统温度、电压、电流强度。当水温升高($T - \theta$)约 15 ℃时断开电路(或经过 15 min 时断开电路)。

(4) 继续搅拌,且继续连续每隔 1 min 记录一次系统温度,约 15 min。

(5) 用温度计再次测出室温以及实验系统的环境温度 θ。

(6) 用游标卡尺测量温度计浸入水中部分的深度和直径,并算出其体积 V 或用小量筒测出温度计浸入水中部分的体积 V。如果是用数字式温度表测温度,由于其测温传感器(铂电阻测温探头)自身热容甚小,可忽略不计。

(7) U,I,θ 取平均值,水的比热容为 1.000 cal/(g·℃)≈4 186.8 J/(kg·K),铝的比热容为 0.216 cal/(g·℃)≈904.3 J/(kg·K),铜的比热容 0.094 cal/(g·℃)≈393.6 J/(kg·K),计算 W,C_s,Q,T'_n。

(8) 由式(2.4.8)计算出结果并评价。

【实验要求】

(1) 自拟实验步骤。

（2）设计数据记录表格。

（3）选择恰当的实验参量,粗测加热过程中实验系统的升温情况。

（4）根据粗测的实验情况和实验结果,调整实验参量和实验操作的步骤,细测实验系统的升温与自然冷却过程。

（5）算出待测金属的比热容 c_x,将测量结果与理论值进行比较,并求百分误差。

（6）分析讨论误差产生的原因,主要讨论误差产生的原因以及你对实验的感想。（以下误差产生的原因仅作参考。）

① 实验用的水的质量、电源电压、电流强度等参量选择不合适引起的误差。

② 加热过程实验系统的升温太快或太慢引起的误差。

③ 搅拌时将水搅出或出现短路引起的误差。

④ 量热器没有盖严,散热引起的误差。

⑤ 温度计测温探头放置位置以及估读温度读数计引起的误差。

⑥ 量热器内绝热层已湿而失效引起的误差。

⑦ 实验系统的环境温度没有测好引起的误差。

⑧ 实验过程中搅拌不均匀引起的误差。

【注意事项】

（1）注意电路连接正确,以防电极接反而损坏仪表。

（2）注意量热器组装正确,特别是待测金属块和搅拌器的放置,以防短路和加热器损坏。

（3）本实验的误差主要来自温度测量,所以测温度时应特别细心,准确读数。测温和测时要紧密配合,同时读数。

（4）量热器内注入水后方可接通电源,以防加热器损坏。

（5）通电后每隔一定时间（可取 1 min）记下系统温度。断电后继续连续每隔一定时间（可取 1 min）记温到系统自然冷却一段时间后再停止。

（6）隔一定时间记下 U,I 数值,取平均值;"实验系统的环境温度 θ"应读取实验前、中、后的平均值。

（7）自始至终必须不断搅拌,这样才能使温度计的示数能够代表系统的温度,搅拌器应在内筒底部与电热丝之间缓慢搅拌,并注意搅拌器、待测金属块、加热器、量热器内筒之间不要短路。

（8）电热丝不要太靠近液面;温度计不要太靠近加热电阻丝。

（9）系统加热的温度最高不要超过 $(\theta + 15)$℃,即 $T - \theta \leqslant 15$℃。

（10）正确使用直流稳压电源、直流电流表、直流电压表、数字式温度表、停表、电子天平等。

（11）注意维护数字式温度表、停表、水银温度计、烧杯等。

（12）实验结束后应将内筒擦干,并将其他仪器用品整理复原。

（13）上实验课时,要备草稿纸、直尺、铅笔、计算器等工具,以便分析数据、调整参量、进行实验。

【问题讨论】

(1) 电功量热法的理论依据是什么？其基本实验条件在本实验中是怎样得到满足的？

(2) 为了避免短路,电热量热器内部装置应如何放置？各种质量称量的次序应如何安排才能减少误差？

(3) T_0 是否是系统通电加热前的温度？开始通电就计时、计温吗？何时开始计时、计温较好？为什么？

(4) 为什么切断电源后系统温度仍会升高？如何判断系统已开始自然冷却？怎样才能把 k' 值测得更准确些？

(5) 读取初温前及自然降温过程中是否需要搅拌？为什么？

(6) 温度计测温探头放置位置不同对温度测量有影响吗？为什么？

【问题讨论提示】

(1) 电功量热法的依据是热平衡方程与焦耳热效应原理。

由实验原理可知,保持实验系统为孤立系统是电功量热法所要求的基本实验条件。由本实验的仪器介绍可知,电热量热器的构造从减少热辐射、热对流、热传导三种热量传递方式上保证内筒中的实验系统与周围环境取到了良好的绝热效果,使实验系统近似为一孤立系统。为此,整个实验在量热器内进行,同时要求实验者本人在测量方法及实验操作等方面也要设法从减少热辐射、热对流、热传导三种热量传递方式上保证内筒中的实验系统与周围环境取得良好的绝热效果。

(2) 为了避免短路,电热量热器内部装置应如图 2.4.1 所示放置。并注意搅拌时搅拌器的上下幅度不能太大,只能在加热电热丝与内筒底部之间搅动,且搅拌器不能碰到电热丝。

各种质量称量的次序应如下安排才能减少误差:

① 称量电热丝与接线柱的质量。

② 称量待测金属块的质量。

③ 称量搅拌器与内筒的质量。

④ 用细线将待测金属块绑在搅拌器上,称量金属块、搅拌器、内筒与水的总质量。

(3) 代入公式中计算的 T_0 不是系统通电加热前的温度;不能使用刚开始通电就计时、计温的实验数据;应使用等到加热几分钟后,且通过搅拌使系统内部各部分的温度均匀并开始升温时,才开始计时、计温的实验数据较好。但是,实验时应该把整个实验过程的实验数据都记录下来,从中选择合适的数据代入公式计算。

(4) 因为在加热过程中,电热丝及其周围的局部温度总是比其他部分的温度高,切断电源时,电热丝及其周围的局部温度还是比其他部分的温度高,通过搅拌使系统温度均匀后,系统温度仍会升高。

切断电源后,通过搅拌使系统温度均匀,当系统温度没有继续上升,而是在相同的时间间隔内系统温度下降的幅度相同时,就可以判断系统已开始自然冷却了。

根据本实验原理,在系统冷却过程的测量数据中,选择在相同的时间间隔内系统温度下降的幅度完全相同,且没有间断的测量数据代入式(2.4.11)就能把 k' 测得较准些。

（5）读取初温前及自然降温过程中都需要搅拌。因为只有通过搅拌才能使系统内部各部分的温度均匀,才能使测量得到的温度准确和有意义。

（6）温度计测温探头放置位置不同对温度测量有影响。因为在加热过程中,电热丝及其周围的局部温度总是比其他部分的温度高,如果温度计测温探头放置位置靠近电热丝周围,则会使测量出的温度偏高;而靠近内筒内壁及其附近的局部温度会比其他部分的温度低,如果温度计测温探头放置位置靠近内筒内壁及其附近的位置,则使测量出的温度偏低。

实验 2.5　　冷却法测量盐水的比热容

【实验目的】

（1）用实验的方法研究热学系统的冷却速率同系统与环境之间温度差的关系;

（2）用冷却法测食盐水的比热容,了解比较法的条件和优点;

（3）用最小二乘法求经验公式中直线的斜率。

【实验仪器】

冷却量热装置、水银温度计、数字温度表、停表、待测液体、电子天平、电加热器、大烧杯、小烧杯、小量筒或游标卡尺等。

【仪器及装置描述】

本实验所用实验装置是一个具有内外筒的量热器,实验装置如图 2.5.1 所示。为了保证内筒周围的环境温度 θ 变化很小,外筒由一个很大的双壁水筒做成,里面装满了温度与室温相近的水,并让自来水从其中不断流过,以保持恒温。内筒盛需要冷却的液体(水或待测液体)。内筒、内筒搅拌器、冷却的液体(水或待测液体)、浸入液体中的温度计部分组成我们所要考虑的实验系统。为了保证实验系统周围(即内筒周围)的环境温度恒定,内外筒中间还有搅拌器。

这个装置的设计就是设法使实验系统能够在温度恒定的环境中自然冷却。

【实验原理】

一个系统的温度如果高于环境温度,它就要散热;如果低于环境温度,它就要吸热。描述物体冷却过程的基本定律之一是牛顿冷却定律,其表述为:当一个系统的温度 T 与其环境温度 θ 之间的温差 $(T-\theta)$ 不大时,系统的散热速率 $\dfrac{\mathrm{d}q}{\mathrm{d}t}$ 与 $(T-\theta)$ 成正比。即

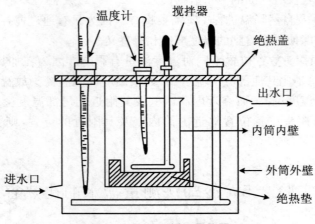

温度计　搅拌器　绝热盖　出水口　内筒内壁　外筒外壁　绝热垫　进水口

图 2.5.1　双层循环量热器

$$\frac{\mathrm{d}q}{\mathrm{d}t} = k(T - \theta) \tag{2.5.1}$$

当系统温度的变化仅仅是由于散热而引起的,即在自然冷却的条件下,牛顿冷却定律可写为

$$\frac{\mathrm{d}T}{\mathrm{d}t} = \frac{k}{C_s}(T - \theta) \tag{2.5.2}$$

式中,$\frac{\mathrm{d}T}{\mathrm{d}t}$ 为系统的冷却速率,C_s 是系统的热容量,比例系数 k 叫作热学系统的散热系数,它与系统的表面温度、表面光洁度状况以及表面积有关。在 $T - \theta$ 不大时,k 为常数。

如果能使实验过程中环境温度 θ 的变化比系统温度 T 的变化小很多,则可以把 θ 认为是常量,于是式(2.5.2)可以表示为

$$\frac{\mathrm{d}(T - \theta)}{(T - \theta)} = \frac{k}{C_s}\mathrm{d}t \tag{2.5.3}$$

对上式积分,得

$$\ln(T - \theta) = \frac{k}{C_s}t + b \tag{2.5.4}$$

式中,b 为积分常数。

测出实验系统自然冷却过程中每隔一分钟的 T 和 θ,作出 $\ln(T - \theta) - t$ 图,如果是一条直线,则说明在此实验条件下,热学系统的冷却速率(或散热速率)同系统与环境之间温度差成正比。即牛顿冷却定律是成立的,且直线的斜率即为 $\frac{k}{C_s}$。

可以利用式(2.5.4),用比较法来测量液体的比热容。方法是分别测出水和待测液体的冷却情况,选取水的比热容为已知参量,就可测定待测液体的比热容。利用系统冷却过程的实验数据分别作水和待测液的冷却曲线:

$$\ln(T - \theta)_{\text{水}} = \frac{k'}{C_s'}t + b_1 = S't + b_1 \tag{2.5.5}$$

$$\ln(T - \theta)_{\text{液}} = \frac{k''}{C_s''}t + b_2 = S''t + b_2 \tag{5.4.6}$$

式中,S' 和 S'' 分别为水和待测液体做自然冷却过程时,实验中每隔一分钟测出的 T 和 θ 作出

$\ln(T-\theta)-t$ 图的两条直线的斜率。即：

$$S' = \frac{k'}{C'_s}, \quad S'' = \frac{k''}{C''_s} \tag{2.5.7}$$

如果在用水和待测液体分别做自然冷却的两次实验过程中，我们能够保证 $k' = k''$，那么就可以得到：

$$C'_s S' = C''_s S'' \tag{2.5.8}$$

式中，S' 和 S'' 可以从 $\ln(T-\theta)-t$ 图中求出（即两条冷却直线的斜率）。C'_s 是水做冷却时实验系统的热容量，包括内筒、搅拌器、水以及温度计浸入水中部分的热容量，为已知；热容 C''_s 是待测液体做冷却时实验系统的热容量，包括内筒、搅拌器、待测液体以及温度计浸入待测液体中部分的热容量，即

$$C'_s = m_0 c_0 + m_1 c_1 + m_2 c_2 + C'_5 \tag{2.5.9}$$

$$C''_s = m_x c_x + m_1 c_1 + m_2 c_2 + C''_5 \tag{2.5.10}$$

式中，m_0, m_x, c_0, c_x 分别为水和待测液体的质量和比热容，m_1, m_2, c_1, c_2 分别为量热器内筒和搅拌器的质量和比热容，$C'_5 = \delta V'$，$C''_5 = \delta V''$ 分别为温度计浸入水和待测液体中部分的热容量，V' 和 V'' 是温度计浸入水中和待测液体中的体积，单位是 cm^3，V 可用盛水的小量筒或游标卡尺去测量。参照实验 2.1 中的实验原理部分，温度计插入水中部分的热容可如下求出：通常计算水银温度计或酒精温度计的水当量只需求得浸入液体部分的体积 $V\ cm^3$，然后乘以 0.46 或者 1.9，即 $0.46V(cal/℃)$ 或者 $1.9V(J/℃)$。如果是用数字温度计测量温度，数字式温度计的测温传感器（铂电阻测温探头）自身热容甚小，可忽略不计。

在实验中为了能够保证 $k' = k''$，从而得到 $C'_s S' = C''_s S''$，我们必须保证：

(1) 水和待测液体的实验系统均需处于自然冷却状态；

(2) 水和待测液体的体积相同、表面积相同；

(3) 水和待测液体的温度基本相同，开始冷却时的初温相同；

(4) 在用水和待测液体分别做冷却的两次实验过程中，内筒周围的环境温度基本相同；而且实验系统的温度 T 与环境温度 θ 之间的温差 $(T-\theta)$ 不大，即 $T-\theta < 15℃$。

(5) 对水和待测液体的搅拌情况一致，都要自始至终轻轻地均匀地搅拌。

在满足以上的实验条件后，我们可以得到 $k' = k''$，$C'_s S' = C''_s S''$，$V' = V'' = V$，则由式 (2.5.8)，(2.5.9)，(2.5.10) 可得

$$c_x = \frac{1}{m_x}\left[\frac{S'}{S''}(m_0 c_0 + m_1 c_1 + m_2 c_2 + C'_5) - (m_1 c_1 + m_2 c_2 + C''_5)\right] \tag{2.5.11}$$

$$= \frac{1}{m_x}\left[\frac{S' C'_s}{S''} - (m_1 c_1 + m_2 c_2 + C''_5)\right] \tag{2.5.12}$$

式中，S' 和 S'' 可以从 $\ln(T-\theta)-t$ 图中，利用最小二乘法分别求出两条直线的斜率后求出。

【实验内容】

(1) 检查与实验相关的器材、仪器是否完好。

(2) 把量热器内筒和搅拌器擦干，分别于电子天平上称出其质量 m_1 和 m_2，从仪器说明书上查出它们的比热容 c_1 和 c_2，将各数据记入设计好的数据记录表格。

(3) 在内筒内注入适量比系统环境温度略高 15℃ 左右的热水（使水约为内筒容积的

3/5,即大约为 300 mL),于电子天平上称出其质量,则可算出水的质量 m_0。迅速将内筒置于外筒绝热托上,加盖并插好搅拌器和温度计。

(4) 正确地组装实验仪器,不停地轻轻搅拌,当 T 和 θ 稳定后,选择一个适宜的温度 T_0,开始计时,并每隔一分钟记录一次 T 和 θ,一共进行约 15 min。

(5) 用盛水的小量筒或游标卡尺去测量温度计插入水中部分的体积。

(6) 洗净内筒,把水换成待测液体食盐水,保持实验条件与热水冷却过程一致,重复以上(2)、(3)、(4)、(5)的做法,测量出食盐水冷却时的相关数据。

(7) 用直角坐标纸作出热水和食盐水的冷却曲线"$\ln(T-\theta)-t$ 图",如图 2.5.2 所示。检验其是否为一条直线,如果是一条直线则实验成功。

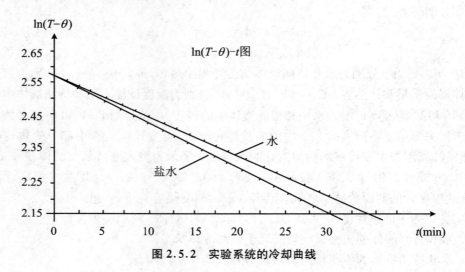

图 2.5.2　实验系统的冷却曲线

【实验要求】

(1) 自拟实验步骤。

(2) 设计数据记录表格。

(3) 选择恰当的实验参量,粗测自然冷却过程中实验系统的降温情况。

(4) 根据粗测的实验情况和实验结果,调整实验参量和实验操作的步骤,细测实验系统的自然冷却过程。

(5) 计算测量结果及其标准不确定度。

(6) 分析讨论误差产生的原因,主要讨论误差产生的原因以及你对实验的感想。(以下误差产生的原因仅作参考。)

① 实验用的食盐水与水的质量、温度、体积等参量选择不合适引起的误差。

② 实验过程中实验系统不是处于自然冷却状态,其降温太快或太慢引起的误差。

③ 对水和待测液体的搅拌情况不好,或搅拌时将水搅出引起的误差。

④ 量热器没有盖严,散热引起的误差。

⑤ 温度计测温探头放置位置以及估读温度计读数引起的误差。

⑥ 量热器内绝热层已湿而失效引起的误差。

⑦ 每次冷却实验过程中搅拌不均匀引起的误差。

⑧ 两次冷却过程的环境温度不相同,开始冷却时的初温不相同引起的误差。

【注意事项】

用冷却法测定盐水的比热容,此方法是建立在用一已知的液体和另一被测液体相比较的基础上,经过实验的比较来完成测量,为此,实验中我们必须注意:

(1) 水和待测液体的实验系统均需处于自然冷却状态。

(2) 先测盐水的冷却过程,再测水的冷却过程,这样实验中的各个温度会好控制一些;但是在测完盐水的冷却过程后,要把仪器清洗干净,再测水的冷却过程。

(3) 在两次冷却过程测量的开始,我们必须(尽量)控制系统温度 T 和环境温度 θ 都要相同,并设法使 θ 保持稳定;而且实验系统的温度 T 与环境温度 θ 之间的温差 $(T-\theta)$ 不大,即 $T-\theta < 15\ ℃$。

(4) 两次冷却过程测量所用液体的体积(即系统的表面积)必须保证一致。

(5) 不要直接把内筒放在加热器上加热,否则会引起内筒表面的氧化,导致表面性质改变而使得散热常数 k 发生变化。

(6) 测量高温液体的温度时首先用量程为 $0\sim100\ ℃$ 的温度计,只有当确定液体的温度不超过 $50\ ℃$ 时,才能换用量程为 $0\sim50\ ℃$ 的温度计。由于水银温度计容易折断,水银液泡更容易破裂,所以在使用过程中我们必须轻拿轻放。

(7) 实验过程中必须用搅拌器不停的搅拌,以便使温度尽快地达到稳定状态,并且两次搅拌的程度要大致一样。

(8) 实验过程中内外筒之间不能有液体,内筒中的液体不能溅出。

(9) 实验过程中温度计测温探头的放置位置要合适,否则会影响温度的测量。

【问题讨论】

(1) 本实验中用冷却比较法来测液体比热容需要保证什么条件?下列影响因素在比较法中能否消去或部分消去?为此需要注意什么?

① 温度计的系统误差;② 外筒温度 θ 不为恒定值;③ 水和待测液体蒸发;④ 搅拌不均匀;⑤ 水和待测液体的体积和温度不同。

(2) 能否设计实验对以下因素的影响进行研究?

① 搅拌不好或不搅拌;② 外筒温度 θ 不为恒定值;③ 水和待测液体的温度相差很大。

(3) 实验过程中,应该怎样注意操作顺序或操作方法,才能使实验中的各个参量容易控制一些?

【问题讨论提示】

(1) 用冷却比较法来测液体比热容需要保证的条件在实验 2.5 的实验原理中已经有详细说明。首先,两次冷却的实验系统必须是孤立系统;第二,实验系统要在温度不变的环境中自然冷却;第三,两次冷却的实验系统的初始温度相同,而且实验系统的温度 T 与环境温度 θ 之间的温差 $(T-\theta)$ 不大,即 $T-\theta < 15\ ℃$;第四,两次冷却的实验系统的散热常数相同,

即两次冷却的实验系统的表面温度、表面积、表面的光洁度相同。

① 温度计的系统误差的影响在冷却比较法中能消去或部分消去,为此实验时需要注意两次冷却过程中测量系统温度的温度计与测量环境温度的温度计不变。

② 外筒温度 θ 不为恒定值的影响在冷却比较法中不能消去或部分消去,为此实验时需要注意保持两次冷却过程中测量系统温度与环境温度不变或者变化很小。

③ 水和待测液体蒸发的影响在冷却比较法中不能消去或部分消去,为此实验时需要注意保持两次冷却过程中水和待测液体蒸发很小。

④ 不均匀搅拌的影响在冷却比较法中能消去或部分消去,为此实验时需要注意保持两次冷却过程中缓缓地均匀搅拌。

⑤ 水和待测液体的体积和温度不同的影响在冷却比较法中能消去或部分消去,为此实验时需要注意保持两次冷却过程中水和待测液体的体积和温度相同。

(2) 能够分别设计不同的实验对以下因素的影响进行研究。

① 搅拌不好或不搅拌。先严格按照实验 2.5 的实验原理中需要保证的条件用冷却比较法来测液体比热容;再重复一次,只是注意在重复时,除不搅拌或者搅拌不好外,其他条件严格按照实验 2.5 的实验原理中需要保证的条件用冷却比较法来测液体比热容。对两次实验进行对比分析,就可以看出不搅拌或者搅拌不好对实验的影响。

② 外筒温度 θ 不为恒定值。先严格按照实验 2.5 的实验原理中需要保证的条件用冷却比较法来测液体比热容;再重复一次,只是注意在重复时,除外筒温度 θ 不为恒定值外,其他条件严格按照实验 2.5 的实验原理中需要保证的条件用冷却比较法来测液体比热容。对两次实验进行对比分析,就可以看出外筒温度 θ 不恒定时对实验的影响。

③ 水和待测液体的温度相差很大。先严格按照实验 2.5 的实验原理中需要保证的条件用冷却比较法来测液体比热容;再重复一次,只是注意在重复时,除水和待测液体的温度相差很大外,其他条件严格按照实验 2.5 的实验原理中需要保证的条件用冷却比较法来测液体比热容。对两次实验进行对比分析,就可以看出水和待测液体的温度相差很大时对实验的影响。

(3) 实验过程中的操作顺序或操作方法不唯一,但按如下步骤做法进行可以使实验中的各个参量容易控制一些:

① 检查与实验相关的器材,注意仪器是否完好。

② 在双壁水筒里面装满温度与室温相近的水,测量其温度 θ。

③ 把量热器内筒和搅拌器擦干,分别于电子天平上称出其质量 m_1 和 m_2,从仪器说明书上查出它们的比热容 c_1 和 c_2,称出量热器内筒和搅拌器的总质量 M_1,各测量数据记入设计好的数据记录表格中。

④ 把烧杯或量杯洗净擦干,于电子天平上称出其质量 m_3;烧杯中装上温度高于 θ 约 15 ℃的食盐水 300 mL,再于电子天平上称出其总质量 m_4,算出 300 mL 食盐水的质量 $m'_x = m_4 - m_3$。

⑤ 将称好质量 300 mL 食盐水倒入内筒中,于电子天平上称出其总质量 m_5,算出食盐水的质量 $m''_x = m_5 - m_1$;并与 $m'_x = m_4 - m_3$ 进行比较。

⑥ 内筒置于外筒绝热托上,加盖并插好搅拌器和温度计;注意,应将外筒绝热托与内筒放置的空间中的水擦干;正确的组装好实验仪器,不停的轻轻搅拌,当系统温度 T 与环境温度 θ 稳定后,选择一个适宜的系统温度 T_0,开始计时,并且每隔一分钟记录一次 T 和 θ,一共

进行约 15 min。

⑦ 用盛水的小量筒或游标卡尺去测量温度计插入水中部分的体积;如果是用数字温度计测量温度,数字式温度计的测温传感器(铂电阻测温探头)自身热容甚小,可忽略不计。

⑧ 冷却过程结束后于电子天平上称出量热器内筒、搅拌器、食盐水的总质量为 M'',算出冷却过程结束食盐水的质量 $m_x''' = M'' - M_1$,并与冷却实验开始前的测量值 m_x', m_x'' 进行比较。

⑨ 洗净内筒与搅拌器,把食盐水换成热水,保持实验条件与食盐水冷却过程一致,重复以上②、③、④、⑤、⑥、⑦、⑧步骤的做法,测量出热水冷却的相关数据。

在重复以上②、③、④、⑤、⑥、⑦、⑧步骤的时候应注意:

在重复②时,应使双壁水筒里面装的水的温度 θ 与冷却食盐水时相同。

在重复③时,应把量热器内筒和搅拌器洗净擦干,再分别于电子天平上称出其质量 m_1 和 m_2,从仪器说明书上查出它们的比热容 c_1 和 c_2,称出量热器内筒和搅拌器的总质量 M_1,各数据记入设计好的数据记录表格中;并与前面的各测量值进行比较。

在重复④时,应先把烧杯或量杯洗净擦干,于电子天平上称出其质量 m_6;烧杯中装上温度高于 θ 约 15 ℃ 的热水 300 mL,再于电子天平上称出其质量 m_7,算出 300 mL 热水的质量 $m_0' = m_7 - m_6$;注意食盐水与热水的体积相同都是 300 mL,而质量则不相同。

在重复⑤时,将称好质量的 300 mL 热水倒入内筒中,于电子天平上称出其总质量 m_8,算出热水的质量 $m_0'' = m_8 - m_1$;并与 $m_0' = m_7 - m_6$ 进行比较。

在重复⑥时,应先将外筒绝热托与内筒放置的空间水分擦干,再将内筒置于外筒绝热托上,加盖并插好搅拌器和温度计,正确的组装好实验仪器,不停的轻轻搅拌,当系统温度 T 与环境温度 θ 稳定后,选择一个适宜的系统温度 T_0(注意使开始时的系统温度 T 与环境温度 θ 要与食盐水冷却时的相同或接近),开始计时,并且每隔一分钟记录一次 T 和 θ,一共进行约 15 min。

在重复⑦时,用盛水的小量筒或游标卡尺去测量温度计插入水中部分的体积;如果是用数字温度计测量温度,数字式温度计的测温传感器(铂电阻测温探头)自身热容甚小,可忽略不计。

在重复⑧时,冷却实验结束后于电子天平上称出量热器内筒、搅拌器、热水的总质量为 M',算出冷却实验结束热水的质量 $m_0''' = M' - M_1$,并与冷却实验开始前的测量值 m_0', m_0'' 进行比较。

实验 2.6　稳态法测不良导体的导热系数

【引言】

热传导是热量交换(包括热传导、对流、辐射)的三种基本方式之一,导热系数(又称热导率)是反映材料热传导性质的物理量,它表示材料导热能力的大小。材料的导热机理在很大程度上取决于它的微观结构,热量的传递依靠原子、分子绕平衡位置的振动以及自由电子的迁移。在金属中电子流起支配作用,在绝缘体和大部分半导体中则以晶格振动起主导作用。因此,某种材料的导热系数不仅与构成材料的物质种类密切相关,而且还与它的微观结构、温度、压力及杂质含量有关。在科学实验和工程设计中,所用材料的导热系数都需要用实验的方法精确测定。

　　物体按导热性能可分为良导体和不良导体。对于良导体一般用瞬态法测量其导热系数,即通过测量正在导热的流体在某段时间内通过的热量。对于不良导体则用稳态平板法测量其导热系数。所谓稳态即样品内部形成稳定的温度分布。本实验就是用稳态法测量不良导体的导热系数。

【实验目的】

　　(1) 了解热传导现象的物理过程,巩固和深化热传导的基本理论;
　　(2) 学习用稳态平板法测量不良导体的导热系数;
　　(3) 学会用作图法求冷却速率;
　　(4) 了解实验材料的导热系数与温度的关系。

【实验仪器】

　　DR-Ⅱ导热系数测定仪及其附件、数显温度计、游标卡尺、电子天平、铜质厚底圆筒、铜盘、木架、待测圆盘形样品、小毛巾、硅油等。

【仪器介绍】

　　本实验所用仪器为 DR-Ⅱ导热系数测定仪,如图 2.6.1 所示。DR-Ⅱ导热系数测定仪是由加热部件、控制部件、温度传感器三部分组成。立柱部件装在底座部件的安装孔中固定住;安装在立柱部件上的支架挡块可由其上的紧固螺钉固定;紧靠支架挡块安装的支架部件可由其上的紧固螺钉固定。如果需要安装不同的待测样品时,可先将待测样品放在散热盘上,再调整支架挡块和支架部件的高度。

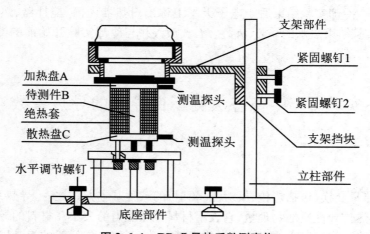

图 2.6.1　DR-Ⅱ导热系数测定仪

DR-Ⅱ导热系数测定仪可以测量待测样品在加热过程中的上表面温度和下表面温度、

加热的电压和加热的时间。

　　DR-Ⅱ导热系数测定仪实物图,如图 2.6.2 所示。用两芯电线把仪器与加热部件连接好,将两个温度传感器分别插入加热部件的加热盘 A 和散热盘 C 侧面的小孔内,上表面的温度传感器接入"上温度",下表面的温度传感器接入"下温度""输出"接口接到温度表上。

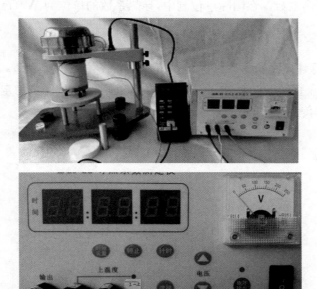

图 6.4.2　　DR-Ⅱ导热系数测定仪实物图

　　按下船型电源开关可以看到时间和电压表的指针指向"0"。这时每按一次"▲"键,输出电压就会升高,而按"▼"键输出电压则会降低,输出电压值为交流表的值。调整好输出电压值后,按下"电压输出"键,仪器就把电压表上的电压值加载到加热部件上,此时在"电压输出"键上的指示灯亮起。

　　开机后进入时钟功能,按下"计时"键,仪器将从 0 开始计时。按"停止"键停止计时,再次按下"停止"键就回到时钟模式下,按下"时钟设置"键,将从秒的个位开始依次对时钟的时分秒进行设置,进入时钟模式时,可按"▲""▼"键来进行时间值的更改,此时电压值是不会改变的(要改变电压值就要退出时钟模式)。每按一次"时钟模式"就切换到下一位,直到设置好时间。

　　按下"选择"键,可切换上温度与下温度在温度表上的显示,同时"选择"键旁的指示灯也同步切换点亮。

【实验原理】

1. 导热系数

　　根据 1822 年傅里叶(J. Fourier)建立的热传导理论,当材料内部有温度梯度存在时,就有热量从高温处传向低温处,这时,在 dt 时间内通过 dS 面积的热量 dQ,正比于物体内的

温度梯度,其比例系数是导热系数,即

$$\frac{\mathrm{d}Q}{\mathrm{d}t} = -\lambda\frac{\mathrm{d}T}{\mathrm{d}z}\mathrm{d}S \tag{2.6.1}$$

式中,$\frac{\mathrm{d}Q}{\mathrm{d}t}$ 为传热速率;$\frac{\mathrm{d}T}{\mathrm{d}z}$ 为与面积 $\mathrm{d}S$ 相垂直方向上的温度梯度,负号则表示热量从高温处传到低温处;λ 为导热系数。在国际单位制中,导热系数的单位为 W/(m·K)。

2. 稳态平板法测导体的导热系数

设圆盘 B 为待测样品,如图 2.6.3 所示,待测样品 B 的厚度均为 h_B、截面积均为 S_B($S_B = \pi D_B^2/4$,D_B 为圆盘直径),圆盘 B 上下两面的温度 T_1 和 T_2 保持稳定,侧面近似绝热,则根据(2.6.1)式可知传热速率为

$$\frac{\mathrm{d}Q}{\mathrm{d}t} = -\lambda\frac{T_2 - T_1}{h_B}S_B = \lambda\frac{T_1 - T_2}{h_B}S_B \tag{2.6.2}$$

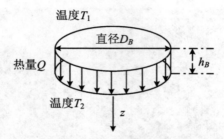

图 2.6.3　导热系数测量原理图

为了减小侧面散热的影响,圆盘 B 的厚度 h_B 不能太大。由于待测圆盘上下表面的温度 T_1 和 T_2 是用加热盘 A 底部和散热盘 C 顶部的温度来表示的,所以必须保证样品 B 与加热盘 A 和散热盘 C 紧密接触,其位置如图 2.6.4 所示。

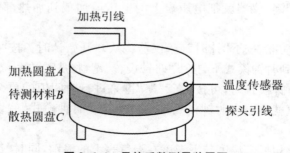

图 2.6.4　导热系数测量装置图

所谓稳态法就是获得稳定的温度分布,这时温度 T_1 和 T_2 也就稳定了。当 T_1 和 T_2 的值稳定不变时,可以认为通过样品 B 的传热速率与散热盘 C 在温度 T_2 时的散热速率相当。为了求出这时的传热速率,可以先求散热盘 C 在温度 T_2 时的散热速率。实验中,在读得稳定的 T_1 和 T_2 时,即可将样品 B 移去,将加热盘 A 与散热盘 C 直接接触,当 C 盘的温度上升高于 T_2 大约 15 ℃后,将加热盘 A 移开,让 C 盘自然冷却,每隔一定的时间间隔采集一个温度值,直到其温度下降低于 T_2 约 10 ℃,由此求出铜盘 C 在温度 T_2 附近的冷却速率(即温度变化率)。由于物体的冷却速率与它的散热面积成正比,考虑到铜盘 C 自然冷却

时,其表面是全部暴露在空气中,即散热面积是上、下表面与侧面,而实验中达到稳态散热时,铜盘 C 上表面却是被样品覆盖着的,故其散热速率为

$$\frac{dQ}{dt} = \frac{\frac{\pi D_C^2}{4} + \pi D_C h_C}{\frac{\pi D_C^2}{2} + \pi D_C h_C} \cdot \frac{dQ_全}{dt} \tag{2.6.3}$$

式中, $\dfrac{dQ_全}{dt}$ 表示铜盘 C 自然冷却时的散热速率,它和冷却速率 $\dfrac{dT}{dt}$ 之间的关系为

$$\frac{dQ_全}{dt} = -m_c c_c \frac{dT}{dt} \tag{2.6.4}$$

式中, m_c 和 c_c 分别为铜盘 C 的质量和比热容,负号表示热量向温度低的方向传播。由式 (2.6.2)、(2.6.3)、(2.6.4),可以求出导热系数的公式:

$$\lambda = -m_c c_c \frac{D_C + 4h_C}{D_C + 4h_C} \cdot \frac{4}{\pi D_B^2} \cdot \frac{h_B}{T_1 - T_2} \cdot \frac{dT}{dt} \tag{2.6.5}$$

$$= -m_c c_c \frac{D_C + 4h_C}{D_C + 2h_C} \cdot \frac{2}{\pi D_B^2} \cdot \frac{h_B}{T_1 - T_2} \cdot \frac{dT}{dt} \tag{2.6.6}$$

式中, m_c, c_c, D_C, h_C, D_B, h_B, T_1, T_2 都可由实验测出准确值,由此可见,只要求出 $\dfrac{dT}{dt}$,就可以求出导热系数 λ。

【实验内容】

(1) 用游标卡尺测出样品圆盘 B 与散热盘 C 的直径 D_B, D_C 和厚度 h_B, h_C,用电子天平或者物理天平称出样品圆盘 B 与散热盘 C 的质量 m_B, m_c。

(2) 熟悉各种仪表的使用方法,并按图 2.6.2 所示连接好仪器。

(3) 将输出电压调压器调至 200 V,接通电源约 40 min 后,降至 150 V,然后每隔 5 min 读一次温度示值,若在 10 min 内上、下温度示值 T_1, T_2 分别不变,则认为达到稳定状态(数值在 0.1 ℃ 范围内波动视为不变),记录此时 T_1, T_2 的值。

(4) 抽出样品 B,将加热盘 A 直接跟散热盘 C 接触,当散热盘 C 的温度比达到稳态点温度 T_2 上升 15 ℃ 左右后,移去加热盘 A,让散热盘 C 在空气中自然冷却,每隔 30 s 读一次散热盘 C 的温度 T_i 示值,直至散热盘 C 的温度 T_i 降至比稳态点温度 T_2 低 10 ℃ 左右。以时间 t_i 为横坐标,温度 T_i 为纵坐标,作 T(温度) - t(时间)曲线,并根据曲线求出斜率 $\dfrac{dT}{dt}\Big|_{T = T_2}$。

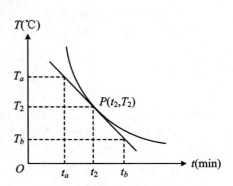

图 2.6.5　散热盘 C 的冷却曲线

测出散热盘 C 的冷却曲线(如图 2.6.5 所示),过曲线上点 $P(t_2, T_2)$ 作切线,其斜率即为散热盘 C 在稳态点温度 T_2 时的自然冷却速率:

$$\frac{dT}{dt}\Big|_{T = T_2} = \frac{T_a - T_b}{t_a - t_b}$$

(5) 根据(2.6.5)式或(2.6.6)式求出样品圆盘 B 的导热系数 λ。

【实验要求】

(1) 自拟实验步骤。

(2) 设计数据记录表格。

(3) 测不良导体的导热系数。

(4) 算出测量结果。

(5) 估算结果的不确定度。

(6) 分析讨论误差产生的原因,主要讨论误差产生的原因以及你对实验的感想。(以下误差产生的原因仅作参考。)

① 实验用的加热圆盘 A、待测样品 B、散热圆盘 C 体积变形,接触不紧密,引起的误差。

② 实验过程中,实验系统的环境温度不稳定引起的误差。

③ 温度传感器位置放置不好引起的误差。

④ 仪器组装不好,加热圆盘 A、待测样品 B、散热圆盘 C 没有紧密接触引起的误差。

⑤ 加热过程中稳态点的温度没有测好引起的误差。

⑥ 散热圆盘 C 的散热曲线没有测好引起的误差。

⑦ 散热圆盘 C 的散热曲线没有画好引起的误差。

⑧ 散热圆盘 C 的散热曲线上过点 $P(t_2, T_2)$ 作切线没有作好,引起的误差。

⑨ 散热圆盘 C 的散热曲线上过点 $P(t_2, T_2)$ 所作切线的斜率没有求对引起的误差。

【实验注意事项及常见故障的排除】

(1) 务必使待测样品与 A,C 盘紧密接触。

(2) 在温度稳定后再记录此时的 T_1,T_2 值。

(3) 请不要直接用手触摸加热盘、散热盘及样品盘,以免烫伤。

(4) 在温度降低到 T_2 附近时要多测几组数据,并且越接近 T_2 越好。

(5) 实验样品不能连续做实验,必须要降至室温半小时以上才能做下一次实验。

(6) 若开机后秒表没有显示,需关闭电源 5 s 再重新启动,原因可能是电源不稳定。

【问题讨论】

(1) 实验过程中环境温度的变化,对测量结果有什么影响?

(2) 求温度 T_2 时的冷却速率,在温度降低到 T_1 附近时要多测几组数据,并且越接近 T_2 越好,应该如何解释?

(3) 如何理解传热速率、散热速率以及冷却速率这三个概念?

(4) 用稳态法测定导体的导热系数时其误差的主要来源有哪些?

【问题讨论提示】

(1) 实验过程中环境温度的变化,会影响到稳态点温度 T_1 和 T_2 的测量结果,也会影响

到散热盘 C 在稳态点温度 T_2 时的自然冷却速率的测量结果,从而影响导热系数 λ 的测量结果。

(2) 因为散热盘 C 的自然冷却速率不是一个常量,当散热盘 C 温度偏高时,温度下降快,其自然冷却速率快;当散热盘 C 温度偏低时,温度下降慢,其自然冷却速率就慢;即在不同温度点时散热盘 C 的自然冷却速率都是不同的,所以求温度 T_2 时散热盘 C 的自然冷却速率时,在温度降低到 T_2 附近时要多测几组数据,并且越接近 T_2 越好,这样测出的才是需要测量的温度 T_2 时散热盘 C 的自然冷却速率。

(3) 传热速率是指导体在热量传递过程中单位时间内能够传递多少热量;散热速率是指导体在冷却过程中单位时间内能够传递多少热量;冷却速率是指导体在冷却过程中单位时间内温度降低了多少。

(4) 用稳态法测定导体的导热系数时其误差的主要来源有:

① 实验用的加热圆盘 A、待测样品 B、散热圆盘 C 体积变形,接触不紧密,引起的误差。

② 实验过程中,实验系统的环境温度不稳定引起的误差。

③ 温度传感器位置放置不好,引起的误差。

④ 仪器组装不好,加热圆盘 A、待测样品 B、散热圆盘 C 没有紧密接触引起的误差。

⑤ 加热过程中稳态点的温度没有测好引起的误差。

⑥ 散热圆盘 C 的散热曲线没有测好引起的误差。

【实验拓展】

(1) 如果改变待测样品的形状,比如说改成薄的方块,那么原理中的式(2.6.3)应该如何修正?

(2) 将测得的数据用 Excel、Methematica 等软件拟合成 $T-t$ 曲线图。

参 考 文 献

[1] 杨述武,赵立竹,沈国土,等.普通物理实验:力学、热学部分[M].4 版.北京:高等教育出版社,2007.

[2] 林抒,龚镇雄,等.普通物理实验[M].北京:高等教育出版社,1981.

[3] 赵鲁卿,王玉文.普通物理实验[M].西安:西北大学出版社,1993.

[4] 沙振舜,周进,周非.当代物理实验手册[M].南京:南京大学出版社,2012.

[5] 朱鹤年.基础物理实验教程[M].北京:高等教育出版社,2003.

[6] 朱鹤年.新概念物理实验测量引论[M].北京:高等教育出版社,2007.

[7] 李志超,轩植华,霍剑青.大学物理实验[M].北京:高等教育出版社,2001.

[8] 崔益和,殷长荣.物理实验[M].苏州:苏州大学出版社,2003.

[9] 杨俊才,何焰蓝.大学物理实验[M].北京:机械工业出版社,2004.

[10] 成正维.大学物理实验[M].北京:高等教育出版社,2002.

[11] 钱锋,潘人培.大学物理实验[M].北京:高等教育出版社,2005.

[12] 熊永红.大学物理实验[M].武汉:华中科技大学出版社,2004.

[13]　朱俊孔,张山彪,高铁平,等.普通物理实验[M].济南:山东大学出版社,2001.

[14]　崔亚量,梁为民.普通物理实验[M].西安:西北工业大学出版社,2007.

[15]　吕斯骅,段家忯.基础物理实验[M].北京:北京大学出版社,2002.

[16]　刘子臣.大学基础物理实验[M].天津:南开大学出版社,2001.

[17]　李佐威,刘铁成.普通物理力学热学实验[M].长春:吉林大学出版社,2000.

[18]　沈元华,陆申龙,等.基础物理实验[M].北京:高等教育出版社,2003.

[19]　马葭生.大学物理选题实验 50 例[M].上海:华东师范大学出版社,1992.

第 3 章 电 磁 学

实验 3.1 制流电路与分压电路

【引言】

电路可以千变万化,但一个电路一般可以分为电源、控制和测量三个部分。测量电路是先根据实验要求而确定好的,例如要校准某一电流表,需选一个标准的电流表和它串联,这就是测量电路。它可以等效于一个负载,这负载可能是容性的、感性的或简单的电阻,以 R_z 表示其负载。根据测量的要求,负载电流 I 和电压 U 会在一定范围内变化,因此需要一个合适的电源。控制电路的任务就是控制负载的电流和电压,使其数值和范围达到预定的要求,常用的有制流电路和分压电路。控制元件主要使用滑线变阻器或电阻箱。

【实验目的】

(1) 了解基本仪器的性能和使用方法;

(2) 掌握制流与分压两种电路的连接方法、性能和特点;

(3) 熟悉电磁学实验的操作规程和安全知识。

【实验仪器】

直流电源、毫安表、电压表、滑线变阻器、电阻箱。如图 3.1.1 所示。

【实验原理】

1. 制流电路

电路如图 3.1.2 所示,图中 E 为直流电源,R_0 为变阻器,Ⓐ 为电流表,R_z 为负载,本实验采用电阻箱,K 为电源开关。将变阻器的滑动头 C 和任一固定端(如 A 端)串联在电路中,作为一个可变电阻,移动滑动头的位置可以连续改变 AC 之间的电阻 R_{AC},从而改变整个电路的电流 I,

$$I = \frac{E}{R_z + R_{AC}}$$

$$(3.1.1)$$

当 C 滑至 A 点，$R_{AC} = 0$，$I_{max} = \dfrac{E}{R_Z}$，负载处 $U_{max} = E$。

当 C 滑到 B 点，$R_{AC} = R_0$，回路电流 $I_{min} = \dfrac{E}{R_Z + R_0}$，$U_{min} = \dfrac{E}{R_Z + R_0} R_Z$。

图 3.1.1　制流电路与分压电路仪器实物图

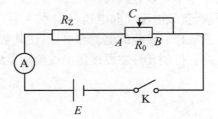

图 3.1.2　制流电路图

电压调节范围：$\dfrac{R_Z}{R_0 + R_Z} E \longrightarrow E$；

相应的电流变化为 $\dfrac{E}{R_0 + R_Z} \longrightarrow \dfrac{E}{R_Z}$。

一般情况下负载 R_Z 中的电流

$$I = \frac{E}{R_Z + R_{AC}} = \frac{\dfrac{E}{R_0}}{\dfrac{R_Z}{R_0} + \dfrac{R_{AC}}{R_0}} = \frac{I_{max} K}{K + X} \tag{3.1.2}$$

式中，$K = \dfrac{R_Z}{R_0}$，$X = \dfrac{R_{AC}}{R_0}$。

图 3.1.3 表示不同 K 值的制流特性曲线，从曲线可以清楚地看到制流电路有以下几个特点：

(1) K 越大电流调节范围越小；

(2) $K \geqslant 1$ 时调节的线性较好；

(3) K 较小时（$R_0 \gg R_Z$），X 接近 0 时电流变化很大，细调程度较差；

(4) 不论 R_0 大小如何，负载 R_Z 上通过的电流都不可能为零。

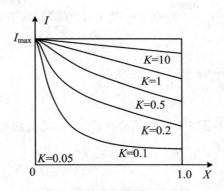

图 3.1.3　制流特性曲线图

2. 分压电路

分压电路如图 3.1.4 所示,滑线变阻器两个固定端 A, B 与电源 E 相接,负载 R_Z 接变阻器滑动端 C 和固定端 A(或 B)上,由 A 端滑至 B 端,负载上电压由 0 变到 E,调节的范围与变阻器的阻值无关。当滑动头 C 在任一位置时,AC 两端的分压值

$$U = \frac{E}{\dfrac{R_Z \cdot R_{AC}}{R_Z + R_{AC}} + R_{BC}} \cdot \frac{R_Z \cdot R_{AC}}{R_Z + R_{AC}} = \frac{E}{1 + \dfrac{R_{BC}(R_Z + R_{AC})}{R_Z \cdot R_{AC}}} = \frac{ER_Z R_{AC}}{R_Z(R_{AC} + R_{BC}) + R_{BC}R_{AC}}$$

$$= \frac{R_Z \cdot R_{AC} \cdot E}{R_Z \cdot R_0 + R_{BC} \cdot R_{AC}} = \frac{\dfrac{R_Z}{R_0} \cdot R_{AC} \cdot E}{R_Z + \dfrac{R_{AC}}{R_0} \cdot R_{BC}} = \frac{K \cdot R_{AC} \cdot E}{R_Z + R_{BC}X} \tag{3.1.3}$$

式中,$R_0 = R_{AC} + R_{BC}$,$K = \dfrac{R_Z}{R_0}$,$X = \dfrac{R_{AC}}{R_0}$。

由实验可得不同 K 值的分压特性曲线,如图 3.1.5 所示。从曲线可以清楚看出分压电路有以下几个特点:

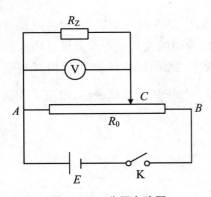

图 3.1.4　分压电路图

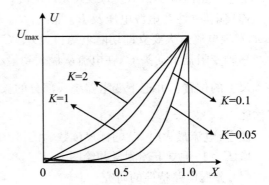

图 3.1.5　分压特性曲线图

(1) 不论 R_0 的大小,负载 R_Z 的电压调节范围均可以从 $0 \rightarrow E$;

(2) K 越小电压调节越不均匀;

(3) K 越大电压调节越均匀,因此如欲使电压 U 在 0 至 U_{max} 整个范围内均匀变化,则

取 $K > 1$ 比较合适。实际上 $K = 2$ 的曲线可近似为直线,故取 $R_0 \leqslant \dfrac{R_Z}{2}$ 时便可认为电压调节已达到一般均匀的要求了。

3. 制流电路与分压电路的差别与选择

(1) 调节范围

分压电路的电压调节范围大,可以从 $0 \rightarrow E$;而制流电路电压调节范围较小,只能从 $\dfrac{R_Z}{R_0 + R_Z} E \rightarrow E$。

(2) 细调程度

当 $R_0 \leqslant \dfrac{R_Z}{2}$ 时,在整个调节范围内基本均匀,但制流电路可调范围小;负载上的电压值越小,能调得越精细,而电压值越大时,调节变得越粗。

基于以上的差别,当负载电阻较大,调节范围较宽时选分压电路;反之,当负载电阻较小,功耗较大,调节范围不太大的情况下则选用制流电路。

【实验内容与要求】

(1) 仔细观察电压表和电流表的度盘,记录度盘下侧的符号及数字,说明其意义。所用电压表和电流表的最大引入误差是多少?

(2) 记下所用电阻箱的额定功率,如果该电阻箱的示值是 $600\ \Omega$ 时,它的最大允许电流是多少?

(3) 制流电路特性的研究

按图 3.1.2 电路进行实验,使用电阻箱作为负载 R_Z,取 $K\left(\text{即}\dfrac{R_Z}{R_0}\right)$ 为 0.1,确定 R_Z 值,根据所用毫安表的量限和 R_Z,R_0 的最大允许电流,确定实验时的最大电流 I_{max} 及电源电压 E。注意:I_{max} 值应小于 R_Z 的最大允许电流。

连接电路(注意电源电压及 R_Z 取值,R_{AC} 取最大值)。复查电路无误后,闭合电源开关 K(如发现电流过大要立即切断电源!),移动 C 点观察电流值的变化是否符合设计要求。

移动变阻器滑动头 C,在电流从最大到最小的过程中,测量 $10 \sim 16$ 次电流值及相应 C 在标尺上的位置 l,并记下变阻器绕线部分的长度 l_0,以 $\dfrac{l}{l_0}\left(\text{即}\dfrac{R_{AC}}{R_0}\right)$ 为横坐标,电流 I 为纵坐标作图。

注意:电流最大时,C 的标尺读数为测量 l 的零点。

取 $K = 1$,重复上述测量并绘图。

(4) 分压电路特性的研究

按图 3.1.4 电路进行实验,使用电阻箱作为负载 R_Z,取 $K = 2$,确定 R_Z 值,参照变阻器的最大允许电流和 R_Z 的最大允许电流,确定电源电压 E 值。

需要注意的是,变阻器 BC 段的电流是 I_Z 和 I_{CA} 之和,因此在确定 E 值时,应使 BC 段的电流小于额定电流。

移动变阻器滑动头 C,使负载 R_Z 上的电压从最大变到最小。在此过程中,测量 $10 \sim 16$

次电压值 U 及 C 点在标尺上的位置 l,并记下变阻器绕线部分的长度 l_0,用 $\dfrac{l}{l_0}$ 为横坐标,U 为纵坐标作图。

取 $K = 0.1$,重复上述测量并绘图。

【问题讨论】

(1) 在制流电路的实验(见图 3.1.2)中,通电前应使滑动触头 C 移到哪一端? 在分压电路的实验(见图 3.1.4)中,通电前应使滑动触头 C 移到哪一端? 为什么?

(2) 在分压电路的实验中,如果输出电压从 B,C 两端引出,这样做可以吗? 这时图 3.1.4 中输出电压的 C 端是正端还是负端? 当 C 端移到 B 端时,输出电压是多少?

实验 3.2 伏安法测电阻

【引言】

根据欧姆定律,使用伏特表、安培表测量电阻的方法称为"伏安法"。伏安法测电阻虽不如欧姆表来得便捷,也不如电桥法测得精确,但这种方法测量范围广,可以涵盖低、中、高阻值的电阻。另外,"伏安法"适用性广,既可测量线性元件的阻值,也可以测量非线性元件的伏安特性曲线。总之,"伏安法"是目前研究和测量各种元件和材料导电特性最常用的基本方法。

【实验目的】

(1) 学习由测量电压、电流求电阻值的方法及仪表的选择;

(2) 学习伏安法中减小系统误差的方法;

(3) 学习用最小二乘法处理数据。

【实验仪器】

直流电源、电压表、电流表、检流计、滑线变阻器、待测电阻(2 个)。如图 3.2.1 所示。

【实验原理】

如图 3.2.2 所示,测出通过电阻 R 的电流 I 及电阻 R 两端的电压 U,则根据欧姆定律,可知 $R = \dfrac{U}{I}$。

以下讨论此方法的系统误差。

图 3.2.1　伏安法测量电阻仪器实物图

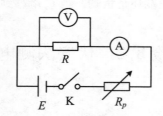

图 3.2.2　伏安法测量电阻电路

1. 测量仪表的选择

在电学实验中,仪表的误差是重要的误差来源,所以要选取适合的仪表。

(1) 参照电阻 R 的额定功率确定仪表的量程

设电阻 R 的额定功率为 P,则电阻允许通过的最大电流

$$I = \sqrt{\frac{P}{R}} \qquad (3.2.1)$$

从待测电阻安全考虑,测量时所取最大电流 $I_m < I$。从电流表和待测电阻的安全考虑,电流表的量程 $I_n \geqslant I_m$,且 $I_n < I$。从电压表和待测电阻安全考虑,电阻两端允许加的最大电压为 $U = IR$,电压表的量程 $U_n < U$,且 $U_n \geqslant I_m R$。

设 $R = 100\ \Omega$,$P = 1\ \text{W}$,则电阻允许通过的最大电流 $I = 100\ \text{mA}$,测量时应取最大电流 $I_m < 100\ \text{mA}$,电流表量程应选小于 $100\ \text{mA}$ 的。如果电流表量程 I_n 分别选 75 mA、30 mA、15 mA,则实验时对应的最大电流 $I_m \leqslant 75\ \text{mA}$,$I_m \leqslant 30\ \text{mA}$,$I_m \leqslant 15\ \text{mA}$(接近电流表量程 I_n 的一个电流值)。电阻两端允许加的最大电压 $U = IR = 10\ \text{V}$,电压表量程选小于 10 V 的。可选与上面电流量程对应的 7.5 V、3 V、1.5 V 量程的电压表。

(2) 参照测量准确度确定仪表的等级

设要求测量电阻 R 的相对误差不大于某一 E_R,则在一定近似下按合成不确定度公式,可有

$$E_R = \left[\left(\frac{\Delta U}{U}\right)^2 + \left(\frac{\Delta I}{I}\right)^2\right]^{\frac{1}{2}}$$

如果

$$\frac{\Delta U}{U} = \frac{\Delta I}{I} = \frac{E_R}{\sqrt{2}} \qquad (3.2.2)$$

对于准确度等级为 a，量程为 x_n 的电表，其最大绝对误差为 $\Delta_{\max}$，则

$$\Delta_{\max} = x_n \times \frac{a}{100}$$

参照上式和式(3.2.2)，可知电流表等级 a_I 应满足

$$a_I \leqslant \frac{E_R}{\sqrt{2}} \times \frac{I}{I_n} \times 100 \tag{3.2.3}$$

电压表的等级 a_U 应满足

$$a_U \leqslant \frac{E_R}{\sqrt{2}} \times \frac{U}{U_n} \times 100 \tag{3.2.4}$$

对前述实例(取电流表量程 $I_n = 30\,\text{mA}$，测量电流值从 $I = 20\,\text{mA}$ 开始，电压表量程 $U_n = 3\,\text{V}$，电压值从 $U = 2\,\text{V}$ 开始)，则当要求 $E_R \leqslant 2\%$ 时，电表的等级必须为 $a_I \leqslant 0.94$，$a_U \leqslant 0.94$。则取 0.5 级的毫安表、电压表较好，取 1.0 级也勉强可以。

2. 两种连线方法引入的误差

伏安法有两种连线方法。内接法：电流表在电压表的内侧，如图 3.2.3 所示。外接法：电流表在电压表的外侧，如图 3.2.4 所示。

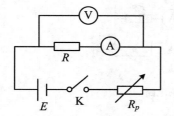
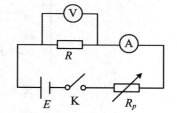

图 3.2.3　内接法电路　　　　图 3.2.4　外接法电路

（1）内接法误差分析

设电流表的内阻为 R_A，回路电流为 I，则电压表测出的电压值

$$U = IR + IR_A = I(R + R_A) \tag{3.2.5}$$

则电阻的测量值

$$R_x = R + R_A \tag{3.2.6}$$

可见测量值大于实际值。测量的绝对误差为 R_A，相对误差为 $\dfrac{R_A}{R}$，当 $R_A \ll R$ 时，可用内接法。

（2）外接法误差分析

设电阻 R 中的电流为 I_R，又设电压表中流过电流为 I_V，电压表内阻为 R_V，则电流表中电流

$$I = I_R + I_V = U\left(\frac{1}{R} + \frac{1}{R_V}\right) \tag{3.2.7}$$

因此电阻 R 的测量值

$$R_x = \frac{U}{I} = \frac{R_V}{R + R_V}R \tag{3.2.8}$$

由于 $R_V < R + R_V$，所以测量值 R_x 小于实际值 R，测量的相对误差

$$\frac{R_x - R}{R} = -\frac{R}{R + R_V}$$

式中负号是由于绝对误差是负值,只有当 $R_V \gg R$ 时才可以用外接法。

3. 补偿法测电压

图 3.2.5 为用补偿法测电压的电路图。分压器 R_1 的滑动端 C 通过检流计 G 和待测电阻 R 的 B 端相接,调 C 点位置使检流计 G 中无电流通过时有 $U_{AB} = U_{DC}$。电压表所测 DC 间的电压等于电阻 R 两端的电压,电流表所测电流等于通过电阻的电流 I_R,而无电压表的电流 I_V。于是通过 U_{DC} 与 U_{AB} 的电压补偿,将电压表由 AB 间移至 DC 间,消除了由于电压表中的电流引入的误差。电阻 R_2 的加入是为了使滑动端 C 不在 R_1 的一端。

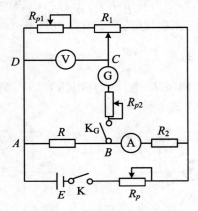

图 3.2.5　补偿法电路

【实验内容与要求】

(1) 用内接法和外接法测量两个待测电阻的阻值,要求测量的相对不确定度小于 2%。

首先用万用电表测一下电阻值,再选取合适的电压表和电流表用伏安法测量。调节 R_p 使电流由小到大,测量几个不同电流、电压值。

(2) 用补偿法测量。

参照图 3.2.5 连接电路,开始测量时:① 将 R_{p2} 调到最大(降低检流计灵敏度);② 闭合开关 K、调节 R_p 得到较小的电流;③ 闭合 K_G 观察检流计的偏转,调 R_{p1} 和 C 的位置使偏转为零;④ 将 R_{p2} 调节到最小,调 R_{p1} 和 C 的位置使检流计的偏转为零。

测量几个不同电压的电流值。

(3) 分别求出三种方法的待测电阻阻值,并估算标准不确定度(用最小二乘法处理数据)。

(4) 对比分析上述结果。

【实验注意事项】

(1) 电流不能超过电阻允许通过的最大电流。

（2）闭合开关前，检查滑线变阻器滑动触头是否在适合的位置。

（3）补偿法闭合开关前，应将电源电压调小。通过调节使检流计指针接近零后，再增大电源电压，通过调节使检流计的偏转再次为零。

【问题讨论】

（1）设计用伏安法测量微安表内阻的方案（电路及步骤）。

（2）伏安法测量电阻的实验中各种接法有哪些误差来源？实验中如何减小误差？你有何建议？

实验 3.3　惠斯通电桥

【引言】

受所用电表内阻的影响，伏安法测量电阻时往往会引入方法误差。而用欧姆表测量电阻，虽然较方便，但测量精度不高。在精确测量电阻时，通常使用电桥进行，其测量方法属于比较测量法。

电桥不仅可以测量电阻，还可以测量许多与电阻有关的电学量和非电学量（将非电学量通过一定的手段转化为电学量进行测量），而且在控制技术中也得到了广泛应用。

本实验所讨论的是直流单臂电桥（又称惠斯通电桥），主要用来测量中等阻值（$1\sim10^5$ Ω）的电阻；测量低阻值（$10^{-5}\sim1$ Ω）的电阻用直流双臂电桥；测量高阻值（$10^6\sim10^{12}$ Ω）的电阻则用高阻电桥。

【实验目的】

（1）掌握惠斯通电桥测电阻的原理；

（2）学习用惠斯通电桥测电阻的方法；

（3）了解提高电桥灵敏度的几种途径。

【实验仪器】

直流电源、滑线变阻器、电阻箱（3 个）、检流计、待测电阻、箱式电桥。如图 3.3.1 所示。

【实验原理】

惠斯通电桥的原理如图 3.3.2 所示。图中 ab，bc，cd 和 da 四条支路分别由电阻 R_1（R_x），R_2，R_3 和 R_4 组成，称为电桥的四条桥臂。通常，桥臂 ab 接待测电阻 R_x，其余各臂电阻都是可调节的标准电阻。在 bd 两对角间连接检流计、开关和限流电阻 R_G。在 ac 两对角间连接电源、开关和限流电阻 R_E。当接通开关 K_E 和 K_G 后，各支路中均有电流流通。

图 3.3.1 惠斯通电桥仪器实物图

检流计支路起到沟通 abc 和 adc 两条支路的作用,可直接比较 bd 两点的电势,电桥之名由此而来。适当调整各臂的电阻值,可以使流过检流计的电流为零,即 $I_G = 0$。这时,称电桥达到了平衡。平衡时 b,d 两点的电势相等。根据分压器原理可知

$$U_{bc} = U_{ac} \frac{R_2}{R_1 + R_2} \qquad (3.3.1)$$

$$U_{dc} = U_{ac} \frac{R_3}{R_3 + R_4} \qquad (3.3.2)$$

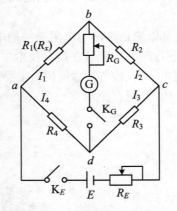

图 3.3.2 惠斯通电桥测电阻

平衡时,$U_{bc} = U_{dc}$,即

$$\frac{R_2}{R_1 + R_2} = \frac{R_3}{R_3 + R_4}$$

整理化简后得到

$$R_1 = \frac{R_2}{R_3} R_4 = R_x \qquad (3.3.3)$$

由式(3.3.3)可知,待测电阻 R_x 等于 $\dfrac{R_2}{R_3}$ 与 R_4 的乘积。通常称 R_2,R_3 为比例臂,与此相应的 R_4 为比较臂。所以电桥由四臂(测量臂、比较臂和比例臂(两条))、检流计和电源三部分组成。与检流计串联的限流电阻 R_G 和开关 K_G 都是为在调节电桥平衡时保护检流计,不使其在长时间内有较大电流通过而设置的。

在用天平测量质量时,我们知道测得质量的精密度主要决定于天平的灵敏度。在正常

情况下,天平的灵敏度与天平的最小分度值保持一致。与此相似,使用电桥测量电阻时的精密度也主要取决于电桥的灵敏度。当电桥平衡时,若使比较臂 R_4 改变一微小量 δR_4,则电桥将偏离平衡,检流计偏转 n 格。由此常用如下的相对灵敏度 S 表示电桥灵敏度:

$$S = \frac{n}{\dfrac{\delta R_4}{R_4}} \tag{3.3.4}$$

由上式可知,如果检流计的鉴别率阀(灵敏阀)为 Δn(取 0.2~0.5 格),则由电桥灵敏度引入被测量的相对误差为

$$\frac{\Delta R}{R} = \frac{\Delta n}{S} \tag{3.3.5}$$

即电桥的灵敏度越高(S 越大),由灵敏度引入的误差越小。

实验和理论都已证明,电桥的灵敏度与下面诸因素有关:

(1) 与检流计的电流灵敏度 S_I 成正比。但是 S_I 值越大,电桥就越不易稳定,平衡调节比较困难;S_I 值越小,测量精确度越低。因此选用适当灵敏度的电流计是很重要的。

(2) 与电源的电动势 E 成正比。

(3) 与电源的内阻 $R_内$ 和串联的限流电阻 R_E 有关。增加 R_E 可以降低电桥的灵敏度,这对寻找电桥调节平衡的规律较为有利。随着平衡逐渐趋近,R_E 值应减到最小值。

(4) 与检流计和电源所接的位置有关。当 $R_G > R_内 + R_E$,又 $R_2 > R_4$,$R_1 > R_3$ 或者 $R_1 < R_3$,$R_2 < R_4$,那么检流计接在 bd 两点比接在 ac 两点时的电桥灵敏度要高。当 $R_G < R_内 + R_E$ 时,满足 $R_1 > R_3$,$R_2 < R_4$ 或者 $R_1 < R_3$,$R_2 > R_4$ 的条件,那么与上述接法相反的桥路,灵敏度可更高些。

(5) 与检流计的内阻有关。R_G 越小,电桥的灵敏度越高,反之则低。

【实验内容与要求】

(1) 用电阻箱、检流计、电源组成惠斯通电桥测电阻

① 测量电阻阻值。

参照图 3.3.2 用三个电阻箱和检流计组成一电桥。测量时,先用万用电表粗测待测电阻的阻值。用电桥进行测量时,为便于调节,应先将电阻 R_E 和 R_G 取最大值。比例臂 R_2 和 R_3 不宜取得很小,可取 $R_2 = R_3 = 100\ \Omega$。

连接待测电阻 R_x,取 R_4 等于 R_x 的粗测值。合上开关 K_E 和 K_G,观察检流计指针的偏转方向和大小,正确调整 R_4 直至电桥平衡,记录 R_2,R_3 和 R_4 的阻值。然后将 R_2 和 R_3 交换后再测(换臂测量)。

当 R_x 大于 R_4 的最大值时,则取 $\dfrac{R_2}{R_3} = 10$ 或 100 测量,当测得的 R_4 的有效位数不足时,可以取 $\dfrac{R_2}{R_3} = 0.1$ 或 0.01。

② 测量电桥的相对灵敏度,参照式(3.3.4)拟定测量步骤。

③ 计算待测电阻的阻值与不确定度。

(2) 参照下列要求探索影响电桥灵敏度的因素并记录结果

① R_E 和 R_G 取最小和最大时的差别。

② R_2,R_3 取 1 000 Ω 和 10 Ω 时的情况。

③ 不同内阻的检流计的情况。

④ 不同的电源电压值的情况。

⑤ 对调检流计和电源的位置时的情况。

（3）使用箱式电桥测量

测量标称值相同的商品电阻的阻值,数量不少于 6 个,求出其平均值及标准偏差,检查是否有废品。

【问题讨论】

（1）为什么用电桥测量电阻一般要比伏安法测量的准确度高？

（2）怎样消除比例臂两只电阻不相等所造成的系统误差？

（3）为什么要测电桥的灵敏度？

（4）用箱式电桥测量时,比例臂的选取原则是什么？

（5）根据电阻箱组装电桥的测试结果,说明电桥灵敏度与哪些因素有关。哪种情况下电桥灵敏度较高？

（6）惠斯通电桥测量电阻的实验中有哪些误差来源？实验中如何减小误差？你有何建议？

（7）如果用箱式电桥测量微安表内阻,怎样才能保证微安表不超量程（画出电路图和写出步骤）？

实验 3.4 霍 尔 效 应

【引言】

置于磁场中的载流体,如果电流方向与磁场垂直,则在垂直于电流和磁场的方向会产生一附加的横向电场,这个现象称为霍尔效应。霍尔效应是霍尔于 1879 年在他的导师罗兰指导下发现的,这一效应在科学实验和工程技术中得到了广泛应用。由于霍尔元件的面积可以做得很小,可以用它测量某点的磁场和缝隙间的磁场,还可以利用这一效应来测量半导体中的载流子浓度及判别载流子的极性等。1980 年霍尔效应得到了重要的发展,冯·克利青在极强磁场极低温度下发现了量子霍尔效应,它的应用发展成为一种新的电阻标准和测定精细结构常数的新方法。为此,冯·克利青获得 1985 年度诺贝尔物理学奖。

【实验目的】

（1）观察霍尔现象；

（2）学习用"对称测量法"消除副效应的影响；

（3）了解应用霍尔效应测量磁场的方法。

【实验仪器】

霍尔效应实验仪、霍尔效应-螺线管磁场测试仪。如图 3.4.1 所示。

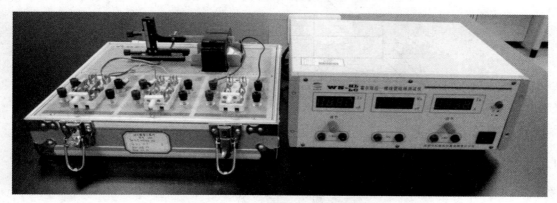

图 3.4.1 霍尔效应实验仪器实物图

【实验原理】

霍尔效应从本质上讲是运动的带电粒子在磁场中受洛伦兹力作用而引起的偏转。当带电粒子(电子或空穴)被约束在固体材料中时,这种偏转就导致在垂直电流和磁场的方向上产生正负电荷的聚积,从而形成附加的横向电场。对于图 3.4.2 所示的半导体样品,若在 x 方向通以电流 I_s,在 z 方向加磁场 B,则在 y 方向即样品 A,A' 电极两侧就开始聚积异号电荷而产生相应的附加电场。电场的指向取决于样品的导电类型。显然,该电场阻止载流子继续向侧面偏移,当载流子所受的电场力 eE_H 与洛伦兹力 $e\overline{v}B$ 相等时,样品两侧电荷的积累就达到平衡,故有

$$eE_H = e\overline{v}B \tag{3.4.1}$$

式中,E_H 为霍尔电场,$\overline{v}$ 是载流子在电流方向上的平均漂移速度。

设样品的宽为 b,厚度为 d,载流子浓度为 n,则

$$I_s = ne\overline{v}bd \tag{3.4.2}$$

由(3.4.1)、(3.4.2)两式可得

$$U_H = E_H b = \frac{1}{ne}\frac{I_s B}{d} = R_H \frac{I_s B}{d} \tag{3.4.3}$$

即霍尔电势差 U_H(A,A' 电极之间的电压)与 $I_s B$ 乘积成正比,与样品厚度 d 成反比。比例系数 $R_H = \frac{1}{ne}$ 称为霍尔系数,它是反映材料霍尔效应强弱的重要参数。只要测出 U_H 以及知道 I_s,B 和 d 就可按下式计算 R_H。

$$R_H = \frac{U_H d}{I_s B} \tag{3.4.4}$$

式中,各物理量对应的单位如下:U_H:V,I_s:A,d:m,B:T,R_H:m³/C。

根据 R_H 可进一步确定以下参数:

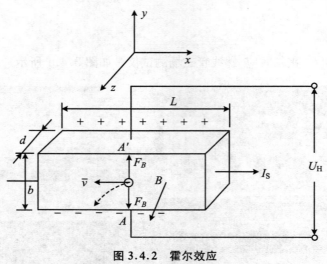

图 3.4.2　霍尔效应

（1）由 R_H 的符号判断样品的导电类型

判别的方法是按图 3.4.1 所示的 I_S 和 B 的方向。若测得的 $U_H < 0$（即点 A 的电势低于点 A' 的电势），则 R_H 为负，样品属 N 型，反之则为 P 型。

（2）由 R_H 求载流子浓度 n

$$n = \frac{1}{R_H e} \tag{3.4.5}$$

式中，各物理量对应的单位：$R_H : \mathrm{m^3/C}$，$n : 1/\mathrm{m^3}$。

（3）霍尔灵敏度

$$K_H = \frac{1}{ned} \tag{3.4.6}$$

式中，K_H 的单位为 V/（AT）。则

$$U_H = K_H I_S B \tag{3.4.7}$$

K_H 决定了 I_S，B 确定时霍尔电势差的大小，其值由材料的性质及元件的尺寸决定。对一定的元件，K_H 是常量。式（3.4.7）说明，对于 K_H 确定的元件，当电流 I_S 一定时，霍尔电势差 U_H 与该处的磁感应强度 B 成正比。因此，可以通过测量霍尔电势差 U_H 而间接测出磁感应强度 B，即

$$B = \frac{U_H}{K_H I_S} \tag{3.4.8}$$

【实验中的副效应及消除方法】

在产生霍尔效应的同时，因伴随着各种副效应，所以实验测到的 U_H 不等于真实的霍尔电势差值，而是包含着各种副效应所引起的虚假电压。如图 3.4.3 所示的不等势电势差 U_0。由于测量霍尔电势差的电极 A 和 A' 的位置难做到在一个理想的等势面上，因此当有电流 I_S 通过时，即使不加磁场也会产生附加的电势差 $U_0 = I_S r$，其中 r 为 A，A' 所在的两个等势面的电阻。U_0 的符号只与电流 I_S 的方向有关，与磁场 B 的方向无关，因此，U_0 可以通过改变 I_S 的方向予以消除。

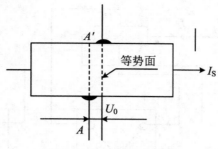

图 3.4.3　不等式电压降

除 U_0 外还存在由热电效应和热磁效应所引起的各种副效应。不过这些副效应除个别外,均可通过对称测量法进行消除。亦即改变 I_S 和 B 组合的 $U_{AA'}$ (A , A' 两点的电势差),即

$$+B, +I_S \qquad U_{AA'1} = U_H + U_0 + U_E + U_N + U_{RL};$$
$$+B, -I_S \qquad U_{AA'2} = -U_H - U_0 - U_E + U_N + U_{RL};$$
$$-B, -I_S \qquad U_{AA'3} = U_H - U_0 + U_E - U_N - U_{RL};$$
$$-B, +I_S \qquad U_{AA'4} = -U_H + U_0 - U_E - U_N - U_{RL}.$$

然后求 $U_{AA'1}$, $U_{AA'2}$, $U_{AA'3}$ 和 $U_{AA'4}$ 的代数平均值

$$\frac{U_{AA'1} - U_{AA'2} + U_{AA'3} - U_{AA'4}}{4} = U_H + U_E \qquad (3.4.9)$$

通过上述测量方法,虽然还不能消除所有的副效应,但其引入的误差不大($U_E \ll U_H$),可以略而不计。

【实验内容与要求】

(1) 保持励磁电流 I_M 值不变(取 $I_M = 0.600$ A),测绘 $U_H - I_S$ 曲线,I_S 取值:0.50 mA,1.00 mA,1.50 mA,2.00 mA,2.50 mA,3.00 mA,3.50 mA,4.00 mA。

(2) 确定样品的导电类型,并求 R_H,n 和 K_H。

(3) 保持 I_S 值不变(取 $I_S = 2.00$ mA),测绘 $U_H - I_M$ 曲线,I_M 取值:0.100 A,0.200 A,$\cdots$,0.600 A。

(4) 测量电磁铁气隙间磁感应强度 B 沿水平方向的分布规律。

固定励磁电流 $I_M = 0.2$ A,工作电流 $I_S = 2$ mA,移动标尺,使霍尔元件沿水平方向横穿磁铁缝隙,测出霍尔元件在不同位置时所对应的 U_H 值,计算相应的磁感应强度 B 的值,测量点不少于 15 个,在坐标纸上作 $\frac{B}{B_0} - x$ 曲线。

【实验注意事项】

(1) 励磁电流 I_M 与工作电流 I_S 的接线不能接反,否则会烧坏仪器。

(2) 记录数据时,为了不使电磁铁过热,一般应断开励磁电流的换向开关。

(3) 开机前,将 I_S 和 I_M 调节旋钮逆时针方向旋到底,使其输入电流趋于最小状态。

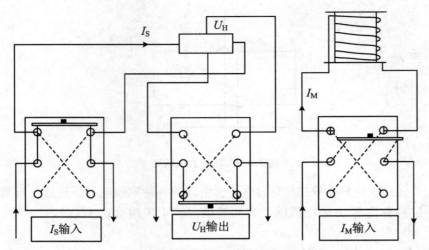

图 3.4.4　霍尔效应的测量线路图

（4）关机前，将 I_S 和 I_M 调节旋钮逆时针方向旋到底，使其输入电流趋于最小状态。

（5）X 方向调节旋钮在使用时要轻，严禁鲁莽操作。

（6）调节探头位置时应将闸刀开关 K_1，K_3 断开，避免霍尔片和电磁铁长期通电发热。

【附录——霍尔效应实验中的电流磁效应和热磁效应】

1. 艾听豪森效应

这是由于构成电流的载流子速度（即能量）不同而引起的副效应。如图 3.4.5 所示。电流 I_S 沿 x 方向，若速度为 v 的载流子，受霍尔电场与洛伦兹力作用刚好抵消，则速度大于和小于 v 的载流子，在电场与磁场作用下将各自朝对立面偏转。从而在 y 方向引起温差 $T_A - T_{A'}$，由此产生的温差电效应在 A，A' 之间就引入附加的电势差 U_E，且 $U_E \propto I_S B$，其符号与 I_S 和 B 的方向有关，所以不能消除。

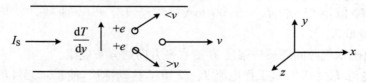

图 3.4.5　艾听豪森效应示意图

2. 里吉-勒迪克效应

该效应是由于样品在 x 方向有温度梯度，引起载流子沿梯度方向扩散而有热流 Q 通过样品，在此过程中，载流子受 z 方向的磁场 B 作用，在 y 方向引起类似于艾听豪森效应的温差 $T_A - T_{A'}$，由此产生的电势差 $U_{RL} \propto QB$，其符号与 B 的方向有关，与 I_S 的方向无关（如图 3.4.6 所示）。

3. 能斯脱效应

该效应是由于样品沿 x 方向的热流 Q。在 z 方向的磁场 B 作用下,在 y 方向直接产生一附加的电场 ε_N,相应的电势差 $U_N \propto QB$,U_N 符号只与 B 的方向有关(如图 3.4.7)。

图 3.4.6　里吉-勒迪克效应示意图　　　　图 3.4.7　能斯脱效应示意图

【问题讨论】

(1) 什么是霍尔效应?简述霍尔传感器的一些应用。

(2) 怎样确定载流子电荷的正负?

(3) 如何测定霍尔系数?

(4) 如何利用霍尔效应测量磁场?

(5) 在测量磁场过程中为何要保持通过电磁铁的电流 I_M 的大小不变?

(6) 用霍尔效应测量磁感应强度的实验中有哪些误差来源?实验中如何减小误差?你有何建议?

实验 3.5　示波器的使用

【引言】

示波器是一种显示各种电压波形的仪器,它利用被测信号产生的电场对示波管中电子运动的影响来反映被测信号电压的瞬变过程。由于电子惯性小,荷质比大,因此示波器具有较宽的频率响应,可用于观察变化极快的电压瞬变过程,因而具有较广的应用范围。一切能转换为电压信号的电学量(如电流、电功率、阻抗等)和非电学量(如温度、位移、速度、压力、光电、磁场、频率等),其随时间的瞬变过程都可以用示波器进行观察与分析。

【实验目的】

(1) 了解示波器的结构和工作原理;

(2) 初步掌握通用示波器各个旋钮的作用和使用方法;

(3) 学习利用示波器观察电信号的波形,测量电压、周期、频率和相位差。

【实验仪器】

示波器、函数信号发生器、交流电路综合实验仪。如图 3.5.1 所示。

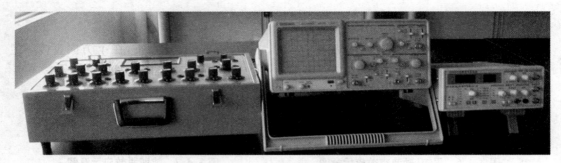

图 3.5.1　示波器使用仪器实物图

【实验原理】

1. 示波器的结构及简单工作原理

（1）通用示波器的介绍

如图 3.5.2 所示，示波器主要由示波管、电子放大系统、同步电路、扫描触发系统、电源五大部分组成。

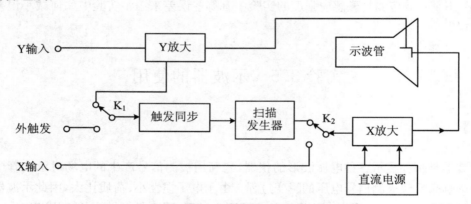

图 3.5.2　示波器工作原理

示波器主要部件的工作原理如下：

示波管是呈喇叭形的玻璃泡，被抽成高真空，内部装有电子枪和两对相互垂直的偏转板，喇叭口的球面内壁上涂有荧光物质，构成荧光屏。图 3.5.3 是示波管的构造图。

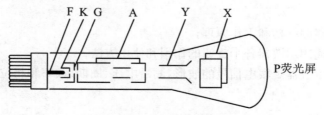

图 3.5.3　示波管的构造图

电子枪由灯丝 F、阴极 K、栅极 G 以及一组阳极 A 所组成。灯丝通电后炽热，使阴极发热而发射电子。由于阳极电势高于阴极,所以电子被阳极电压加速。当高速电子撞击在荧光屏上会使荧光物质发光,在屏上就能看到一个亮点。改变阳极组电势分布,可以使不同发射方向的电子恰好聚在荧光屏某一点上,这种调节称为聚焦。栅极 G 电势较阴极 K 低,改变 G 电势的高低,可以控制电子枪发射电子流的密度,甚至完全不使电子通过,这称为辉度调节,实际上就是调节荧光屏上亮点的明暗。

Y 偏转板是水平放置的两块电极。当 Y 偏转板上电压为零时,电子束正好射在荧光屏正中 P 点。如果 Y 偏转板加上电压,则电子束受到电场力作用,运动方向发生上下偏移。如果所加的电压不断发生变化,P 点的位置也随着在铅垂线上移动。在屏上看到的是一条铅直的亮线。荧光屏上亮点在铅直方向位移 y 和加在 Y 偏转板的电压 U_Y 成正比。

X 偏转板是垂直放置的两块电极。在 X 偏转板加上一个变化的电压,那么,荧光屏上亮点在水平方向的位移 x 与加在 X 偏转板的电压 U_X 成正比,于是在屏上看到的则是一条水平的亮线。

(2) 示波器显示波形的原理

如果在 Y 偏转板上加上一个随时间作正弦变化的电压 $U_Y = U_{YM}\sin\omega t$,在荧光屏上仅看到一条铅直的亮线,而看不到正弦曲线。只有同时在 X 偏转板上加上一个与时间成正比的锯齿形电压 $U_X = U_{XM} \cdot t$,才能在荧光屏上显示出信号电压 U_Y 和时间 t 关系曲线,其原理如图 3.5.4 所示。

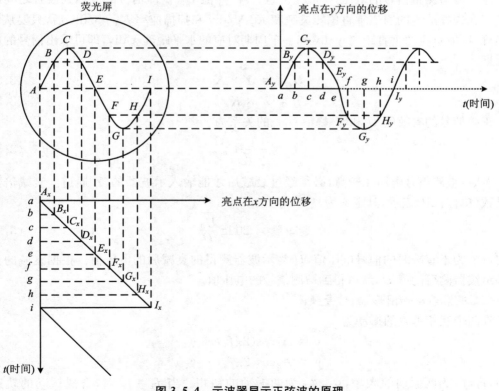

图 3.5.4　示波器显示正弦波的原理

设在开始时刻 a,电压 U_Y 和 U_X 均为零,荧光屏上亮点在 A 处,时间由 a 到 b。在只有电压 U_Y 作用时,亮点沿铅直方向的位移为 AB_y,屏上亮点在 B_y 处,而在同时加入 U_X

后,电子束既受 U_Y 作用向上偏转,同时又受 U_X 作用向右偏转(亮点水平位移为 bB_x),因而亮点不在 B_y 处,而在 B 处。以此类推,随着时间的推移,便可显示出正弦波形来。所以,在荧光屏上看到的正弦曲线实际上是两个相互垂直的运动($U_Y = U_{YM}\sin\omega t$ 和 $U_X = U_{XM} \cdot t$)合成的轨迹。

由上可见,要想观测加在 Y 偏转板上电压 U_Y 的变化规律,必须在 X 偏转板上加上锯齿形电压,把 U_Y 产生的垂直亮线"展开"。这个展开过程称为"扫描",锯齿形电压又称为扫描电压。

上面讨论的波形因为 U_Y 和 U_X 的周期相同,荧光屏上显示出一个正弦波形,若频率 $f_y = Nf_x(N=1,2,3,\cdots)$,则荧光屏上将出现一个,两个,三个……稳定的正弦波形。只有当 f_y 为 f_x 的整数倍时,正弦波形才能在荧光屏上稳定。为了在荧光屏上得到稳定不动的信号波形,一般采用被测信号来控制扫描电压的产生时刻,称为触发扫描。只要被测信号达到某一个定值时,扫描电路才开始工作,产生一个锯齿波,将被测信号显示出来。由于每次被测信号触发扫描电路工作的情况都是一样的,所以显示的波形也相同。这样,在荧光屏上看到的波形就稳定不动了。

2. 测量原理

(1) 测量信号的电压和周期

用示波器测量信号的电压,一般是测量其峰-峰值 U_{p-p},即信号的波峰到波谷之间的电压值。在选择适当的通道垂直偏转灵敏度 K_y V/div 和扫描速率 K_x μS/div 后,只要从屏上读出峰-峰值对应的垂直距离 y div 和一个周期对应的水平距离 x div,即可求出信号的电压和周期。

$$U_{p-p} = Y \times K_y \tag{3.5.1}$$
$$T = X \times K_x \tag{3.5.2}$$

正弦信号的有效值 U 和峰-峰值 U_{p-p} 的关系为

$$U = \frac{1}{2\sqrt{2}}U_{p-p} \tag{3.5.3}$$

有时,被测信号电压比较高,必须经过衰减后才能输入示波器的 Y 通道。衰减倍数用分贝数(单位:dB)表示,其定义为

$$衰减量 = 20\lg\frac{U_0}{U} \tag{3.5.4}$$

式中,U_0 为未衰减时的信号电压值,U 为示波器测得的衰减后的电压值。根据衰减的分贝数和示波器测得的值 U,就可得到被测信号的电压值。

(2) 观察李萨如图形,测信号频率

设两个互相垂直的振动为

$$x = A_1\cos(2\pi f_1 t + \varphi_1)$$
$$y = A_2\cos(2\pi f_2 t + \varphi_2)$$

式中,f_1,f_2 为两振动的频率,φ_1,φ_2 为两振动的初相。当 $f_1 = f_2$ 时,合成振动的轨迹方程为

$$\frac{x^2}{A_1^2} + \frac{y^2}{A_2^2} - 2\frac{xy}{A_1A_2}\cos(\varphi_2 - \varphi_1) = \sin^2(\varphi_2 - \varphi_1) \tag{3.5.5}$$

式(3.5.5)是一个椭圆方程。当 $\varphi_2-\varphi_1=0$ 或 $\pm\pi$ 时,椭圆退化为一条直线;当 $\varphi_2-\varphi_1=\pm\pi/2$ 时,合成轨迹为一正椭圆。

从图 3.5.5 中,人们总结出如下规律:如果作一个限制光点在 x,y 方向运动的假想矩形框,则图形与此矩形框相切时,竖边上的切点数 n_y 与横边上的切点数 n_x 之比恰好等于两振动的频率之比,即

$$f_x : f_y = n_y : n_x \quad 或 \quad n_x f_x = n_y f_y \tag{3.5.6}$$

因此,若已知其中一个信号的频率,从李萨如图形上数得切点数 n_x 和 n_y,就可以求出另一待测信号的频率。

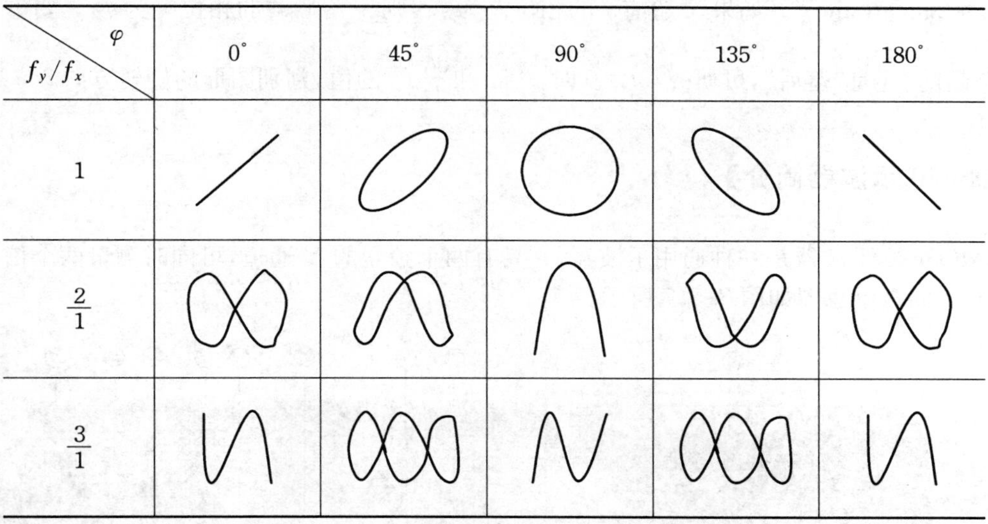

φ
f_y/f_x
0°
45°
90°
135°
180°
1
2/1
3/1

图 3.5.5　几种相位和频率比的李萨如图形

(3) 测量两个正弦信号的相位差

根据李萨如图形可以计算出相位差,如图 3.5.6 所示。

y
x
P
2a
$2x_0$
2b

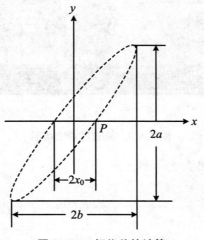

图 3.5.6　相位差的计算

令
$$y = a\sin\omega t \tag{3.5.7}$$
$$x = b\sin(\omega t + \varphi) \tag{3.5.8}$$

则 y 与 x 的相位差为 φ。假定波形在 x 轴线上的截距为 $2x_0$，则对 x 轴上的 P 点 $y = a\sin\omega t$ $= 0$。因而 $\omega t = 0$，所以 $x_0 = b\sin(\omega t + \varphi) = b\sin\varphi$，有

$$\varphi = \arcsin\frac{x_0}{b} \tag{3.5.9}$$

对于一种相位差的李萨如图形，相位差在 $[0, 2\pi]$ 范围内有两种表示式，即 $\varphi_1 = \arcsin\dfrac{x_0}{b}$ 和 $\varphi_2 = 2\pi - \arcsin\dfrac{x_0}{b}$。如果 x 超前 y 的相位差为 φ_1，则 y 落后 x 的相位差为 φ_2。要进一步研究"超前"还是"落后"，可研究 $\omega t = 0$ 时 $\dfrac{\mathrm{d}x}{\mathrm{d}t}\Big|_0$ 和 $\dfrac{\mathrm{d}y}{\mathrm{d}t}\Big|_0$ 的值，判别图形的旋转方向。

【MOS620 示波器简介】

MOS620 示波器是一种通用示波器，它具有两个独立的 Y 通道，可同时测量两个信号。

（1）面板示意图如图 3.5.7 所示。

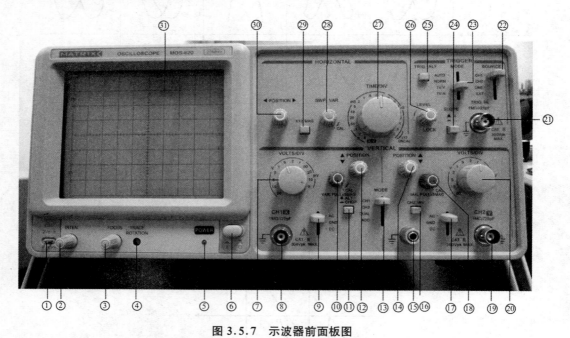

图 3.5.7　示波器前面板图

（2）主要开关旋钮作用见表 3.5.1。

表 3.5.1 MOS620 示波器前面板介绍(参见图 3.5.7)

CRT	⑥ 电源	主电源开关,当此开关开启时发光二极管⑤点亮
	② 亮度	调节轨迹或亮点的亮度
	③ 聚焦	调节轨迹或亮点的聚焦
	④ 轨迹旋转	调整水平轨迹与刻度线平行
垂直轴	⑧ CH1(X)输入	在 X−Y 模式下,作为 x 轴输入端
	⑲ CH2(Y)输入	在 X−Y 模式下,作为 y 轴输入端
	⑨⑰ AC−GND−DC AC GND DC	选择垂直轴输入信号的输入方式 交流耦合 垂直放大器的输入接地,输入信号被断开 直流耦合
	⑦⑳ 垂直衰减开关	调节垂直偏转灵敏度从 5 mV/div～20 V/div 分 12 挡
	⑩⑱ 垂直微调	微调灵敏度大于或等于 1/2.5 标示值,在校正时,灵敏度校正为标示值。当该旋钮拉出后(×5MAG 状态)放大器的灵敏度乘以 5
	⑫⑭ 垂直位移	调节光迹在屏幕上的垂直位置
	⑬ 垂直方式 CH1 或 CH2 DUAL ADD	选择 CH1 与 CH2 放大器的工作模式 通道 1 或通道 2 单独显示 两个通道同时显示 显示两个通道的代数和 CH1 + CH2。按下 CH2 INV⑯按钮,为代数差 CH1 − CH2
	⑪ ALT/CHOP	在双踪显示时,放开此键,表示通道 1 与通道 2 交替显示(通常用在扫描速度较快的情况下);当按下此键时,通道 1 与通道 2 同时断续显示(通常用在扫描速度较慢的情况下)
	⑯ CH2 INV	通道 2 的信号反向,当此键按下时,通道 2 的信号以及通道 2 的触发信号同时反向
触发	㉑ 外触发输入端子	用于外部触发信号。当使用该功能时开关㉒应设置在 EXT 的位置上
	㉒ 触发源选择 CH1 CH2 TRIG.ALT㉕ LINE EXT	选择内(INT)或外(EXT)触发 当垂直方式选择开关⑬设定在 DUAL 或 ADD 状态时,选择通道 1 作为内部触发信号源 当垂直方式选择开关⑬设定在 DUAL 或 ADD 状态时,选择通道 2 作为内部触发信号源 当垂直方式选择开关⑬设定在 DUAL 或 ADD 状态,而且触发源开关㉒选在通道 1 或通道 2 上,按下㉕时,它会交替选择通道 1 或通道 2 作为内触发信号源 选择交流电源作为触发信号源 外部触发信号接于 21 作为触发信号源

续表

触发	㉔ 极性	触发信号源的极性选择。"＋"上升沿触发,"－"下降沿触发
	㉕ 触发电平	显示一个同步稳定的波形,并设定一个波形的起始点。向"＋"旋转触发电平向上移,向"－"旋转触发电平向下移
	㉓ 触发方式 AUTO NORM TV－V TV－H	选择触发方式 自动。当没有触发信号输入时扫描在自然模式下 常态。当没有触发信号时,踪迹处在待命状态并不显示 电视场。当想要观察一场的电视信号时 电视行。当想要观察一行的电视信号时
	㉖ 触发电平锁定	将触发电平㉖顺时针方向旋转到底听到卡塔一声后,触发电平被锁定在一个固定电平上,这时改变扫描速度或信号幅度时,不再需要调节触发电平,即可获得同步信号
时基	㉗ 水平扫描速度开关	扫描速率可以分为 20 挡,从 $0.2\,\mu s/div$ 到 $0.5\,s/div$。当设置到 X－Y 位置时可用作 X－Y 示波器
	㉘ 水平微调	微调水平扫描时间,使扫描时间被校正到与面板上 TIME/DIV 指示的一致。TIME/DIV 扫描速度可连续变化,当顺时针旋转到底为校正位置
	㉚ 水平位移	调节光迹在屏幕上的水平位置
	㉙ 扫描扩展开关	按下时速率扩展 10 倍
其他	① CAL	提供幅度为 $2V_{p-p}$、频率为 1 kHz 的方波信号,用于校正 10∶1 探头的补偿电容器和检测示波器垂直与水平的偏转因素数
	⑮ GND	示波器机箱的接地端
	㉛	显示屏

【内容与要求】

(1) 用示波器提供的频率为 1 kHz、幅度为 $2V_{p-p}$ 的方波信号对 x 轴、y 轴进行校准。

(2) 观察波形,调节交流电路综合实验仪使输出波形为正弦波,输出幅度等于 1.000 V,然后用示波器观察它的波形。测量上述波形的峰-峰值,将其换算到有效值,并与 1.000 V 比较是否符合。

(3) 用"扫描速率"测量上述波形的周期,然后换算出频率,再与交流电路综合实验仪的读数进行比较。

(4) 用李萨如图形测量图 3.5.5 波形的频率。

(5) 用李萨如图形测量移相器的相位差。

移相器的构造如图 3.5.8 所示。调节可变电阻 R_2 可改变 U_{DO} 与 U_{AO} 的相位差 φ 的值,但是不改变 U_{DO} 与 U_{AO} 的幅度大小。当 $R_2 = 0$ 时,U_{DO} 与 U_{AO} 相差 180°;当 R_2 足够大,U_{DO}

$= U_{AO}$，即 D 点顺时针转到 A 点，U_{DO} 与 U_{AO} 相位相同，因此 φ 值可取自 0 到近 180°范围。

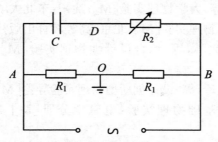

图 3.5.8　移相移器的线路图

将示波器接地端钮与移相器 O 点相连；Y 和 X 输入端分别于 A 和 D 点相连，适当调节 Y 和 X 的增益和衰减旋钮，就可看到稳定的李萨如图形。根据式(3.5.9)计算三种不同的相位差。

【注意事项】

（1）测信号电压前，一定要将电压衰减旋钮的微调调到校正位置；测信号周期前，一定要将扫描速率旋钮的微调调到校正位置。

（2）测信号电压时，电压衰减旋钮的微调不能再调；测信号周期时，扫描速率旋钮的微调不能再调。

（3）测量信号的电压与周期时，示波器观察到的图形要尽量大。

（4）测量相位差时 CH1 与 CH2 通道的分度值要一致，且图形要尽量大。

【问题讨论】

（1）示波器的主要功能是什么？

（2）怎样用示波器测量待测信号的峰-峰值？

（3）怎样用示波器测量待测信号的周期？

（4）怎样用示波器的李萨如图形测量正弦波的周期？

（5）怎样根据李萨如图形来计算两个正弦信号的相位差？

（6）如果打开示波器的电源开关后，在屏幕上既看不到扫描线又看不到光点，可能有哪些原因？应如何调节？

（7）如果被测信号幅度太大（在不引起仪器损坏的前提下），则在屏上会看到什么图形？

参 考 文 献

［1］　杨述武,赵立竹,沈国土,等.普通物理实验:电磁学部分[M].4 版.北京:高等教育出版社,2007.

［2］　陶淑芬,李锐,晏翠琼,等.普通物理实验[M].北京:北京师范大学出版集团,2010.

［3］　钟鼎,吕江,耿耀辉,等.大学物理实验[M].天津:天津大学出版社,2011.

[4]　丁慎训,张连芳.物理实验教程[M].北京:清华大学出版社,2002.

[5]　刘静,刘国良,赵涛,等.大学物理实验[M].沈阳:东北大学出版社,2009.

[6]　沈元华,陆申龙.基础物理实验[M].北京:高等教育出版社,2003.

[7]　李平舟,武颖丽,吴兴林,等.综合设计性物理实验[M].陕西:西安电子科学出版社,2015.

[8]　朱世坤,辛旭平,聂宜珍,等.设计创新型物理实验导论[M].北京:科学出版社,2010.

[9]　刘少杰,于健.大学基础物理实验:电磁学分册[M].2 版.天津:南开大学出版社,2008.

[10]　孙晶华,梁艺军,崔全辉,等.大学物理实验[M].哈尔滨:哈尔滨工程大学出版社,2008.

[11]　谢行恕,康士秀,霍剑青,等.大学物理实验[M].北京:高等教育出版社,2005.

[12]　吕斯骅,段家忯.新编基础物理实验[M].北京:高等教育出版社,2006.

第4章 光 学

实验 4.1 薄透镜焦距的测定

【实验目的】

(1) 学会调节光学系统使之共轴,并了解视差原理的实际应用;

(2) 掌握薄透镜焦距的常用测定方法。

【实验仪器】

光具座、会聚透镜(两块)、发散透镜、物屏、白屏、平面反射镜、光源。

【实验原理】

如图 4.1.1 所示,设薄透镜的像方焦距为 f',物距为 p,对应的像距为 p',则透镜成像的高斯公式为

$$\frac{1}{p'} - \frac{1}{p} = \frac{1}{f'} \tag{4.1.1}$$

故

$$f' = \frac{pp'}{p - p'} \tag{4.1.2}$$

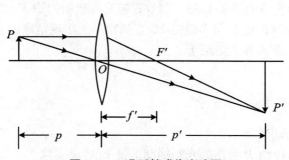

图 4.1.1 凸透镜成像光路图

应用式(4.1.2)时,必须注意各物理量所适用的符号定则。本书规定:距离自参考点(薄透镜光心)量起,与光线进行方向一致时为正,反之为负。运算时已知量需添加符号,未知量

则需根据求得结果中的符号判断其物理意义。

1. 测量会聚透镜焦距的方法

(1) 测量物距与像距求焦距

因为实物作为光源,其发散的光经会聚透镜后,在一定条件下成实像,故可用白屏接取实像加以观察,通过测定物距和像距,利用式(4.1.2)即可算出 f'。

(2) 由透镜两次成像求焦距

设保持物体与白屏的相对位置不变,并使其间距 l 大于 $4f'$,则当会聚透镜置于物体与白屏之间时,可以找到两个位置,白屏上都能得到清晰的像,如图 4.1.2 所示。透镜两个位置(Ⅰ与Ⅱ)之间的距离的绝对值为 d。(为何要求 $l>4f'$?)

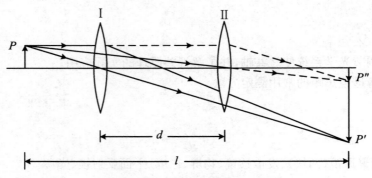

图 4.1.2 透镜二次成像示意图

运用物像的共轭对称性质,容易证明

$$f' = \frac{l^2 - d^2}{4l} \tag{4.1.3}$$

式(4.1.3)表明,只要测出 d 和 l,就可以算出 f'。由于 f' 是通过透镜两次成像而求得的,因而这种方法称为二次成像法,或称为贝塞耳法。同时可以看出,利用式(4.1.1)、(4.1.2)时,都是把透镜看成无限薄的,物距和像距都近似地用从透镜光心算起的距离来代替,而二次成像法则无须考虑透镜本身的厚度。因此,用这种方法测出的焦距一般较为准确。

(3) 由光的可逆性原理求焦距

如图 4.1.3 所示,在待测透镜 L 的一侧放置被光源照明的物 P,在另一侧适当距离处放一块平面镜 M,移动待测透镜 L 与平面镜 M,直到物屏上出现清晰的与物等大倒立的实像。此时,物屏到透镜 L 的距离即为焦距 f'。

$$f' = |x_P - x_L| \tag{4.1.4}$$

2. 测定发散透镜焦距的方法

由辅助透镜成像法求焦距。

如图 4.1.4 所示,设物 P 发出的光经辅助透镜 L_1 后成实像于 P',而加上待测焦距的发散透镜 L 后使成实像于 P'',则 P' 和 P'' 相对于 L 来说是虚物体和实像。分别测出 L 到 P' 和 P'' 的距离,根据式(4.1.2)即可算出 L 的像方焦距 f'。(加入凹透镜 L 后,一定有实像 P'' 吗?为什么?)

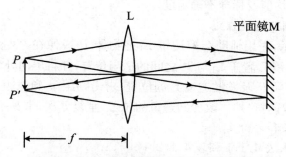

图 4.1.3　由光的可逆性原理求焦距示意图

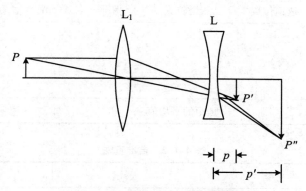

图 4.1.4　辅助透镜成像示意图

【实验内容】

（1）粗测待测凸透镜的焦距 f'（方法自己考虑）

（2）共轴调节

将照明光源、物屏、待测透镜和成像的白屏依次放在光具座的导轨上，按照绪论中所述方法，调节各光学元件的光轴。使之共轴，并平行于导轨的基线（等高）。（为什么要调共轴、等高呢?）

（3）物距像距法测凸透镜焦距

用具有箭形开孔的金属屏为实物，用准单色光照明。如图 4.1.1 所示，在物屏与白屏之间移动待测透镜，直至白屏上呈现出箭形物体的清晰像。记录物、像及透镜的位置，依式（4.1.2）算出 f'。改变屏的位置，重复 3 次，求其平均值。

（4）两次成像法测凸透镜焦距

将物屏与白屏固定在相距大于 $4f'$ 的位置，测出它们之间的距离 l，如图 4.1.2 所示，移动透镜，使屏上得到清晰的物像，记录透镜的位置。移动透镜至另一位置，使屏上又得到清晰的物像，再记录透镜的位置。由式（4.1.3）求出 f'。改变屏的位置，重复 3 次，求其平均值。

（5）自准直法测凸透镜焦距

按照图 4.1.3 所示，以物屏为物 P，移动透镜 L，并适当调整平面镜的方位，沿光轴方向可看到在物屏上出现一倒立箭头的像 P'，测出物屏和透镜的位置，二者之差即透镜的焦距

f'。重复 5 次,求其平均值及标准不确定度。

(6) 辅助透镜法测凹透镜焦距

按照图 4.1.4 所示,先用辅助会聚透镜 L_1 把物体 P 成像在 P' 处的屏上,记录 P' 的位置,然后将待测发散透镜 L 置于 L_1 与 P' 之间的适当位置,并将屏向外移,使屏上重新得到清晰的像 P'',分别测出 P',P'' 及发散透镜 L 的位置,求出物距 p 和像距 p',代入式(4.1.2)算出 f'(注意物距 p 应取的符号)。改变凹透镜的位置,重复 3 次,求其平均值。

(7) 对测量作比较和评价

把实验数据值填入表 4.1.1 和表 4.1.2 中。

表 4.1.1　用位移法测定凸透镜焦距

次数	物	透镜位置1	透镜位置2	像屏	A(cm)	L(cm)	f(cm)
1							
2							
3							
焦距的平均值							

表 4.1.2　自准直法

次数	物	透镜	f(cm)
1			
2			
3			
焦距的平均值			

【预习思考题】

(1) 如何用简易方法区分凸透镜与凹透镜?

(2) 两次成像法测凸透镜焦距有什么优点?

【复习思考题】

(1) 为了减小测量透镜焦距的误差,本实验中都采取了哪些措施?

(2) 你认为三种测量凸透镜焦距的方法,哪种最好? 为什么?

(3) 由 $f = \dfrac{l^2 - d^2}{4l}$ 推导出共轭法测 f 的标准相对合成不确定度传递公式。根据实际结果,试说明 $U_B(l)$,$U_B(d)$,$U_A(d)$ 哪个量对最后结果影响最大? 为什么? 由此你可否得到一些对实验具有指导性意义的结论?

【补充材料】

有关"薄透镜"的部分术语：

（1）薄透镜。若透镜的厚度与其球面的曲率半径相比，小得可以忽略不计，则称为薄透镜。

（2）主光轴。连接透镜两球面曲率中心的直线，称为透镜的主光轴。

（3）光心。透镜主截面上的中心点，通过该点的光线，不改变原来的方向，称这点为光心。

（4）副光轴。通过光心的任一直线称为薄透镜的副光轴。

（5）主截面。能过光心而垂直于主光轴的平面称为透镜的主截面。

（6）物空间。规定入射光束在其中进行的空间称为物空间。

（7）像空间。折射光束在其中进行的空间称为像空间。

（8）像焦点 F'（第二焦点）。平行于光轴的光束，经透镜折射后，会聚于主光轴上的一点称像点。

（9）像焦距 f'（第二焦距）。从透镜的光心到像焦点 F' 的距离称为薄透镜的焦距 f'。

（10）物焦点。主光轴上发光点发出的光经薄透镜折射后成为一束平行光，此点称为物焦点 F。

（11）物焦距 f。从透镜光心 O 到 F 的距离称为薄透镜的物距。

（12）副焦点。平行于任一副光轴的平行光，通过透镜后会聚于这副光轴上的一点，这一点称为副焦点。

（13）焦平面。焦平面就是由许许多多副焦点的集合构成的平面；或定义为过焦点而垂直于主光轴的平面，也称焦平面。

（14）实像。自物点发出的光线经透镜折射后，实际汇聚于一点的像。

（15）虚像。自物点发出的光线经透镜折射后，光线发散，而其光线的反向延长线汇聚一点的像。

（16）实物。发散的入射光束的顶点，称为实物。

实验 4.2　分光计的调节和使用

【实验目的】

（1）了解分光计的结构，掌握调节和使用分光计的方法；

（2）掌握测定棱镜角的方法。

【实验仪器】

分光计、钠灯、三棱镜。

【实验内容】

1. 分光计的调节

在实验时,必须做好分光计的调节,即分光计的光学系统(准直管和望远镜)要适应平行光,而且读值平面、观察平面和待测光路平面相互平行。

(1) 将分光计调节好,即应用自准直原理将望远镜对无穷远调焦,使望远镜的光轴垂直于仪器的主轴,使准直管产生平行光,并与望远镜共轴。

(2) 调节待测光路平面与观察平面重合,即调节棱镜折射的主截面垂直于仪器的主轴。

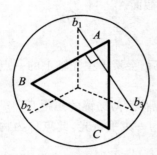

图 4.2.1　待测棱镜放置图

将待测棱镜按图 4.2.1 所示的方法,放置在载物平台上,使折射面 AB 与平台调节螺钉 b_1, b_3 的连线相垂直。这时调节螺钉 b_1 或 b_3 能改变 AB 面相对于主轴的倾斜度,而调节螺钉 b_2 对 AB 面的倾斜度不产生影响。

(3) 调节棱镜片的主截面垂直于仪器的主轴。

棱镜片的棱镜角 A 是棱镜主截面上三角形两边之间的夹角。应用分光计测量时,必须使待测光路平面与棱镜的主截面一致。由于分光计的观察平面已调节好并垂直于仪器的主轴,因此棱镜的主截面也应垂直于仪器的主轴。即调节棱镜片的两个折射面 AB 和 AC,使之均能垂直于望远镜的光轴。

调节的方法是先用望远镜对准棱镜的 AB 面,细调螺钉 b_1 或 b_3,使望远镜目镜视场中能看见清晰的叉丝反射像,并和调整叉丝重合。旋转棱镜台,再将棱镜的 AC 面对准望远镜,微调螺钉 b_2,又可见十字叉丝的反射像呈现在视场中。在一般情况下,视场中的两对叉丝在垂直方向上将不再重合。依照二分之一调节法,重复进行调节,直至无论望远镜对准棱镜的 AB 面还是对准 AC 面时,十字叉丝的反射像均能和调整叉丝无视差地重合。此时,棱镜的主截面才和仪器的主轴相垂直。至此,分光计测量前的准备工作已全部调节完成。

注意　调节后的分光计在使用中,不要破坏已调好的条件;又分光计上可调螺钉较多,要明确它们的作用。

2. 棱镜角的测量

参照下述方法进行测量:

(1) 自准直法

将待测棱镜置于棱镜台上,固定望远镜,点亮小灯照亮目镜中的叉丝,旋转棱镜台,使棱镜的一个折射面对准望远镜,用自准直法调节望远镜的光轴与此折射面严格垂直,即使十字叉丝的反射像和调整叉丝完全重合。如图 4.2.2 所示。记录刻度盘上两游标读数 V_1, V_2;在转动游标盘连带载物平台时,以同样方法使望远镜光轴垂直于棱镜第二个折射面,记录相应的游标读数 V_1', V_2';同一游标两次读数之差等于棱角 A 的补角

$$\theta = 1/2[(V_2' - V_2) + (V_1' - V_1)]$$

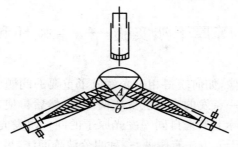

图 4.2.2 自准直法示意图

即棱镜角 $A = 180° - \theta$。重复测量 5 次,计算棱镜角 A 的平均值和标准不确定度。

(2) 棱脊分束法

置光源于准直管的狭缝前,将待测棱镜的折射棱对准准直管,如图 4.2.3 所示。由准直管射出的平行光束被棱镜的两个折射面分成两部分,固定分光计上的其余可动部分,转动望远镜至 T_1 位置,观察由棱镜的一折射面所反射的狭缝像,使之与竖直叉丝重合。将望远镜再转至 T_2 位置,观察由棱镜另一折射面所反射的狭缝像,再使之与竖直叉丝重合,望远镜的两位置所对应的游标读数之差,为棱镜角 A 的两倍。

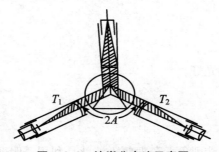

图 4.2.3 棱脊分束法示意图

注意 在测量时,应将棱镜片的折射棱靠近棱镜台的中心放置,否则由棱镜两折射面所反射的光将不能进入望远镜。

【预习思考题】

(1) 调节好分光计的具体要求是什么?调节原理是什么?怎样才能调节好?

(2) 如何测定棱镜顶角?

【复习思考题】

为什么测量前要对分光计进行调整?主要调整哪几部分?调整好的具体标准是什么?

实验 4.3　等厚干涉实验——牛顿环和劈尖干涉

要观察到光的干涉图像,如何获得相干光就成了重要的问题。利用普通光源获得相干光的方法是把由光源上同一点发的光设法分成两部分,然后再使这两部分叠加起来。由于这两部分光的相应部分实际上都来自同一发光原子的同一次发光,所以它们将满足相干条件而成为相干光。获得相干光方法有两种,一种叫分波阵面法,另一种叫分振幅法。

【实验目的】

(1) 通过对等厚干涉图像观察和测量,加深对光的波动性的认识;

(2) 掌握读数显微镜的基本调节和测量操作;

(3) 掌握用牛顿环法测量透镜的曲率半径和用劈尖干涉法测量玻璃丝微小直径的实验方法;

(4) 学习用图解法和逐差法处理数据。

【实验仪器】

读数显微镜、牛顿环、钠光灯。

【实验原理】

等厚干涉属于分振幅干涉现象。分振幅干涉就是利用透明薄膜上下表面对入射光的反射、折射,将入射能量(也可说振幅)分成若干部分,然后相遇而产生干涉。分振幅干涉分两类,一类称等厚干涉,一类称等倾干涉。

用一束单色平行光照射透明薄膜,薄膜上表面反射光与下表面反射光来自于同一入射光,满足相干条件。如果入射光入射角不变,薄膜厚度发生变化,那么不同厚度处可满足不同的干涉明暗条件,出现干涉明暗条纹。相同厚度处一定满足同样的干涉条件,因此同一干涉条纹下对应同样的薄膜厚度。这种干涉称为等厚干涉,相应干涉条纹称为等厚干涉条纹。等厚干涉现象在光学加工中有着广泛应用,牛顿环和劈尖干涉就属于等厚干涉。下面分别讨论其原理及应用:

1. 用牛顿环法测定透镜球面的曲率半径

牛顿环是由一块曲率半径较大的平凸玻璃透镜和一块光学平玻璃片(又称"平晶")相接触而组成的。相互接触的透镜凸面与平玻璃片平面之间的空气间隙,构成一个空气薄膜间隙。空气膜的厚度从中心接触点到边缘逐渐增加。如图 4.3.1(a)所示。

当单色光垂直地照射于牛顿环装置时(图 4.3.1),如果从反射光的方向观察,就可以看到透镜与平板玻璃接触处有一个暗点,周围环绕着一簇同心的明暗相间的内疏外密圆环,这些圆环就叫作牛顿环,如图 4.3.1(b)所示。

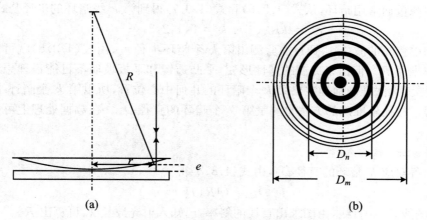

图 4.3.1　牛顿环装置和干涉图样

在平凸透镜和平板玻璃之间有一层很薄的空气层,通过透镜的单色光一部分在透镜和空气层的交界面上反射,一部分通过空气层在平板玻璃上表面上反射。这两部分反射光符合相干条件,它们在平面透镜的凸面上相遇时就会产生干涉现象。当透镜凸面的曲率半径很大时,在相遇时的两反射光的几何路程差为该处空气间隙厚度 e 的两倍,即 $2e$;又因为这两条相干光线中一条光线通过空气层在平板玻璃上表面上反射,在光密介质面上的反射,存在半波损失,而另一条光线来自光疏介质面上的反射,不存在半波损失。所以,在两相干光相遇时的总光程差为

$$\Delta = 2e + \frac{\lambda}{2} \tag{4.3.1}$$

当光程差满足

$$\Delta = 2e + \frac{\lambda}{2} = (2k + 1) \frac{\lambda}{2}, \quad k = 0,1,2,3,\cdots \tag{4.3.2}$$

即

$$2e = k\lambda \tag{4.3.3}$$

时,为暗条纹。

$$\Delta = 2e + \frac{\lambda}{2} = 2k \frac{\lambda}{2}, \quad k = 0,1,2,3,\cdots \tag{4.3.4}$$

即

$$2e = k\lambda - \frac{\lambda}{2} \tag{4.3.5}$$

时,为明条纹。

由式(4.3.3),可见透镜与平板玻璃接触处 $e = 0$,故为一个暗点;由于空气膜的厚度从中心接触点到边缘逐渐增加,这样交替地满足明纹和暗纹条件,所有厚度相同的各点,处在同一同心圆环上,所以我们可以看到一簇明暗相间的圆环。

如图 4.3.1(a)所示,由几何关系,可得第 k 个圆环处空气层的厚度 e_k 和圆环的半径 r_k 的关系,即

$$r_k^2 = R^2 - (R - e_k)^2 = 2Re_k - e_k^2 \tag{4.3.6}$$

因为 $R \gg e_k$,所以可略去 e_k^2,即

$$e_k = \frac{r_k^2}{2R} \tag{4.3.7}$$

实验中测量通常用暗环,从式(4.3.6)和式(4.3.7)得到第 k 级暗环的半径公式为

$$r_k^2 = kR\lambda, \quad k = 0,1,2,3,\cdots \quad (4.3.8)$$

若已知单色光的波长 λ,通过实验测出第 k 个暗环半径 r_k,由式(4.3.8)就可以计算出透镜的曲率半径 R。但由于玻璃的弹性形变,平凸透镜和平板玻璃不可能很理想地只以一点接触,这样就无法准确地确定出第 k 个暗环的几何中心位置,所以第 k 个暗环半径 r_k 难以准确测得。故比较准确的方法是测量第 k 个暗环的直径 D_k。在数据处理上可采取如下两种方法:

(1) 图解法

测量出各对应 k 暗环的直径 D_k,由式(4.3.8)得

$$D_k^2 = (4R\lambda)k \quad (4.3.9)$$

作 $D_k^2 - k$ 图线,为一直线,由图求出直线的斜率,已知入射光波长 λ,可算出 R。

(2) 逐差法

设第 m 条暗环和第 n 条暗环的直径各为 D_m 及 D_n,则由式(4.3.9)可得

$$R = \frac{D_m^2 - D_n^2}{4(m - n)\lambda} \quad (4.3.10)$$

可见,求出 $D_m^2 - D_n^2$ 及环数差 $m - n$ 即可算出 R,不必确定环的级数及中心。

2. 用劈尖干涉法测量金属丝的微小直径 d

将待测的金属丝放在两块平板玻璃之间的一端,则形成劈尖形空气薄膜,如图 4.3.2 所示.今以单色光垂直照射在玻璃板上,则在空气劈尖的上表面形成干涉条纹。条纹是平行于棱的一组等距离直线,且相邻两条纹所对应的空气膜厚度之差为半个波长,若距棱 L 处劈尖的厚度为 d(即金属丝的直径),单位长度中所含的条纹数为 n,则

$$d = nL \frac{\lambda}{2} \quad (4.3.11)$$

如果已知 λ,并测出 n,L 等物理量后,则金属丝的直径 d 即可求得。

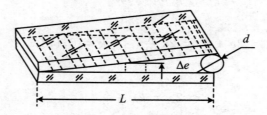

图 4.3.2 劈尖形空气薄膜

【实验内容与步骤】

1. 实验装置的调整

(1) 先用眼睛粗调

将牛顿环装置放在读数显微镜的工作台上,先不从显微镜里观察,而用眼睛沿镜筒方向观察牛顿环装置,移动牛顿环装置,使牛顿环在显微镜筒的正下方。

（2）再用显微镜观察

① 调节目镜，使看到的分划板上十字叉丝清晰。

② 转动套在物镜头上的 45° 透光反射镜，使透光反射镜正对光源，显微镜视场达到最亮。

③ 旋转物镜调节手轮，使镜筒在最低位置，注意不要碰到牛顿环装置，缓缓上升，边升边观察，直至目镜中看到聚焦清晰的牛顿环。并适当移动牛顿环装置，使牛顿环圆心处在视场正中央。

注意 读数显微镜在调节中应使镜筒由最低位置缓慢上升，以避免 45° 透光反射镜与牛顿环相碰。

2. 牛顿环直径的测量

转动读数显微镜读数鼓轮，使显微镜自环心向一个方向移动。为了避免螺丝空转引起的误差，应使镜中叉丝先超过第 30 个暗环（中央暗环不算），从牛顿环第一条暗环开始数到 35 个暗环，然后再缓缓退回到第 30 个暗环中央（因环纹有一定宽度），记下显微镜读数，该暗环标度 X_{30}，再缓慢转动读数显微镜读数鼓轮，使叉丝交点依次对准第 25，20，15，10 和 5 个暗环的中央，记下每次计数 X_{25}，X_{20}，X_{15}，X_{10}，X_5。并继续缓慢转动读数鼓轮，使目镜镜筒叉丝的交点经过牛顿环中心，另一方向记下第 5，10，15，20，25，30 暗环的读数 X_5，X_{10}，X_{15}，X_{20}，X_{25} 和 X_{30}。

注意 为了避免测微鼓轮"空转"而引起的测量误差，在每次测量中，测微鼓轮只能向一个方向转动，中途不可倒转。

3. 用逐差法处理数据

计算出透镜的曲率半径 R 及 R 的不确定度。

根据逐差法处理数据的方法，把 6 个暗环直径数据分成两大组，把第 30 条和第 15 条相组合，第 25 条和第 10 条相组合，第 20 条和第 5 条相组合，求出三组 $D_m^2 - D_n^2$ 的平均值，根据式(4.3.10)，计算出透镜的曲率半径 R。

推导 R 的不确定度计算公式，计算出 R 的不确定度，写出结果表达式。

4. 用图解法求出透镜的曲率半径 R

由实验数据，作出 $D_k^2 - k$ 图线，由图求出直线的斜率，再进一步求出透镜的曲率半径 R。

5. 用劈尖干涉法测量金属丝的微小直径 d

将牛顿环装置换成劈尖装置。为了测定条纹的垂直距离，应使条纹与镜筒的移动方向相垂直。为了避免螺旋空转引起测量误差，应先转动读数显微镜的测微鼓轮，使镜筒仅向一个方向移动；当条纹移过了六、七条后，使十字叉丝和某条纹中心相重合，记下初读数；再依次使十字叉丝和下一个条纹中心相重合，记下读数。共测 12 条。同样用逐差法处理数据。当测出金属丝距棱的距离 L 和单位长度的条纹数 n 后，根据式(4.3.11)，即可求出金属丝的直径 d，并计算 d 的不确定度。写出结果表达式。

注意 拿取牛顿环、劈尖装置时，不要触摸光学面。如有尘埃时，应用专用揩镜纸轻轻揩擦。实验中要小心以免摔坏。

【实验数据记录及处理】

1. 用牛顿环法测定透镜的曲率半径 R

（1）数据表格（表 4.3.1）

表 4.3.1　用牛顿环法测定透镜的曲率半径 R

暗环序数 k		5	10	15	20	25	30
暗环读数（cm）	左 X_k	2.980 1	3.040 2	3.087 9	3.129 3	3.165 9	3.199 9
	右 X'_k	2.607 1	2.545 7	2.498 8	2.456 5	2.420 7	2.387 1
暗环直径 $D_k = \lvert X_k - X'_k \rvert$（cm）		0.373 0	0.494 5	0.589 1	0.672 8	0.745 2	0.812 8
D_k^2（cm²）		0.139 1	0.244 5	0.347 0	0.452 7	0.555 3	0.660 6
$D_m^2 - D_n^2$（cm²）　（$m-n=15$）		0.313 6		0.310 8		0.313 6	
$\overline{D_m^2 - D_n^2}$（cm²）		0.312 7					
$\overline{R}$（cm）		88.43					

（2）逐差法处理数据

由式（4.3.10）计算出透镜的曲率半径 R。

R 的不确定度：

$$u_{CR} = \overline{R} \sqrt{\left(\frac{u_{C\lambda}}{\lambda}\right)^2 + \left(\frac{u_{Cmn}}{m-n}\right)^2 + \left(\frac{S_{D_m^2 - D_n^2}}{D_m^2 - D_n^2}\right)^2}$$

其中，$\lambda = 589.3$（nm），$u_{C\lambda} = 0.3$（nm），$u_{Cmn} = 0.1$，$D_m^2 - D_n^2$ 只计算 A 类不确定度。

$$R = \overline{R} \pm u_{CR} = 88.4 \pm 0.6 \text{（cm）}$$

（3）用图解法出透镜的曲率半径 R

根据实验数据，以 k 为横坐标，D_k^2 为纵坐标，作出 $D_k^2 - k$ 图。由图求出直线的斜率，根据式（4.3.9）再进一步求出透镜的曲率半径 R。

2. 用劈尖干涉法测量金属丝的微小直径 d

表 4.3.2　用逐差法处理数据

暗纹序数 k	1	2	3	4	5	6	7	8	9	10	11	12
X（cm）	3.406 2	3.387 7	3.364 1	3.343 1	3.319 9	3.298 9	3.274 0	3.254 0	3.231 9	3.210 0	3.188 0	3.166 2
$X_{k+6} - X_k$（cm）	0.132 2		0.133 7		0.133 2		0.133 1		0.131 9		0.132 7	
$\overline{X_{k+6} - X_k}$（cm）	0.132 8											
$X_{k+6} - X_{k/6}$（cm）	0.022 14						d（cm）		0.003 122			

【预习思考题】

测量时用公式 $R = \dfrac{r_{m_2}^2 - r_{m_1}^2}{(m_2 - m_1)\lambda}$，而不直接用公式 $R = \dfrac{r_m^2}{m}$ 的原因？

【复习思考题】

(1) 实验中使用的是单色光,如果用白光源会是什么结果?

(2) 如果牛顿环中心不是一个暗斑,而是一个亮斑,这是什么原因引起的? 对测量有无影响?

(3) 牛顿环实验中,如果平板玻璃上有微小的凸起,将导致牛顿环条纹发生畸变,试问该处的牛顿环将局部内凹还是局部外凸?

(4) 在牛顿环实验中都采用了哪些方法减小与消除测量误差?

实验 4.4　用透射光栅测定光波波长

【实验目的】

(1) 加深对光栅分光原理的理解;

(2) 用透射光栅测定光栅常量、光波波长和光栅角色散;

(3) 熟悉分光计的使用方法。

【实验仪器】

分光计、平面透射光栅、汞灯、单缝(宽度可调)。

【实验原理】

光栅和棱镜一样,是重要的光学元件,已广泛应用在单色仪、摄谱仪等光学仪器中。实际上光栅就是一组数目极多的等宽、等距和平行排列的狭缝,应用于透射光工作的称为透射光栅,应用于反射光工作的称为反射光栅。本实验用的是平面透射光栅。

如图 4.4.1 所示,设 S 为位于透镜 L_1 物方焦面上的细长狭缝光源,G 为光栅;光栅上两相邻狭缝对应之间的距离 d 称为光栅常量。自 L_1 射出的平行光垂直地照射在光栅 G 上。透镜 L_2 将与光栅法线成 θ 角的衍射光会聚于其像方焦面上的 P_0 点,则产生衍射亮条纹的条件为

$$d\sin\theta = k\lambda \tag{4.4.1}$$

式(4.3.1)称为光栅方程。式中 θ 是衍射角,λ 是光波波长,k 是光谱级数($k = 0, \pm 1,$ $\pm 2, \cdots$)。衍射亮条纹实际上是光源加狭缝的衍射像,是一条锐细的亮线。当 $k = 0$ 时,在

$\theta = 0°$ 的方向上,各种波长的亮线重叠在一起,形成明亮的零级像。对于 k 的其他数值,不同波长的亮线出现在不同的方向上形成光谱,此时各波长的亮线称为光谱线。而与 k 的正、负两组值相对应的两组光谱,则对称地分布在零级像的两侧。因此,若光栅常量 d 为已知。当测定出某谱线的衍射角 θ 和光谱级 k,则可由式(4.4.1)求出该谱线的波长 λ;反之,如果波长 λ 是已知的。则可求出光栅常量 d。

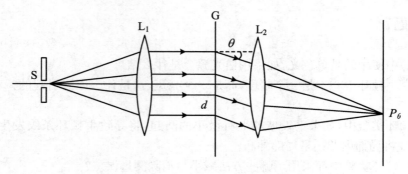

图 4.4.1

由光栅方程(4.4.1)对 λ 微分,可得光栅的角色散

$$D \equiv \frac{\mathrm{d}\theta}{\mathrm{d}\lambda} = \frac{k}{d\cos\theta} \tag{4.4.2}$$

角色散是光栅、棱镜等分光元件的重要参数,它表示单位波长间隔内两单色谱线之间的角间距。由式(4.4.2)可知,光栅常量 d 愈小,角色散愈大。此外,光谱的级次愈高,角色散也愈大,而且光栅衍射时,如果衍射角不大,则 $\cos\theta$ 近于不变,光谱的角色散几乎与波长无关,即光谱随波长的分布比较均匀,这和棱镜的不均匀色散有明显不同。

分辨本领是光栅的又一重要参数,它表征光栅分辨光谱细节的能力。设波长为 λ 和 $\lambda + \mathrm{d}\lambda$ 的不同光波,经光栅衍射形成两条谱线刚刚能够分开,则光栅分辨本领

$$R = \frac{\lambda}{\mathrm{d}\lambda} \tag{4.4.3}$$

根据瑞利判据,当一条谱线强度的极大值和另一条谱线强度的第一极小值重合时,则可认为该两谱线刚能被分辨。由此可以推出

$$R = kN \tag{4.4.4}$$

其中,k 为光谱级数,N 是光栅刻线的总数。(设某光栅 $N = 4\,000$,对一级光谱在波长为 590 nm 附近,它刚能辨认的两谱线的波长差为多少呢?)

【实验内容】

(1) 分光计的调节

根据有关内容,调节分光计,即

① 望远镜适应平行光(对无穷远调焦)。

② 望远镜、准直管主轴均垂直于仪器主轴。

③ 准直管发出平行光。

(2) 光栅位置的调节

① 根据前述原理的要求,光栅面应调节到垂直于入射光。

② 根据衍射角测量的要求,光栅面、衍射面应调节到和观测面度盘平面一致。

当分光计的调节已完成时,方可进行这部分调节。

首先,使望远镜对准准直管,从望远镜中观察被照亮的准直管狭缝的像,使其和叉丝的竖直线重合,固定望远镜。其次,参照图 4.4.2 放置光栅,点亮目镜叉丝照明灯(移开或关闭夹缝照明灯),左右转动载物平台,看到反射的"绿十字",调节 b_2 或 b_3 使"绿十字"和目镜中的调整叉丝重合。这时光栅面已垂直于入射光。

用汞灯照亮准直管的狭缝,转动望远镜观察光谱,如果左右两侧的光谱线相对于目镜中叉丝的水平线高低不等时(图 4.4.3),说明光栅的衍射面和观察面不一致,这时可调节平台上的螺钉 b_1 使它们一致。(这时调平台上的螺钉 b_2 或 b_3 可否? 为何?)

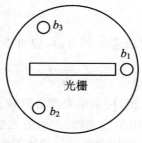

图 4.4.2　参照图

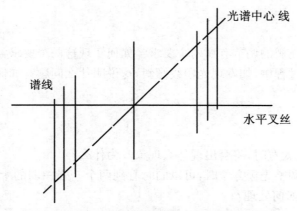

图 4.4.3　衍射面和观察面不一致光谱示意图

(3) 测光栅常量 d

根据式(4.4.1),只要测出第 K 级光谱中的波长 λ,根据已知的谱线的衍射角 θ,就可以求出 d 值。

已知波长可以用汞灯光谱中的绿线($\lambda = 546.07$ nm),光谱级数 K 由自己确定。

转动望远镜到光栅的一侧,使叉丝的竖直线对准已知波长的第 K 级谱线的中心,记录两个游标值。(还记得为何用两个游标吗? 控制望远镜转动的有两个螺旋,还记得如何配合使用吗?)

将望远镜转向光栅的另一侧,同上测量,同一游标的两次读数之差是衍射角 θ 的两倍。

重复测量 5 次,计算 d 值及其标准不确定度。

(4) 测量未知波长

由于光栅常量 d 已测出,因此只要测出未知波长的第 K 级谱线的衍射角 θ,就可以求出其波长值 λ。

可以选取汞灯光谱中的几条强谱线作为波长未知的测量目标(如蓝光),衍射角的测量同上。

(5) 测量光栅的角色散

用汞灯为光源,测量其 1 级和 2 级光谱中两黄线的衍射角,两黄线的波长差为 $\Delta\lambda$,对汞灯光谱为 $2.06\,\text{nm}$,结合测得的衍射角之差 $\Delta\theta(=\theta_2-\theta_1)$,求角色散 $D=\Delta\theta/\Delta\lambda$。

【注意事项】

(1) 按光栅位置调节的两项要求逐一调节后,应再重复检查,因为调节后一项时,可能对前一项的状况有些破坏。

(2) 光栅位置调好之后,在实验中不应移动。

(3) 本实验如使用复制刻划光栅,可选用光栅常量较大的光栅,以便于观察高级次光谱中不同级次光谱的重叠现象;如使用全息光栅,因衍射光能大部分集中于一级光谱,高级次光谱难于观察,从测量效果考虑,应选用光栅常量较小的光栅。

【预习思考题】

(1) 本实验中对光栅的调节有哪两个要求? 如何实现这两个要求?

(2) 在调光栅的过程中,如发现光栅线倾斜,这说明什么问题? 如何调整?

【复习思考题】

(1) 当狭缝太窄、太宽时,将会出现什么现象? 为什么?

(2) 在用自准法调整光栅方位时,可以同时看到两个一强一弱的十字反射像,它们是如何生成的? 调整时应如何处理?

实验 4.5   用双棱镜干涉测光波波长

【实验目的】

(1) 熟练掌握光路的等高共轴技术;

(2) 观察双棱镜干涉现象,体会如何保证实验条件;

(3) 用双棱镜测半导体激光器光波波长。

【实验仪器】

半导体激光器、光具座、可调单缝、菲涅耳双棱镜、测微目镜、凸透镜。

【实验原理】

1. 菲涅尔双棱镜干涉

频率相同的光波沿着几乎相同的方向传播,并且它们的相位差不随时间而变化,这两列波在空中相交的区域,光强不均,某些地方加强,另一些地方减弱,这种现象称为光的干涉。

要获得稳定的干涉条纹,必须有满足相干条件的两个相干光源。利用菲涅尔双棱镜产生相干光束是获得相干光源的一种方法。

从光源发出的光,经双棱镜折射后分两束。这两束光好像分别从两个光源 S_1,S_2 发出的一样,满足相干条件,在两束光相遇的空间形成稳定的干涉场。若光路中垂直放一光屏,则在屏上即可形成明暗相间的干涉条纹,如图 4.5.1 所示。

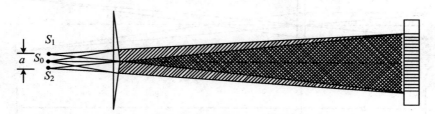

图 4.5.1　菲涅尔双棱镜干涉

由图 4.5.2 可知,由 S_1,S_2 发出的光线到达 P 点的光程差

$$\Delta L = r_2 - r_1$$

$$\left.\begin{array}{l} r_1^2 = D^2 + \left(x - \dfrac{a}{2}\right)^2 \\[2mm] r_2^2 = D^2 + \left(x + \dfrac{a}{2}\right)^2 \end{array}\right\} \Rightarrow r_2^2 - r_1^2 = 2ax$$

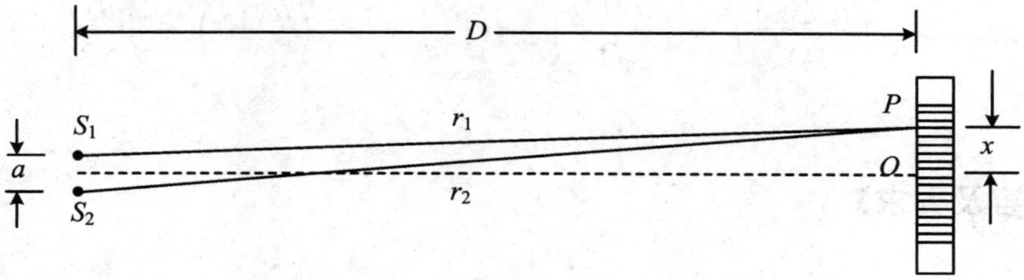

图 4.5.2　菲涅尔双棱镜干涉光程差计算图

又因为 $a,x \ll D$,即 $r_1 \approx r_2 \approx D$,则

$$\Delta L = r_2 - r_1 = \frac{2ax}{r_2 + r_1} \approx \frac{ax}{D}$$

若 λ 为光源发出的单色光波长,干涉极大和极小的光程差分别为

$$\Delta L = \frac{ax}{D} = \begin{cases} k\lambda & \text{明条纹} \\ \left(k + \dfrac{1}{2}\right)\lambda & \text{暗条纹} \end{cases}, \quad k = 0, \pm 1, \pm 2, \cdots$$

两相邻干涉明或暗条纹所满足的关系为

$$\lambda = \frac{a}{D}\Delta x \tag{4.5.1}$$

其中,Δx 为两相邻条纹之间的间距,D 为虚光源到观察屏间的距离,a 为两虚光源之间的距离。

2. 用凸透镜成像法测 a 的值

由图 4.5.3 可见

$$\frac{a}{u} = \frac{a'}{v} \Rightarrow a = \frac{u}{v}a' \tag{4.5.2}$$

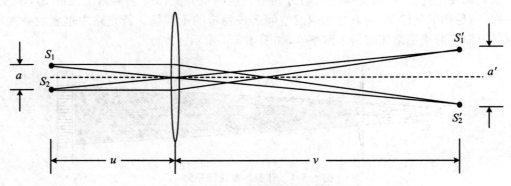

图 4.5.3　凸透镜成像光路图

实验时,使干涉条纹落在测微目镜分划板上,测条纹间距 Δx 和对应的 D,用凸透镜成像法测 a。将式(4.5.2)代入式(4.5.1),即可求出 λ 的值。

$$\lambda = \frac{a}{D}\Delta x = \frac{\Delta x}{D}\frac{u}{v}a'$$

其波长的不确定度为

$$u(\lambda) = \bar{\lambda}\sqrt{\left(\frac{u(\Delta x)}{\overline{\Delta x}}\right)^2 + \left(\frac{u(D)}{\overline{D}}\right)^2 + \left(\frac{u(u)}{\overline{u}}\right)^2 + \left(\frac{u(v)}{\overline{v}}\right)^2 + \left(\frac{u(a')}{\overline{a'}}\right)^2}$$

$$\tag{4.5.3}$$

【实验内容及要求】

(1) 调节光学元件等高共轴。调节光源狭缝、双棱镜、测微目镜等高共轴,并使狭缝方向与双棱镜的棱脊沿竖直方向,且相互平行。

(2) 调节出清晰的干涉条纹。开启光源,调节光源的放置位置,并调节光路,使从光源发出的光经过狭缝对称地照到双棱镜棱脊的两侧。将缝调至适当宽度,微调狭缝的倾角,以从目镜中看到清晰的条纹为准。

(3) 测 Δx 和 D。调节缝屏之间的间距适中,固定狭缝、双棱镜、测微目镜位置不变。移动测微目镜的读数鼓轮,测量条纹间距 Δx,用直尺测量缝、屏之间的距离 D。

(4) 测 a。用凸透镜成像法测虚光源间距 a。

(5) 计算 λ 的最佳估计值和其不确定度,并分析误差,提交完整实验报告。

【实验数据记录】

(1) 测量干涉条纹间距 $\Delta_{测微目镜}=$ _____ mm。

序号 i	1	2	3	4	5	6
x_i(mm)						

用直尺测出缝、屏之间的距离 $D=$ _____ mm,$\Delta_{直尺}=$ _____ mm。

(2) 确定 a 的数值。

$a'=$ _____ mm,$u=$ _____ mm,$v=$ _____ mm。

【实验数据处理】

(1) 用逐差法确定 $\overline{\Delta x}$,以及 $u(\Delta x)$。

(2) 计算光波波长 λ。

【实验注意事项】

(1) 调节光路时,狭缝的方向应严格与双棱镜棱脊平行,通过缝的光应对称地照射到棱脊的两侧。

(2) 在实验内容(3)与(4)中,光源、狭缝及双棱镜的位置应保持不变。

(3) 读条纹间距及虚光源间距时,测微目镜的一条十字叉丝应与条纹或虚光源像平行。

【问题讨论】

(1) 为什么狭缝宽度较大时干涉条纹消失?

(2) 为什么狭缝方向必须与双棱镜棱脊平行才可以看到干涉条纹?

参 考 文 献

[1]　杨述武,赵立竹,沈国土,等.普通物理实验:光学部分[M].4 版.北京:高等教育出版社,2007.

[2]　陶淑芬,李锐,晏翠琼,等.普通物理实验[M].北京:北京师范大学出版集团,2010.

[3]　钟鼎,吕江,耿耀辉,等.大学物理实验[M].天津:天津大学出版社,2011.

［4］　丁慎训,张连芳.物理实验教程［M］.北京:清华大学出版社,2002.

［5］　刘静,刘国良,赵涛,等.大学物理实验［M］.沈阳:东北大学出版社,2009.

［6］　沈元华,陆申龙.基础物理实验［M］.北京:高等教育出版社,2003.

［7］　朱世坤,辛旭平,聂宜珍,等.设计创新型物理实验导论［M］.北京:科学出版社,2010.

［8］　孙晶华,梁艺军,崔全辉,等.大学物理实验［M］.哈尔滨:哈尔滨工程大学出版社,2008.

［9］　谢行恕,康士秀,霍剑青,等.大学物理实验［M］.北京:高等教育出版社,2005.

［10］　黄志敬.普通物理实验［M］.西安:陕西师范大学出版社,1991.

［11］　吕斯骅,段家低.新编基础物理实验［M］.北京:高等教育出版社,2006.

综合物理实验

第 5 章　力学与热学

实验 5.1　重力加速度测量方法的比较研究

【引言】

重力加速度是一个重要的地球物理参数,也是重要的物理学常数之一。准确地测量出它的数值,无论在理论上,还是在科研和工程技术方面,都有及其重要的意义。地球上各个地区重力加速度的数值随该地区的地理纬度和相对海平面的高度不同而稍有不同,国际计量组织把地球子午线上北纬45°海平面上的重力加速度规定为 9.806 65 m/s²,称为标准重力加速度。一般来说,赤道附近的重力加速度的数值最小,越靠近南、北两极其数值越大,但其最大值和最小值相差仅约 1/300。

【实验目的】

(1) 根据实验室提供的仪器设备设计实验方案,来测定本地区的重力速度 g;
(2) 比较几种测量重力加速度 g 的测量方法的优缺点。

【实验仪器】

单摆、自由落体装置、电子天平、米尺、游标卡尺、螺旋测微器、秒表、气垫导轨、气源和光电计时系统、小球等。

【实验原理】

在重力场中发生的物理现象,只要重力影响足够大,而且其他物理量又是可测量的,那么这一物理现象就可以用来测量重力加速度。实验室中测量重力加速度的方法一般有单摆、倾斜气垫导轨、自由落体等。在测量重力加速度时,均采用间接测量的方法,即实际的测量是通过测量长度、时间、质量,并借助一定的函数关系来完成的。

1. 利用单摆法测量重力加速度

如图 5.1.1 所示,用一没有弹性或弹性很小的轻线,悬挂一体积很小,密度 ρ 相对较大的小球,悬挂点 O 固定,在一扇面内做辐角为 θ 的摆动,就是一单摆。

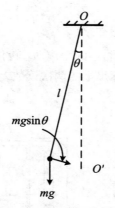

图 5.1.1　单摆示意图

小球质心到摆的支点 O 的距离为 l（即摆长为 l）的单摆，其摆动周期 T 与摆角 θ 的关系为

$$T = 2\pi\sqrt{\frac{l}{g}}\left(1 + \frac{1}{4}\sin^2\frac{\theta}{2} + \cdots\right) \tag{5.1.1}$$

式(5.1.1)中，当 θ 很小时取零级近似，则有

$$T = 2\pi\sqrt{\frac{l}{g}} \tag{5.1.2}$$

实验时，测量一个周期的误差较大，一般是测量单摆连续摆动 n 个周期的时间 t，则 $T = t/n$，因此有

$$g = 4\pi^2\frac{n^2 l}{t^2} \tag{5.1.3}$$

要注意式(5.1.3)的条件，合理选定 l, d, m, θ，摆动次数 n 和计时位置（d 为小球的直径，m 为小球质量），使单摆测量的重力加速度 g 的百分误差 $E_{g\text{当地}}$ 尽量小些。

$$g_{\text{蒙自}} = 9.784\,43\,(\text{m/s}^2)$$

2. 利用空气中落体法测量重力加速度

图 5.1.2 所示是空气中自由落体测量重力加速度的实验仪器。

如图 5.1.3 所示，若小球沿垂直方向从 O 点开始自由下落，设它到达 A 点的速度为 v_1，从 A 点起，经过时间 t_1 后，小球到达 B 点，令 A, B 两点间的距离为 h_1，则

$$h_1 = v_1 t_1 + \frac{1}{2}g t_1^2 \tag{5.1.4}$$

若保持上述条件不变，从 A 点起，经过时间 t_2 后，小球到达 C 点，令 A, C 间距离为 h_2，则

$$h_2 = v_1 t_2 + \frac{1}{2}g t_2^2 \tag{5.1.5}$$

式(5.1.5)$\times t_1$ 减式(5.1.4)$\times t_2$，得

$$h_2 t_1 - h_1 t_2 = \frac{1}{2}g(t_2^2 t_1 - t_1^2 t_2) \tag{5.1.6}$$

$$g = \frac{2\left(\dfrac{h_2}{t_2} - \dfrac{h_1}{t_1}\right)}{t_2 - t_1} \qquad (5.1.7)$$

利用上述方法测量,将难于精确测定的距离 h_1 转化为测量其差值,该值等于第二个光电门在移动前后与第一个光电门在标尺上的两次读数差值求得。而且也解决了剩磁所引起的时间测量困难的问题。

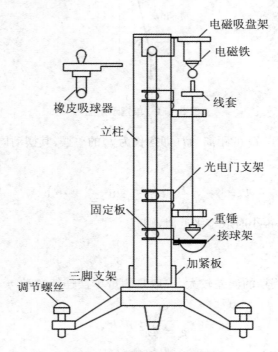

图 5.1.2　重力加速度测试仪

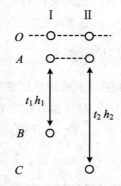

图 5.1.3　小球自由下落示意图

3. 利用倾斜气垫导轨测量重力加速度

如图 5.1.4 所示,在气垫导轨斜面运动的物体(滑块),其运动加速度 $a = g\sin\theta$,θ 为导轨的倾角。

加速度 a 的测量:

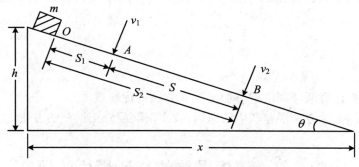

图 5.1.4　倾斜气垫导轨示意图

如图 5.1.4 所示,滑块 m 由静止出发沿斜面做下滑运动,在摩擦阻力 $f = b\bar{v}$ 的情况下,滑块做匀加速直线运动。于是有

$$v_1^2 = 2aS_1 ; \quad v_2^2 = 2aS_2$$

式中,a 为物体的加速度;v_1 和 v_2 分别为物体在 A 点和 B 点的速度;S_1 和 S_2 分别为 O, A 间和 O, B 间的距离。两式相减,得 $v_2^2 - v_1^2 = 2aS$,即

$$a = \frac{v_2^2 - v_1^2}{2S} \tag{5.1.8}$$

由上式可见,只要测量出物体在 A 点和 B 点的速度 v_1 和 v_2 及 A, B 间的距离 S,就可以算出物体的加速度 a。

另外,加速度 a 的测量也可以利用储存式毫秒计测出。

滑块通过光电门的速度 d/t(d 为挡光板的挡光宽度,t 为挡光板通过光电门的时间)。

而重力加速度为

$$g = \frac{a + \dfrac{b\bar{v}}{m}}{\sin\theta} \tag{5.1.9}$$

式(5.1.9)中,$b = \dfrac{m}{S} \cdot \dfrac{|v_A - v_B| + |v_B' - v_A'|}{2}$;$\bar{v} = \dfrac{S}{t_{AB}}$ 或 $\bar{v} = \dfrac{v_A + v_B}{2}$;$\sin\theta = \dfrac{h}{L}$;$a = \dfrac{v_B^2 - v_A^2}{2S} = \dfrac{1}{2S}\left[\left(\dfrac{d}{t_B}\right)^2 - \left(\dfrac{d}{t_A}\right)^2\right]$ 或 $a = \dfrac{d}{t_{AB} - \dfrac{t_A}{2} + \dfrac{t_B}{2}}\left(\dfrac{1}{t_B} - \dfrac{1}{t_A}\right)$。

要注意式(5.1.9)的条件,合理选定 S, d, h, m, θ,滑块 m 自由下滑的起点和计时位置 A, B,使测量的重力加速度 g 的百分误差 $E_{g当地}$ 尽量小些。

【实验要求】

(1) 至少选择两种测量重力加速度的实验方法进行比较。

(2) 每种测量方法都应选择恰当的实验参数,使测量的重力加速度 g 的百分误差 $E_{g当地}$ 尽量小些。

(3) 根据实验的目的确定实施实验的理论依据(要用文字叙述实验的原理、推导出实验的测量公式、设计好实验计划和实验操作的步骤)。

(4) 设计数据记录表格,并根据你所设计实验的特点选择合适的数据处理方法。

（5）对不同的测量方法进行全面比较,说出各种测量重力加速度 g 的测量方法的优缺点。

【问题讨论】

（1）比较分析任意两种测量重力加速度 g 方法的优缺点。
（2）分析所用实验方法误差产生的原因,找出消除或修正误差的方法。

实验 5.2　随机误差的统计规律的研究

【实验目的】

从系统误差最小时单摆的周期测量值的变化,认识随机误差的统计规律。

【实验仪器】

单摆、电子天平、米尺、小球、螺旋测微器、秒表或数字毫秒计及光电计时系统等。

【实验要求】

此实验要考察随机误差的规律性,要求测量值中应有显著的随机误差,用秒表测量单摆的单个周期时随机误差较大,正好适合此实验的需要。

此实验是研究随机误差的规律性,要求测量值的系统误差尽量小,因此在测量时,对每次测量都要认真,不要人为地有意选择测量数据,也不要在发现有些测量数据测得小(或者大)的时候,有意地把数据测大(或者测小),测量时尽量保持振幅稳定,且符合单摆的理论要求。

（1）设计一个单摆使其测出 g 值的系统误差尽量小,且 $\dfrac{u(g)}{g} = E_g \leqslant 0.2\% = 0.002$;通过测量 200 次单摆的单个周期值 T,从周期测量值的变化,认识随机误差的统计规律。

根据实验 5.1 中利用单摆法测量重力加速度的方法,测量 200 次单摆的周期值,从周期测量值的变化,认识随机误差的统计规律:

① 周期测量的平均值 $\bar{T}$ 和测量列的实验标准偏差 s,将随测量次数 n 的增加而趋于稳定值。

② 测量值的分布和高斯分布接近。

③ 在 $(\bar{T}-s)\sim(\bar{T}+s)$ 区域中测量值的数目约为总数的 2/3。

（2）数据的统计与分析。

① 求平均值 $\bar{T} = \dfrac{\sum\limits_{i=1}^{n} T_i}{n}$ 及实验标准偏差 $s(T) = \sqrt{\dfrac{\sum\limits_{i=1}^{n}(T_i - \bar{T})^2}{n-1}}$。

② 剔除坏数据,使用格拉布斯判据判断,可保留的数据范围为

$$[\overline{T} - G_n \cdot s(T)] \leqslant T \leqslant [\overline{T} + G_n \cdot s(T)] \tag{5.2.1}$$

其中,G_n 为格拉布斯判据系数,当 $\alpha = 0.05$, $n > 30$ 时,$G_n \approx \dfrac{\ln(n-3)}{2.30} + 1.36 - \dfrac{n}{550}$;当 $\alpha = 0.05$, $4 < n \leqslant 30$ 时,$G_n \approx \dfrac{\ln(n-2.65)}{2.31} + 1.305$。($\alpha$ 为显著性水平[1])

③ 求剔除坏数据后的平均值及实验标准偏差。要求按测量顺序每增加 10 个数据求出一次结果(即每增加 10 个数据,求出一次平均值及实验标准偏差),最后用折线图表示平均值、实验标准偏差的变化情形(横坐标为测量次数 n)。

④ 分区统计并和正态分布作比较。

a. 找出数据的最大值 $T_{\max}$ 和最小值 $T_{\min}$。

b. 将最大值 $T_{\max}$ 减去最小值 $T_{\min}$ 的差值等分为 m 个区间,区间宽度为 $E = (T_{\max} - T_{\min})/m$,其中 m 为分期数。最佳分区数 m,$0.55n^{0.4} \leqslant m \leqslant 1.25n^{0.4}$。(如:$n = 100$, $m = 7$;$n = 150$, $m = 9$;$n = 200$, $m = 10$。)

c. 统计每个区间的数据个数 n_i($i = 1, 2, 3, \cdots, m$)。

d. 作统计直方图和正态分布的概率密度曲线比较。

以测量值为横坐标,以频率 n_i/n 和区间宽度 E 的比值 $n_i/(nE)$ 为纵坐标,作统计直方图。

e. 统计在(平均值减实验标准偏差)～(平均值加实验标准偏差)量值范围内,即在 $(\overline{T} - s)$～$(\overline{T} + s)$ 区域中测量值的个数 n_s,求 n_s/n 的值。

上述统计与绘图要用计算机处理。(也可以用计算器和直角坐标纸)

(3) 若式(5.1.2)的条件得不到满足时,将出现系统误差,从测量数据分析系统误差。

(4) 通过对你测量的实验数据的统计分析,得出一定的结论。

【问题讨论】

(1) 分析所用实验方法系统误差产生的原因,找出消除或修正系统误差的方法。

(2) 此实验研究的是具有随机性误差的测量值的统计规律,为什么要使测出的周期值没有明显的系统误差?

(3) 此实验研究的是具有随机性误差的测量值的统计规律,能否举出一个物理量本身具有随机性的例子?

(4) 什么是统计直方图? 什么是正态分布曲线? 两者有何关系与区别?

(5) 如果所测得的一组数据,其离散程度比表中数据大,也就是即 $S(T)$ 比较大,则所得到的周期平均值是否也会差异很大?

【问题讨论提示】

(1) 从单摆的测量公式 $g = 4\pi^2 l/T^2$ 本身是看不出该实验中的系统误差,这是因为实验方法与理论误差在测量公式中并没有反映。对于系统误差往往需要从理论和测量实际进行逐个分析,才能发现系统误差之所在,并以适当的方法进行修正。

对于单摆测重力加速度实验,应该从以下几方面进行分析:

① 复摆的修正

在实际实验中,任何单摆都不可能是理想的,比如摆球并非质点,它除了绕悬点的转动惯量 ml^2 外,还应该考虑它在摆动过程中绕其自身转轴的转动惯量 $\frac{2}{5}m\left(\frac{d}{2}\right)^2 = \frac{1}{10}md^2$;单摆的摆线也有一定的质量 m_0,摆动时还应该考虑摆线因其重力产生的转矩 $m_0g \cdot \left(\dfrac{l-\dfrac{d}{2}}{2}\right)\sin\theta = \frac{1}{2}m_0gl\left(1-\frac{d}{2l}\right)\sin\theta$,及其绕悬点的转动惯量 $\frac{1}{3}m_0\left(l-\frac{d}{2}\right)^2 = \frac{1}{3}m_0l^2\left(1-\frac{d}{2l}\right)^2$。所以,在精密测量中应该把单摆视为复摆。如果不考虑空气阻力和浮力的影响,则由转动定理可得

$$-mgl\sin\theta - \frac{1}{2}m_0gl\left(1-\frac{d}{2l}\right)\sin\theta = \left[ml^2 + \frac{1}{10}md^2 + \frac{1}{3}m_0l\left(1-\frac{d}{2l}\right)^2\right]\ddot{\theta} \quad (5.2.2)$$

$$\ddot{\theta} + \frac{mgl + \frac{1}{2}m_0gl\left(1-\frac{d}{2l}\right)}{ml^2 + \frac{1}{10}md^2 + \frac{1}{3}m_0l\left(1-\frac{d}{2l}\right)^2}\sin\theta = 0 \quad (5.2.3)$$

当摆角 θ 很小时,$\theta \approx 0$,$\sin\theta \approx \theta$,于是式(5.2.3)变为

$$\ddot{\theta} + \left[\frac{mgl + \frac{1}{2}m_0gl\left(1-\frac{d}{2l}\right)}{ml^2 + \frac{1}{10}md^2 + \frac{1}{3}m_0l\left(1-\frac{d}{2l}\right)^2}\right]\theta = 0 \quad (5.2.4)$$

此时其周期为

$$T = 2\pi\sqrt{\frac{ml^2 + \frac{1}{10}md^2 + \frac{1}{3}m_0l\left(1-\frac{d}{2l}\right)^2}{mgl + \frac{1}{2}m_0gl\left(1-\frac{d}{2l}\right)}}$$

$$= 2\pi\sqrt{\frac{l}{g}}\left[\frac{1 + \frac{1}{10}\left(\frac{d}{l}\right)^2 + \frac{1}{3}\left(\frac{m_0}{m}\right)\left(1-\frac{d}{2l}\right)^2}{1 + \frac{1}{2}\left(\frac{m_0}{m}\right)\left(1-\frac{d}{2l}\right)}\right]^{\frac{1}{2}} \quad (5.2.5)$$

因为 $l \gg d$,$m \gg m_0$,$\rho \gg \rho_0$,利用二项式展开并略去高次项得

$$T = 2\pi\sqrt{\frac{l}{g}}\left[1 + \frac{1}{10}\left(\frac{d}{l}\right)^2 - \frac{1}{6}\left(\frac{m_0}{m}\right)\left(1+\frac{d}{2l}\right) + \frac{1}{12}\left(\frac{m_0}{m}\right)^2\right]^{\frac{1}{2}} \quad (5.2.6)$$

此时重力加速度的理论修正公式为

$$g = 4\pi^2\frac{l}{T^2}\left[1 + \frac{1}{10}\left(\frac{d}{l}\right)^2 - \frac{1}{6}\left(\frac{m_0}{m}\right)\left(1+\frac{d}{2l}\right) + \frac{1}{12}\left(\frac{m_0}{m}\right)^2\right] \quad (5.2.7)$$

② 空气浮力的修正

当需要考虑空气浮力时,式(5.2.2)中的等号左边还应该考虑因空气浮力产生的转矩 $mgl\dfrac{\rho_0}{\rho}\sin\theta$,其中,$\rho_0$ 和 ρ 分别表示空气和小球的密度,即

$$- mgl\sin\theta - \frac{1}{2}m_0 gl\left(1 - \frac{d}{2l}\right)\sin\theta - mgl\frac{\rho_0}{\rho}\sin\theta = \left[ml^2 + \frac{1}{10}md^2 + \frac{1}{3}m_0 l\left(1 - \frac{d}{2l}\right)^2\right]\ddot{\theta}$$

$$(5.2.8)$$

$$\ddot{\theta} + \frac{mgl + \frac{1}{2}m_0 gl\left(1 - \frac{d}{2l}\right) + mgl\frac{\rho_0}{\rho}}{ml^2 + \frac{1}{10}md^2 + \frac{1}{3}m_0 l\left(1 - \frac{d}{2l}\right)^2}\sin\theta = 0 \qquad (5.2.9)$$

当摆角 θ 很小时，$\theta \approx 0$，$\sin\theta \approx \theta$，于是式(5.2.4)变为

$$\ddot{\theta} + \left[\frac{mgl + \frac{1}{2}m_0 gl\left(1 - \frac{d}{2l}\right) + mgl\frac{\rho_0}{\rho}}{ml^2 + \frac{1}{10}md^2 + \frac{1}{3}m_0 l\left(1 - \frac{d}{2l}\right)^2}\right]\theta = 0 \qquad (5.2.10)$$

此时其周期为

$$T = 2\pi\sqrt{\frac{ml^2 + \frac{1}{10}md^2 + \frac{1}{3}m_0 l\left(1 - \frac{d}{2l}\right)^2}{mgl + \frac{1}{2}m_0 gl\left(1 - \frac{d}{2l}\right) + mgl\frac{\rho_0}{\rho}}}$$

$$= 2\pi\sqrt{\frac{l}{g}}\left[\frac{1 + \frac{1}{10}\left(\frac{d}{l}\right)^2 + \frac{1}{3}\left(\frac{m_0}{m}\right)\left(1 - \frac{d}{2l}\right)^2}{1 + \frac{1}{2}\left(\frac{m_0}{m}\right)\left(1 - \frac{d}{2l}\right) + \frac{\rho_0}{\rho}}\right]^{\frac{1}{2}} \qquad (5.2.11)$$

因为 $l \gg d$，$m \gg m_0$，$\rho \gg \rho_0$，利用二项式展开并略去高次项得

$$T = 2\pi\sqrt{\frac{l}{g}}\left[1 + \frac{1}{10}\left(\frac{d}{l}\right)^2 - \frac{1}{6}\left(\frac{m_0}{m}\right)\left(1 + \frac{d}{2l}\right) + \frac{1}{12}\left(\frac{m_0}{m}\right)^2 - \frac{2}{3}\left(\frac{m_0}{m}\right)\left(\frac{\rho_0}{\rho}\right) + \frac{\rho_0}{\rho} + \left(\frac{\rho_0}{\rho}\right)^2\right]^{\frac{1}{2}}$$

$$(5.2.12)$$

此时重力加速度的理论修正公式为

$$g = 4\pi^2\frac{l}{T^2}\left[1 + \frac{1}{10}\left(\frac{d}{l}\right)^2 - \frac{1}{6}\left(\frac{m_0}{m}\right)\left(1 + \frac{d}{2l}\right) + \frac{1}{12}\left(\frac{m_0}{m}\right)^2 - \frac{2}{3}\left(\frac{m_0}{m}\right)\left(\frac{\rho_0}{\rho}\right) + \frac{\rho_0}{\rho} + \left(\frac{\rho_0}{\rho}\right)^2\right]$$

$$(5.2.13)$$

③ 摆角的修正

在上述(5.2.9)式中，单摆以摆角 θ 振动时，根据理论，其振动周期为

$$T = 2\pi\sqrt{\frac{l}{g}}\left[1 + \frac{1}{10}\left(\frac{d}{l}\right)^2 - \frac{1}{6}\left(\frac{m_0}{m}\right)\left(1 + \frac{d}{2l}\right) + \frac{1}{12}\left(\frac{m_0}{m}\right)^2 - \frac{2}{3}\left(\frac{m_0}{m}\right)\left(\frac{\rho_0}{\rho}\right) + \frac{\rho_0}{\rho} + \left(\frac{\rho_0}{\rho}\right)^2\right]^{\frac{1}{2}}$$

$$\cdot \left[1 + \left(\frac{1}{2}\right)^2\left(\sin\frac{\theta}{2}\right)^2 + \left(\frac{1 \times 3}{2 \times 4}\right)^2\left(\sin\frac{\theta}{2}\right)^4 + \left(\frac{1 \times 3 \times 5}{2 \times 4 \times 6}\right)^2\left(\sin\frac{\theta}{2}\right)^6 + \cdots\right] \qquad (5.2.14)$$

略去高次项，作二级近似得

$$T = 2\pi\sqrt{\frac{l}{g}}\left[1 + \frac{1}{10}\left(\frac{d}{l}\right)^2 - \frac{1}{6}\left(\frac{m_0}{m}\right)\left(1 + \frac{d}{2l}\right) + \frac{1}{12}\left(\frac{m_0}{m}\right)^2 - \frac{2}{3}\left(\frac{m_0}{m}\right)\left(\frac{\rho_0}{\rho}\right) + \frac{\rho_0}{\rho} + \left(\frac{\rho_0}{\rho}\right)^2\right.$$

$$\left. + \frac{1}{2}\left(\sin\frac{\theta}{2}\right)^2 + \frac{1}{20}\left(\frac{d}{l}\right)^2\left(\sin\frac{\theta}{2}\right)^2 + \frac{1}{12}\left(\frac{m_0}{m}\right)\left(\sin\frac{\theta}{2}\right)^2 + \frac{1}{2}\left(\frac{\rho_0}{\rho}\right)\left(\sin\frac{\theta}{2}\right)^2\right]^{\frac{1}{2}}$$

$$= 2\pi\sqrt{\frac{l}{g}}\left[1 + \frac{1}{10}\left(\frac{d}{l}\right)^2 - \frac{1}{6}\left(\frac{m_0}{m}\right)\left(1 + \frac{d}{2l} + 4\cdot\frac{\rho_0}{\rho}\right) + \frac{1}{12}\left(\frac{m_0}{m}\right)^2\right.$$

$$+ \frac{\rho_0}{\rho} + \left(\frac{\rho_0}{\rho}\right)^2 + \frac{1}{2}\left(\sin\frac{\theta}{2}\right)^2\left(1 + \frac{1}{10}\left(\frac{d}{l}\right)^2 - \frac{1}{6}\cdot\frac{m_0}{m} + \frac{\rho_0}{\rho}\right)\Big]^{\frac{1}{2}} \tag{5.2.15}$$

此时重力加速度的理论修正公式为

$$g = 4\pi^2\frac{l}{T^2}\Big[1 + \frac{1}{10}\left(\frac{d}{l}\right)^2 - \frac{1}{6}\left(\frac{m_0}{m}\right)\left(1 + \frac{d}{2l}\right) + \frac{1}{12}\left(\frac{m_0}{m}\right)^2 - \frac{2}{3}\left(\frac{m_0}{m}\right)\left(\frac{\rho_0}{\rho}\right) + \frac{\rho_0}{\rho} + \left(\frac{\rho_0}{\rho}\right)^2$$

$$+ \frac{1}{2}\left(\sin\frac{\theta}{2}\right)^2 + \frac{1}{20}\left(\frac{d}{l}\right)^2\left(\sin\frac{\theta}{2}\right)^2 + \frac{1}{12}\left(\frac{m_0}{m}\right)\left(\sin\frac{\theta}{2}\right)^2 + \frac{1}{2}\left(\frac{\rho_0}{\rho}\right)\left(\sin\frac{\theta}{2}\right)^2\Big]$$

$$= 4\pi^2\frac{l}{T^2}\Big[1 + \frac{1}{10}\left(\frac{d}{l}\right)^2 - \frac{1}{6}\left(\frac{m_0}{m}\right)\left(1 + \frac{d}{2l} + 4\cdot\frac{\rho_0}{\rho}\right) + \frac{1}{12}\left(\frac{m_0}{m}\right)^2$$

$$+ \frac{\rho_0}{\rho} + \left(\frac{\rho_0}{\rho}\right)^2 + \frac{1}{2}\left(\sin\frac{\theta}{2}\right)^2\left(1 + \frac{1}{10}\left(\frac{d}{l}\right)^2 - \frac{1}{6}\cdot\frac{m_0}{m} + \frac{\rho_0}{\rho}\right)\Big] \tag{5.2.16}$$

④ 空气阻力的修正

实际上,由于单摆摆动时还受到空气阻力的作用,使其振幅逐渐减小,最终停止下来。即单摆不是做简谐振动,而是做阻尼振动。在摆球运动速度不太大时,空气阻力与运动速度成正比,方向总是和速度方向相反,此时摆球的运动方程为

$$\theta = \theta_0 e^{-\beta t}\cos(\omega t + \varphi_0) \tag{5.2.17}$$

式中,θ_0 和 φ_0 为最大振幅和初位相,由初始条件决定;β 为阻尼因素,ω 为阻尼振动时的圆频率。阻尼振动的周期为

$$T = \frac{2\pi}{\omega} = \frac{2\pi}{\sqrt{\omega_0^2 - \beta^2}} \tag{5.2.18}$$

式中,ω_0 为无阻尼时摆球振动的固有圆频率。

令

$$B = \Big[1 + \frac{1}{10}\left(\frac{d}{l}\right)^2 - \frac{1}{6}\left(\frac{m_0}{m}\right)\left(1 + \frac{d}{2l} + 4\cdot\frac{\rho_0}{\rho}\right) + \frac{1}{12}\left(\frac{m_0}{m}\right)^2$$

$$+ \frac{\rho_0}{\rho} + \left(\frac{\rho_0}{\rho}\right)^2 + \frac{1}{2}\left(\sin\frac{\theta}{2}\right)^2\left(1 + \frac{1}{10}\left(\frac{d}{l}\right)^2 - \frac{1}{6}\cdot\frac{m_0}{m} + \frac{\rho_0}{\rho}\right)\Big] \tag{5.2.19}$$

则由式(5.2.16)得

$$\omega_0^2 = \frac{g}{lB} \tag{5.2.20}$$

将式(5.2.20)代入式(5.2.18)得

$$T = 2\pi\sqrt{\frac{lB}{g - lB\beta^2}} \tag{5.2.21}$$

所以,可得

$$g = 4\pi^2\frac{l}{T^2}\left(1 + \frac{T^2\beta^2}{4\pi^2}\right)B \tag{5.2.22}$$

$$= 4\pi^2\frac{l}{T^2}\Big[1 + \frac{1}{10}\left(\frac{d}{l}\right)^2 - \frac{1}{6}\left(\frac{m_0}{m}\right)\left(1 + \frac{d}{2l} + 4\cdot\frac{\rho_0}{\rho}\right) + \frac{1}{12}\left(\frac{m_0}{m}\right)^2$$

$$+ \frac{\rho_0}{\rho} + \left(\frac{\rho_0}{\rho}\right)^2 + \frac{1}{2}\left(\sin\frac{\theta}{2}\right)^2\left(1 + \frac{1}{10}\left(\frac{d}{l}\right)^2 - \frac{1}{6}\cdot\frac{m_0}{m} + \frac{\rho_0}{\rho}\right)\Big]\cdot\left(1 + \frac{T^2\beta^2}{4\pi^2}\right)$$

$$\approx 4\pi^2\frac{l}{T^2}\Big[1 + \frac{1}{10}\left(\frac{d}{l}\right)^2 - \frac{1}{6}\left(\frac{m_0}{m}\right)\left(1 + \frac{d}{2l} + 4\cdot\frac{\rho_0}{\rho}\right) + \frac{1}{12}\left(\frac{m_0}{m}\right)^2$$

$$+ \frac{\rho_0}{\rho} + \left(\frac{\rho_0}{\rho}\right)^2 + \frac{1}{2}\left(\sin\frac{\theta}{2}\right)^2\left(1 + \frac{1}{10}\left(\frac{d}{l}\right)^2 - \frac{1}{6}\cdot\frac{m_0}{m} + \frac{\rho_0}{\rho}\right) + \frac{T^2\beta^2}{4\pi^2}\Big]$$

$$\approx 4\pi^2 \frac{l}{T^2}\left[1+\frac{1}{10}\left(\frac{d}{l}\right)^2-\frac{1}{6}\left(\frac{m_0}{m}\right)\left(1+\frac{d}{2l}+4\cdot\frac{\rho_0}{\rho}-\frac{m_0}{2m}\right)+\frac{\rho_0}{\rho}+\frac{1}{2}\left(\sin\frac{\theta}{2}\right)^2+\frac{T^2\beta^2}{4\pi^2}\right]$$

$$(5.2.23)$$

由单摆的振动方程 $\theta=\theta_0 e^{-\beta t}\cos(\omega t+\varphi_0)$ 可知,摆球运动的振幅随时间衰减,阻尼系数 β 越大,说明阻尼越大,振幅随时间衰减越快;反之,阻尼系数 β 越小,说明阻尼越小,振幅随时间衰减越慢。设单摆在 t 时刻和 $t+nT$ 时刻的振幅分别为

$$\theta_t=\theta_0 e^{-\beta t}$$
$$\theta_{(t+mT)}=\theta_0 e^{-\beta(t+nT)}$$
$$\frac{\theta_t}{\theta_{t+nT}}=\frac{\theta_0 e^{-\beta t}}{\theta_0 e^{-\beta(t+nT)}}=e^{nT\beta}$$
$$\ln\left(\frac{\theta_t}{\theta_{t+nT}}\right)=nT\beta$$

式中,n 为正整数,令 $t=0$,则有

$$\beta=\frac{1}{nT}\cdot\ln\left(\frac{\theta_0}{\theta_{nT}}\right)$$

$$(5.2.24)$$

根据式(5.2.24),利用单摆振幅的衰减,就可以测量单摆受空气阻力的阻尼系数 β。

(2) 因为此实验研究的是具有随机性误差的测量值的统计规律,如果测出的周期值存在有明显的系统误差,则得出的统计结果就不只是具有随机性误差的测量值的统计规律,而是具有明显的系统误差与随机性误差的测量值的统计规律,甚至可能还会与理论上的统计规律不相符。

(3) 例如每天的气温,风速,湿度等物理量本身具有随机性。

(4) 对某一物理量在相同条件下做 n 次重复测量,得到一系列测量值,找出它的最大值和最小值,然后确定一个区间,使其包含全部测量数据,将区间分成若干小区间,统计测量结果出现在各小区间的频数 M,以测量数据为横坐标,以频数 M 为纵坐标,划出各小区间及其对应的频数高度,则可得到一个矩形图,即统计直方图。

如果测量次数愈多,区间愈分愈小,则统计直方图将逐渐接近一条光滑的曲线,当 n 趋向于无穷大时的分布称为正态分布,分布曲线为正态分布曲线。

(5) 不会有很大差距,根据随机误差的统计规律的特点,我们知道当测量次数比较大时,对测量数据取和求平均,正负误差几乎相互抵消,各误差的代数和趋于零。

实验 5.3　刚体转动惯量测量方法的比较研究

【引言】

刚体转动惯量是力学中的基本物理量之一。转动惯量是描述刚体转动惯性大小的物理量,是研究和描述刚体转动规律的一个重要物理量,是研究、设计、控制转动物体运动规律的重要参数,准确测定物体的转动惯量在工程技术、工业制造及产品设计中具有十分重要的实际意义。

转动惯量不仅取决于刚体的总质量,而且与刚体的形状、质量分布及转轴位置有关。对于质量分布均匀、具有规则几何形状的刚体,可以用数学方法计算出它绕给定转动轴的转动

惯量;对于质量分布不均匀、没有规则几何形状的刚体,用数学方法计算其转动惯量是相当困难的,通常采用实验的方法测量其转动惯量。实验室一般采用三线摆法、转动法、扭摆法、塔轮法等。本实验主要是对比研究不同的刚体转动惯量测量方法的优缺点。为了便于与理论计算值进行比较,实验中采用形状规则的刚体。

【实验目的】

(1) 根据实验室提供的仪器设备设计实验方案,来测定刚体转动惯量;
(2) 比较不同的刚体转动惯量测量方法的优缺点。

【实验仪器】

转台式刚体转动仪、扭摆、三线摆、物理天平、米尺、游标卡尺、螺旋测微器、水平尺、气泡水准仪、秒表、电子天平、台秤、砝码等。

【实验原理】

1. 转台式刚体转动仪测圆环转动惯量(参考仪器说明书)

根据刚体转动定律有

$$M_{合} = I\beta \tag{5.3.1}$$

$$M - M_{阻} = I\beta \tag{5.3.2}$$

(1) 关于引线张力矩 M 的测量

方法 1 设引线的张力为 F_T,绕线轮半径为 R,则

$$M = F_T R \tag{5.3.3}$$

又设滑轮半径为 r,其转动惯量为 $I_{轮}$,转动的角加速度 $\beta = a/r$,转动时砝码下落的加速度为 a,参照图 5.3.1 可以得到

$$\begin{cases} mg - F_{T_2} = ma \\ F_{T_2}r_2 - F_{T_1}r_2 = I_{2轮}\beta \\ F_{T_1}r_1 - F_T r_1 = I_{1轮}\beta \end{cases}$$

从上述方程组中消去 F_{T_1},F_{T_2},同时取 $I_{轮} \approx \frac{1}{2}m_{轮}r^2$($m_{轮}$ 为滑轮的质量),并且认为两滑轮 E_1 和 E_2 完全相同,则可得到

$$F_T = mg - ma - m_{轮}a = m\left[g - \left(a + \frac{m_{轮}}{m}a\right)\right]$$

实验中可以使 $a + \frac{m_{轮}}{m}a$ 不超过 g 的 0.3%,如果忽略滑轮的影响时,可取

$$F_T \approx mg - ma$$

$$M = F_T R \approx (mg - ma)R = m(g - a)R$$

如果要求低一些,则可取 $F_T \approx mg$,$M = F_T R \approx mgR$。

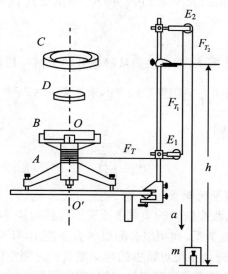

图 5.3.1　转台式刚体转动惯量实验装置图(1)

方法 2　根据方法 1 中的前提条件,参照图 5.3.2 可以得到

$$\begin{cases} mg - F_{T_1} = ma \\ F_{T_1} r - F_T r = I_{轮} \beta \end{cases}$$

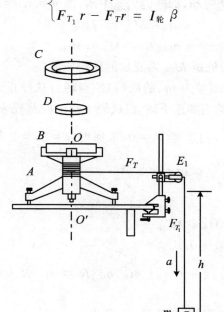

图 5.3.2　转台式刚体转动惯量实验装置图(2)

从上述两式中消去 F_{T_1},同时取 $I_{轮} \approx \dfrac{1}{2} m_{轮} r^2$($m_{轮}$ 为滑轮的质量),可得到

$$F_T = mg - ma - \frac{1}{2} m_{轮} a = m \left[g - \left(a + \frac{1}{2} \cdot \frac{m_{轮}}{m} a \right) \right]$$

实验中可以使 $a + \dfrac{1}{2} \cdot \dfrac{m_{轮}}{m} a$ 不超过 g 的 0.3%,如果忽略滑轮的影响时,可取 $F_T \approx mg$

$- ma , M = F_T R \approx (mg - ma) R = m (g - a) R$；如果要求低一些，则可以取 $F_T \approx mg$，$M = F_T R \approx mgR$。

（2）角加速度 β 的测量

如图 5.3.1 或图 5.3.2 所示，测出砝码从静止开始下落一段路程 h 所用的时间 t，则砝码下落过程中的平均速度 $\bar{v} = \dfrac{h}{t}$，初速度 $v_0 = 0$，末速度 $v = 2\bar{v} = 2\dfrac{h}{t}$，下落的加速度 $a = \dfrac{v}{t} = 2\dfrac{h}{t^2}$，而角加速度 $\beta = \dfrac{a}{R}$，则

$$\beta = \frac{2h}{Rt^2} \tag{5.3.4}$$

（3）待测圆环的转动惯量的测量

方法 1　在实验中通过改变砝码的质量来改变引线张力矩 M，对于 $M = M_阻 + I\beta$，可以看作是 $y = a + k \cdot x$ 的线性关系，利用组合测量的方法测出 M–β 图，这将是一条直线，其截距为阻力矩 $M_阻$，斜率为转动系统对转轴的转动惯量。先测空转架时的 M–β 图，由此直线的斜率求出空转架的转动惯量 I_0；再测待测圆环放在转架上时的 M–β 图，由此直线的斜率求出待测圆环与转架的转动惯量 $I_合$；待测圆环的转动惯量 $I = I_合 - I_0$。

方法 2　如图 5.3.1 或图 5.3.2 所示，当转台上没放待测物体时，通过调整线端砝码的质量 m_0'，使空转台能够匀速转动，即砝码匀速下落，即 $a = 0$，$\beta = 0$，则此时有

$$M_0' - M_{0阻} = I_0 \beta_0 = 0$$
$$m_0' gR = M_0' = M_{0阻}$$

式中，m_0' 即为空台时抵消阻尼矩 $M_{0阻}$ 需要加的砝码质量。

在 m_0' 的基础上再增加质量为 m_0'' 的砝码，使空转台从静止开始匀加速转动，即使砝码 $m_0 = (m_0' + m_0'')$ 从静止开始匀加速下落，设砝码下落一段路程 h 所用的时间为 t，则砝码下落过程中的平均速度 $\bar{v} = \dfrac{h}{t}$，初速度 $v_0 = 0$，末速度 $v = 2\bar{v} = 2\dfrac{h}{t}$，下落的加速度 $a = \dfrac{v}{t} = 2\dfrac{h}{t^2}$，而角加速度 $\beta = \dfrac{a}{R} = \dfrac{2h}{Rt^2}$，所以有

空转架的转动惯量 I_0：

$$\begin{cases} m_0' gR = M_0' = M_{0阻} \\ M_0 = M_{0阻} + I_0 \beta_0 \end{cases}$$

$$[(m_0'' + m_0') g - (m_0'' + m_0') a_0] R = m_0' gR + I_0 \frac{2h}{Rt_0^2}$$

$$I_0 = \frac{R^2 t_0^2}{2h} (m_0 g - m_0 a_0 - m_0' g)$$

$$= \frac{R^2 t_0^2}{2h} \Big[(m_0 - m_0') g - m_0 \frac{2h}{t_0^2} \Big]$$

$$= (m_0 - m_0') R^2 \frac{g t_0^2}{2h} - m_0 R^2 = m_0'' R^2 \frac{g t_0^2}{2h} - m_0 R^2 \tag{5.3.5}$$

用同样的方式，可以测量出空转架与待测圆环的转动惯量 $I_合$：

$$\begin{cases} m_合' gR = M_{合阻}' = M_合 \\ M_合 = M_{合阻} + I_合 \beta_合 \end{cases}$$

$$[(m''_{合} + m'_{合})g - (m''_{合} + m'_{合})a_{合}]R = m'_{合}gR + I_{合}\frac{2h}{Rt^2}$$

$$I_{合} = (m_{合} - m'_{合})R^2\frac{gt_{合}^2}{2h} - m_{合}R^2 = m''_{合}R^2\frac{gt_{合}^2}{2h} - m_{合}R^2 \tag{5.3.6}$$

待测圆环的转动惯量 I：

$$I = I_{合} - I_0 \tag{5.3.7}$$

通过式(5.3.3)、(5.3.4)、(5.3.5)、(5.3.6)、(5.3.7)分别测得抵消阻力矩所需要的砝码质量 m'_0，$m'_{合}$（即在砝码质量 m'_0，$m'_{合}$ 的拉力作用下转台能够以等角速度旋转）；在空台与空台上加待测圆环的不同情形下，分别测得线端重物 m 从静止开始下降的距离 h、通过这段距离所用的时间 t、转盘绕线轴半径 $R\left(R = \frac{D}{2}\right)$，即可计算出待测物体的转动惯量 I。

而待测物体圆环转动惯量的理论计算公式为

$$I_{环} = \frac{1}{8}m_{环}(D_1^2 + D_2^2) \tag{5.3.8}$$

式中，D_1，D_2 分别为待测圆环的内、外直径，$m_{环}$ 为待测圆环的质量。

注意　要平衡转架阻力，在砝码桶内逐步增加（或减少）重量，直至以等角速度转动为止。要观察转架是否以等角速度转动，可通过测定在任意时刻转架转动相同圈数时所需的时间间隔是否相等来判断。转架以等角速度旋转是很不容易看出的，但是可以采取以下方法来调整，在砝码桶中从 0 开始依次增加砝码，每次加好后用手轻轻向下推动砝码桶，给予它运动的初速度，当砝码加到一定程度时，只需轻轻一推就能一直运动下去，而减少 1 克砝码时则无此现象发生，那么刚才所用的砝码质量就是抵消阻力矩 $M_{阻}$ 所需的砝码数值。

如图 5.3.1 或图 5.3.2 所示，当转台绕轴线 OO' 从静止开始转动时，测出砝码 m 从静止开始下落一段路程 h 所用的时间 t，则砝码下落过程中的平均速度 $\bar{v} = \frac{h}{t}$，初速度 $v_0 = 0$，末速度 $v = 2\bar{v} = 2\frac{h}{t}$，下落的加速度 $a = \frac{v}{t} = 2\frac{h}{t^2}$；而角速度 $\omega = \frac{v}{R} = \frac{2h}{Rt}$，则根据能量守恒定律可得

$$mgh = \frac{1}{2}mv^2 + \frac{1}{2}I\omega^2 + E_{阻} + E_{滑} \tag{5.3.9}$$

① 如果忽略阻力和滑轮的影响，则有

$$mgh = \frac{1}{2}mv^2 + \frac{1}{2}I\omega^2$$
$$= \frac{1}{2}m\left(\frac{2h}{t}\right)^2 + \frac{1}{2}I\left(\frac{2h}{Rt}\right)^2 \tag{5.3.10}$$

$$I = mR^2\left(\frac{gt^2}{2h} - 1\right) = m\left(\frac{D}{2}\right)^2\left(\frac{gt^2}{2h} - 1\right) \tag{5.3.11}$$

根据式(5.3.11)，先测出空转架的转动惯量

$$I_0 = m_0R^2\left(\frac{gt_0^2}{2h} - 1\right) = m_0\left(\frac{D}{2}\right)^2\left(\frac{gt_0^2}{2h} - 1\right) \tag{5.3.12}$$

再根据式(5.3.11)，测出空转架与待测圆环的转动惯量

$$I_{合} = mR^2\left(\frac{gt^2}{2h} - 1\right) = m\left(\frac{D}{2}\right)^2\left(\frac{gt^2}{2h} - 1\right) \tag{5.3.13}$$

则待测圆环的转动惯量 $I = I_{合} - I_0$。

在空台与空台上加待测圆环的不同情形下,分别测得线端重物 m 从静止开始下降的距离 h、通过这段距离所用的时间 t、转盘绕线轴半径 R,即可计算出待测圆环的转动惯量 I。

② 如果忽略滑轮的影响,则有

$$mgh = \frac{1}{2}mv^2 + \frac{1}{2}I\omega^2 + E_{阻} \tag{5.3.14}$$

$$mgh = \frac{1}{2}m\left(\frac{2h}{t}\right)^2 + \frac{1}{2}I\left(\frac{2h}{Rt}\right)^2 + m_{阻}gh \tag{5.3.15}$$

$$I = (m - m_{阻})R^2\frac{gt^2}{2h} - mR^2 \tag{5.3.16}$$

式(5.3.16)与式(5.3.5)完全相同,所以可以依照式(5.3.3)、(5.3.4)、(5.3.5)、(5.3.6)、(5.3.7),分别测得抵消阻力矩所需要的砝码质量 m_0',$m_合'$(即在砝码质量 m_0',$m_合'$ 的拉力作用下转台能够以等角速度旋转);在空台与空台上加待测圆环的不同情形下,分别测得线端重物 m 从静止开始下降的距离 h、通过这段距离所用的时间 t、转盘绕线轴半径 $R\left(R = \frac{D}{2}\right)$,即可计算出待测物体的转动惯量 I。

2. 三线摆测圆环转动惯量(参考仪器说明书)

如图 5.3.3 所示,设三线摆下圆盘质量为 m_0,当它绕 O_1O_2 扭转的最大角位移为 θ 时,圆盘的中心位置升高 h,转动的角速度为 $\omega\left(\omega = \frac{d\theta}{dt}\right)$,升降运动的速度为 $v\left(v = \frac{dh}{dt}\right)$,$g$ 为重力加速度。如果忽略摩擦力,根据机械能守恒定律就可得

$$\frac{1}{2}I_0\omega^2 + \frac{1}{2}m_0v^2 + m_0gh = 恒量 \tag{5.3.17}$$

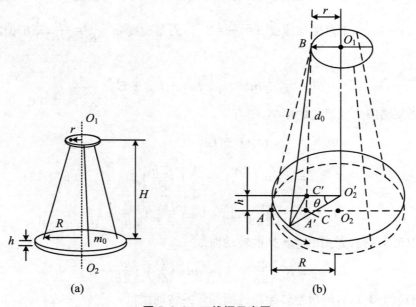

图 5.3.3 三线摆示意图

实际上平动动能 $\frac{1}{2}m_0v^2$ 远小于转动动能 $\frac{1}{2}I_0\omega^2$,因此可将平动动能忽略,则式(5.3.17)

变为

$$\frac{1}{2}I_0\omega^2 + m_0gh = 恒量 \tag{5.3.18}$$

如图 5.3.4(a)所示,设摆线长度为 l,下圆盘的摆线悬点距离下圆盘圆心为 R,上圆盘的摆线悬点距离上圆盘圆心为 r。当下圆盘转过一角度 θ 时,从上圆盘 A 点作下圆盘垂线,与升高 h 前、后的下圆盘分别相交于点 c_1 和点 c_1',在扭转角 θ 很小,摆长 l 很长时,$\sin\frac{\theta}{2}\approx\frac{\theta}{2}$,$BC + BC_1\approx 2H$,$H$ 为上下两盘之间的垂直距离,且 $H = \sqrt{l^2 - (R-r)^2}$,则

$$h = \frac{Rr\theta^2}{2H} \tag{5.3.19}$$

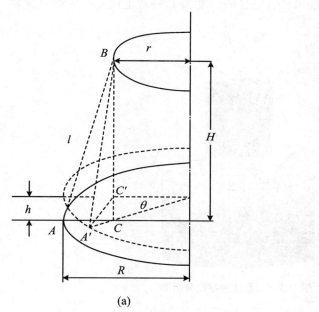
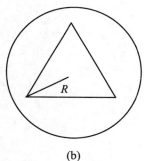

图 5.3.4　三线摆公式推导示意图

当 θ 足够小时,将式(5.3.18)代入式(5.3.19),对 t 求导就可以得到简谐振动的周期平方

$$T_0^2 = \frac{4\pi^2 H}{m_0 gRr}I_0 \tag{5.3.20}$$

三线摆测圆环转动惯量实验测量公式为

$$I_0 = \frac{m_0 gRr}{4\pi^2 H}T_0^2 \tag{5.3.21}$$

$$I + I_0 = \frac{(m + m_0)gRr}{4\pi^2 H}T^2 \tag{5.3.22}$$

$$\frac{I}{I_0} = \frac{(m + m_0)T^2 - m_0 T_0^2}{m_0 T_0^2} \tag{5.3.23}$$

$$I = \frac{gRr}{4\pi^2 H}\left[(m + m_0)T^2 - m_0 T_0^2\right] \tag{5.3.24}$$

圆盘的转动惯量的理论计算公式为

$$I_0 = \frac{1}{8} m_0 D_0^2 \tag{5.3.25}$$

式中，m_0 为三线摆下圆盘的质量，D_0 为三线摆下圆盘的直径。

而待测物体圆环转动惯量的理论计算公式为式(5.3.8)。

3. 扭摆测圆环转动惯量

对于半径为 R 的圆柱，如果一端固定，另一端在外力作用下转动时，则外力对中心轴线就有一个扭力矩的作用。此时，圆柱会发生扭曲形变。若把圆柱分为一层层横截层面，则每一层都做了切变。假设在受力一端的横截面上，任意一条矢径都会被扭转一个角度 φ，如图 5.3.5 所示。而在这横截面上，取半径为 r、宽为 $\mathrm{d}r$ 的圆环。在微小形变的情况下，环上某点处将由于扭曲而偏移了 $r\varphi$ 的距离。若圆柱的长度为 l，则环上该点处的切应变为

$$\psi = \frac{r\varphi}{l} \tag{5.3.26}$$

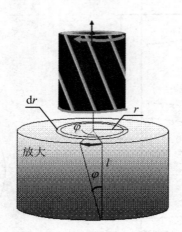

图 5.3.5　圆柱的扭曲分析图

若假设该点处的切应力为 τ，由胡克定律可有

$$\tau = G\varphi \tag{5.3.27}$$

其中，比例系数 G 称为切变模量，单位为 $\mathrm{N/m^2}$。而整个环上的内力对中心轴线的力矩为

$$\mathrm{d}M' = \mathrm{d}F \cdot r = \tau \cdot 2\pi r \mathrm{d}r \cdot r$$

对柱的整个横截面积分，就得到整个横截面的内力矩

$$M' = \int_0^R 2\pi G \frac{\varphi}{l} r^3 \mathrm{d}r$$

扭曲到达平衡时，内力矩与外力矩大小相等，即有

$$M = \frac{\pi G R^4}{2l} \varphi \tag{5.3.28}$$

如果圆柱为一细长的金属丝(或杆)，下悬挂一转动惯量为 I 的水平金属棒，这就可以构成卡文迪许扭秤，也可以是扭摆。作为扭摆，其运动微分方程为

$$I \frac{\mathrm{d}^2 \varphi}{\mathrm{d}t^2} = - \frac{\pi G R^4}{2l} \varphi \tag{5.3.29}$$

取

$$\omega^2 = \frac{\pi G R^4}{2Il} \tag{5.3.30}$$

则扭摆的周期

$$T = \frac{2\pi}{\omega} = \frac{2\pi}{R^2}\sqrt{\frac{2Il}{\pi G}} \tag{5.3.31}$$

金属丝(或金属杆)的切变模量

$$G = \frac{8\pi lI}{R^4 T^2} \tag{5.3.32}$$

如图5.3.6所示,金属丝(或杆)下悬挂一转动惯量为 I_1 的水平金属棒时,扭摆的周期为 T_1,再在金属棒上叠加一转动惯量为 I_2 的物体后,测得扭摆的周期为 T_2,则有

$$T_1^2 = \frac{8\pi I_1 l}{G R^4}, \quad T_2^2 = \frac{8\pi l(I_1 + I_2)}{G R^4}$$

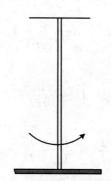

图5.3.6 扭摆示意图

后式减前式,并用金属丝(或杆)的直径 d 代替半径 R,就得金属丝(或金属杆)的切变模量

$$G = \frac{128\pi I_2 l}{d^4(T_2^2 - T_1^2)} \tag{5.3.33}$$

设 $c = \frac{\pi G R^4}{2l}$,对于一定的金属丝(或金属杆), c 是定值,它被称为金属丝(或金属杆)的抗扭劲度系数。则扭摆的运动方程为

$$I\frac{\mathrm{d}^2\varphi}{\mathrm{d}t^2} = -c\varphi$$

扭摆的扭动周期

$$T = 2\pi\sqrt{\frac{2Il}{\pi G R^4}} = 2\pi\sqrt{\frac{I}{c}}$$

由式(5.3.33)可得出如图5.3.7所示的扭摆测圆环转动惯量实验公式。

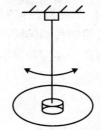

图5.3.7 扭摆实验装置图(1)

扭摆空载时的周期

$$T_0^2 = \frac{8\pi l I_0}{GR^4}$$

即

$$I_0 = \frac{GR^4}{8\pi l}T_0^2 \tag{5.3.34}$$

扭摆叠加圆环时的周期

$$T_1^2 = \frac{8\pi l(I_0 + I_1)}{GR^4}$$

即

$$I_0 + I_1 = \frac{GR^4}{8\pi l}T_1^2 \tag{5.3.35}$$

扭摆叠加两圆柱体时的周期

$$T_2^2 = \frac{8\pi l(I_0 + I_2)}{GR^4}$$

即

$$I_0 + I_2 = \frac{GR^4}{8\pi l}T_2^2 \tag{5.3.36}$$

则

$$\frac{I_1}{I_2} = \frac{T_1^2 - T_0^2}{T_2^2 - T_0^2} \tag{5.3.37}$$

其中

$$I_0 = \frac{1}{8}m_0 D_0^2; \quad I_1 = \frac{1}{8}m_1(D_1^2 + D_2^2);$$

$$I_2 = \frac{1}{2}(2m)\left(\frac{D}{2}\right)^2 + (2m)\left(\frac{d}{2}\right)^2 = \frac{1}{8}(2m)D^2 + \frac{1}{4}(2m)d^2 \quad (2m = m_1' + m_2')$$

$$\tag{5.3.38}$$

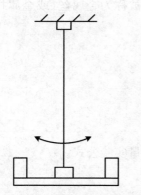

图 5.3.8　扭摆实验装置图(2)

式中,l,R,G 分别为金属丝的长度、半径、切变模量;I_0,m_0,D_0 分别为扭摆金属盘的转动惯量、质量、直径;T_0 为扭摆空载时的扭转周期;D_1,D_2,m_1,I_1 分别为待测圆环的内直径、外直径、质量、转动惯量;T_1 为扭摆叠加圆环时的扭转周期;m_1',m_2' 分别为两个圆柱体的质量,由于要使两个圆柱体的质量和外形尺寸完全相同很难,所以应测出 $2m = m_1' + m_2'$;D 为圆柱体的直径,d 为两圆柱体对称于扭摆转轴叠加在扭摆上(如图 5.3.8 所示)时两圆柱体的中心轴之间的距离;I_2 为两圆柱体对称于扭摆转轴叠加在扭摆上时两圆柱体对扭摆转轴的转动惯量。

由式(5.3.37)、(5.3.38)知,测出式中各相关量后即可算出待测圆环的转动惯量。

【实验要求】

（1）至少用两种不同的方法和仪器测量刚体转动惯量，并与理论计算值进行比较。

（2）根据实验的目的确定实施实验的理论依据（要用文字叙述实验的原理、推导出实验的测量公式、设计好实验计划和实验操作的步骤）。

（3）设计数据记录表格，并根据你所设计实验的特点选择合适的数据处理方法。

（4）对比测量过程，分析测量结果，比较不同的刚体转动惯量测量方法的优缺点。

【问题讨论】

（1）对比分析任意两种测量刚体转动惯量方法的优缺点。

（2）分析所用实验方法中误差产生的原因，找出消除或修正误差的方法。

实验 5.4　铅直方向上弹簧振子简谐振动的研究

【引言】

物体在一定位置的附近来回往复运动，称为机械振动，最简单的周期性机械振动称为简谐振动，简谐振动只是一种理想情况。振动是物体在线性回复力的作用下离开平衡位置的位移按余弦（或正弦）函数规律随时间变化的一种运动。描述振动的特征参量主要有圆频率 ω、周期 T 和振幅 A。这三个参量都不随时间改变的振动称为简谐振动。任何一种复杂的振动都可以分解为几个或很多个不同频率、不同振幅的简谐振动的合成。简谐振动是声学、建筑学、地震学、机械、造船、电工、无线电技术等的基础，所以研究简谐振动是很有必要的。

本实验通过对弹簧振子特征参量的测定和研究，加深对振动现象中基本理论及基本概念的认识和理解。

【实验目的】

（1）通过观察铅直方向上弹簧振子的振动，研究其简谐振动的规律及特征；

（2）研究弹簧悬挂各种不同负载 m 时的周期 T 值的变化情况；

（3）比较不同弹簧的 c 值、有效质量 cm_0 值与劲度系数 k 有何不同；

（4）研究简谐振动中弹簧自身质量对振动的影响。

【实验仪器】

弹簧组、电子天平、砝码、铁架台、秒表等。

【实验原理】

如图 5.4.1 所示,设弹簧的劲度系数为 k,悬挂负载质量为 m,一般给出弹簧振动周期 T 的公式为

$$T = 2\pi\sqrt{\frac{m}{k}} \tag{5.4.1}$$

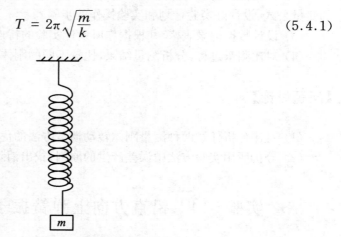

图 5.4.1   弹簧振子示意图

式(5.4.1)可变为 $T = \dfrac{2\pi}{\sqrt{k}} \cdot \sqrt{m}$ 与 $T^2 = \dfrac{4\pi^2}{k} \cdot m$,测量弹簧悬挂各种不同负载 m 时的周期 T 的值,作 $T - \sqrt{m}$ 图,如图 5.4.2(a)所示。可以看出 T 与 $\sqrt{m}$ 不是线性关系,但是作 $T^2 - m$ 图,则显然是一直线,如图 5.4.2(b)所示,不过此直线不能过零点,即 $m = 0$ 时,$T^2 \neq 0$,从上述实验结果可以看出在弹簧周期公式的质量中,除去负载 m 还应包括弹簧自身质量 m_0 的一部分,即

$$T = 2\pi\sqrt{\frac{m + cm_0}{k}} \tag{5.4.2}$$

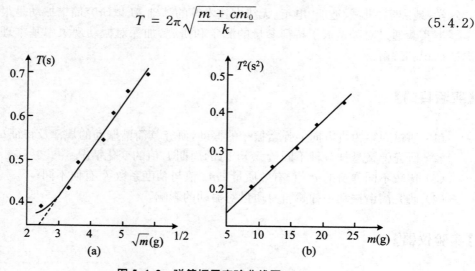

图 5.4.2   弹簧振子实验曲线图

式中,c 为未知系数,在此实验中就是研究弹簧的 c,cm_0,k 值。

把式(5.4.2)改写为

$$T^2 = \frac{4\pi^2}{k}cm_0 + \frac{4\pi^2}{k}m \tag{5.4.3}$$

令 $y = T^2$，$x = m$，$a = \frac{4\pi^2}{k}cm_0$，$b = \frac{4\pi^2}{k}$，则得

$$y = a + bx \tag{5.4.4}$$

从 n 组 (x_i, y_i) 值，可求得 a，b 值，从而求出 c 值、有效质量 cm_0 值以及弹簧的劲度系数 k：

$$c = \frac{a}{bm_0} \tag{5.4.5}$$

$$k = \frac{4\pi^2}{b} \tag{5.4.6}$$

$$cm_0 = \frac{a}{b} \tag{5.4.7}$$

由于 a 与 b 是线性相关的，其相关系数为 γ_{ab}（见参考文献[1]），所以

$$u(c) = c\sqrt{\left[\frac{u(a)}{a}\right]^2 + \left[\frac{u(b)}{b}\right]^2 + \left[\frac{u(m_0)}{m_0}\right]^2 - 2\gamma_{ab}\left[\frac{u(a)}{a}\right] \cdot \left[\frac{u(b)}{b}\right]}$$

$$u(k) = k\sqrt{\left[\frac{u(b)}{b}\right]^2} = \frac{4\pi^2}{b} \cdot \frac{u(b)}{b} = \frac{4\pi^2}{b^2}u(b)$$

$$u(cm_0) = cm_0\sqrt{\left[\frac{u(a)}{a}\right]^2 + \left[\frac{u(b)}{b}\right]^2 - 2\gamma_{ab}\left[\frac{u(a)}{a}\right] \cdot \left[\frac{u(b)}{b}\right]}$$

【实验内容】

（1）通过测量不同弹簧悬挂各种不同负载 m 时的周期 T 的值，测定不同弹簧的 c 值、有效质量 cm_0 值与劲度系数 k。

（2）研究弹簧悬挂各种不同负载 m 时的周期 T 值的变化情况。

（3）比较不同弹簧的 c 值、有效质量 cm_0 值与劲度系数 k 有何不同。

（4）研究简谐振动中弹簧自身质量对振动的影响。

【实验步骤】

（1）用天平测出各弹簧自身的质量 m_0 以及砝码托盘的质量 m'（砝码托盘质量 m' 应计入负载中）。

（2）弹簧下端悬挂不同负载 m，用停表测量连续振动 20 次的时间 t，求出振动周期 T 以及 T^2。（注意把 m，t，T，T^2 列成表格记录）

（3）换不同的弹簧，重复实验步骤（1）、（2）。

（4）数据处理。本实验可以用以下方法处理数据：

① 作图法

以 T_i^2 为纵坐标，m_i 为横坐标作图可得一直线，从图中得出斜率 b，以及截距 a，根据 (5.4.5)、(5.4.6)、(5.4.7) 式分别求出 c 值、cm_0 值和 k 值。

② 逐差法

把 n 组（n 为偶数）数据 (m_i, T_i^2) 前后对半分为两组，根据下式求出

$$b_i = \frac{T_{i+n/2}^2 - T_i^2}{m_{i+n/2}^2 - m_i} \tag{5.4.8}$$

其中,$i = 1, 2, \cdots, \dfrac{n}{2}$。然后求出 b_i 的平均值:

$$b = \frac{2}{n} \sum_{i=1}^{\frac{n}{2}} b_i \tag{5.4.9}$$

再计算:

$$a = \overline{T_i^2} - b\,\overline{m_i} \tag{5.4.10}$$

然后由(5.4.5)、(5.4.6)、(5.4.7)式分别求出 c 值、cm_0 值和 k 值。

③ 最小二乘法

用最小二乘法可算出拟合直线 $y = a + bx$ 的斜率、截距、相关系数以及截距、斜率的标准差的估计值,由此,再根据(5.4.5)、(5.4.6)、(5.4.7)式分别求出 c 值、cm_0 值和 k 值。并评定 c,cm_0 和 k 的标准不确定度。

【实验注意事项】

(1) 整个实验过程中都要保护弹簧不损坏变形。

(2) 图 5.4.1 中弹簧的悬挂点要固定。

(3) 弹簧的悬挂点、砝码桶悬挂点、负载振动的方向都应该处于弹簧轴心线的铅直线上。

(4) 弹簧下端的负载变化最大不能超过各弹簧自身所能承受的最大负载。

【问题讨论】

(1) 测量振动周期时为什么不测一个周期而要测多个周期? 取多少个周期决定于什么? 如何考虑?

(2) 分析简谐振动的能量转换关系。

(3) 就此实验你能提出进一步探索的问题吗?

实验 5.5　气垫导轨上阻尼振动的研究

【引言】

振动现象不仅在经典物理学中有着广泛的应用,而且在量子物理中也常以振动形式来模拟原子及基本粒子的运动。因此,研究振动现象的基本规律有着重要的意义。描述振动的特征参量主要有圆频率 ω、周期 T 和振幅 A。这三个参量都不随时间改变的振动称为简谐振动。由于种种原因,在没有外来能量补充的情况下,振动系统的能量将不断损耗,振动的振幅随时间而衰减,这类振动称为阻尼振动。描述阻尼振动的特征参量有振动周期 T、半衰期 T_h、阻尼系数 δ、黏滞阻尼系常数 b、对数减缩 Λ、时间常数 τ、及品质因数 Q 等。

本实验通过对气垫导轨上弹簧振子特征参量的测定和研究,加深对振动现象中基本理论及基本概念的认识和理解。

【实验目的】

(1) 观测弹簧振子在有阻尼情况下的振动,学习测量振动系统基本参数的方法;
(2) 研究弹簧阻尼振动的规律及特征。

【实验仪器】

气垫导轨、弹簧组、电子天平、小磁铁、停表、光电计时系统、米尺、游标卡尺、气源等。

【实验原理】

一个自由振动系统由于外界和内部的原因,使其振动的能量逐渐减少,振幅因之逐渐衰减,最后停止振动,这就是阻尼振动。

本实验的阻尼谐振子由气垫导轨上的滑块和一对弹簧组成,如图 5.5.1 所示。

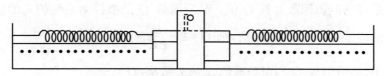

图 5.5.1　阻尼振动实验装置

滑块除受弹簧回复力作用外,还受到滑块与导轨间的空气黏性阻力的作用。

滑块速度较小时,$F_{阻} = bv = b\dfrac{\mathrm{d}x}{\mathrm{d}t}$,滑块的运动方程为 $m\dfrac{\mathrm{d}^2 x}{\mathrm{d}t^2} = -Kx - b\dfrac{\mathrm{d}x}{\mathrm{d}t}$,式中,$m$ 为滑块质量,K 为弹簧的劲度系数,x 为弹簧(即滑块)的位移,b 为滑块与导轨间的黏性阻尼常量。

令 $2\delta = \dfrac{b}{m}$,$\omega_0^2 = \dfrac{K}{m}$,其中,常数 δ 称为阻尼因数,ω_0 为振动系统无阻尼时自由振动的固有角频率,将滑块的运动方程改写为 $\dfrac{\mathrm{d}^2 x}{\mathrm{d}t^2} + 2\delta\dfrac{\mathrm{d}x}{\mathrm{d}t} + \omega_0^2 x = 0$,当阻力较小时,方程的解是 $x = A_0 \mathrm{e}^{-\delta t}\cos(\omega_f t + \varphi)$。其中阻尼振动的角频率为 $\omega_f = \sqrt{\omega_0^2 - \delta^2}$。

本实验的阻尼振动周期 T 的公式:

$$T = \frac{2\pi}{\omega_f} = \frac{2\pi}{\sqrt{\omega_0^2 - \delta^2}}$$

阻尼振动的主要特点是:

① 阻尼振动的振幅随时间按指数规律衰减,即振幅为 $A = A_0 \mathrm{e}^{-\delta t}$,如图 5.5.2 所示。阻尼因数 $\delta = b/(2m)$,其中 b 为黏性阻尼常量,m 为振子质量。

② 阻尼振动周期 T 要比无阻尼振动周期 $T_0(T_0 = 2p/\omega_0)$ 略长,阻尼越大,周期越长。

③ 反映阻尼振动的衰减特性的三个物理量:对数减缩 Λ、弛豫时间 τ 及品质因数 Q。

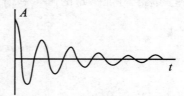

图 5.5.2　阻尼振动衰减曲线

在弱阻尼情况下,对数减缩 Λ、弛豫时间 τ 和品质因数 Q 都能清楚地反映了振动系统的振幅及能量衰减的快慢。

对数减缩 Λ 是指任一时刻 t 的振幅 $A(t)$ 和过一个周期后的振幅 $A(t+T)$ 之比的对数,即

$$\Lambda = \ln \frac{A_0 \mathrm{e}^{-\delta t}}{A_0 \mathrm{e}^{-\delta(i+T)}} = \delta \cdot T$$

因为 $\delta = \dfrac{b}{2m} = \dfrac{\Lambda}{T}$,故 $b = \dfrac{2m\Lambda}{T}$,所以,测出 Λ,就能求得 δ 或 b。

弛豫时间 τ 是指振幅 A_0 衰减至初值的 e^{-1}($= 0.368$)倍所经历的时间,即 $A_0 \mathrm{e}^{-\delta\tau} = A_0 \mathrm{e}^{-1}$,则 $\tau = \dfrac{1}{\delta} = \dfrac{T}{\Lambda}$。所以,测出 τ,就能求得 δ 或 b。

一个振动系统的品质因数又称 Q 值。品质因数 Q 是指振动系统的总能量 E 与在一个周期中所损耗的能量 ΔE 之比的 2π 倍,则 $Q = 2\pi \dfrac{E}{\Delta E}$。

阻尼振动中,品质因数 Q 与对数减缩 Λ 的关系是: $Q = \dfrac{\pi}{\Lambda}$。

所以,只要测出阻尼振动的对数减缩 Λ,就能求出反映阻尼振动特性的其他量,如黏性阻尼常量 b、弛豫时间 τ、品质因数 Q。

测量阻尼振动的对数减缩 Λ 的方法不唯一。

方法 1　利用半衰期测出阻尼振动的对数减缩 Λ。

半衰期是指阻尼振动的振幅从初值 A_0 衰减到 $\dfrac{A_0}{2}$ 时所经历的时间,记为 T_h,则 $\dfrac{A_0}{2} = A_0 \mathrm{e}^{-\delta T_\mathrm{h}}$,由此可得

$$T_\mathrm{h} = \frac{\ln 2}{\delta}$$

$$\Lambda = \ln \frac{A_0 \mathrm{e}^{-\delta t}}{A_0 \mathrm{e}^{-\delta(i+T)}} = \delta \cdot T = \frac{T}{T_\mathrm{h}} \ln 2$$

只要测量出阻尼振动的周期 T 与半衰期 T_h,就可以由上式算出阻尼振动的对数减缩 Λ。

阻尼振动的周期 T 的测量方式不唯一。以 CS-Z 智能数字测时器为例。

方式①:将装有最窄条形挡光片的滑块置于最大振幅 A_0 处,将任一个光电门置于平衡位置处,数字毫秒计选择测周期功能,选择好需要测量的预置周期个数 y,按执行即进入测量周期状态,此时显示为“yes”;挡光片挡光两次,显示预置周期个数 y,数字毫秒计开始计时;挡光片再挡光两次,显示预置周期个数 y 就减少“1”;最后一次挡光后,显示时间总数。(提示:若第 2 次挡光显示预置周期个数 y,且开始计时,第 4,6,8,10,… 次挡光停止计时,

则记下的时间分别为 1 个周期、2 个周期、3 个周期、4 个周期、… 个周期的时间 t）。

$$t = y \cdot T$$

方式②：将装有最窄开口挡光片的滑块置于最大振幅 A_0 处，将任一个光电门置于平衡位置处，数字毫秒计选择测周期功能，选择好需要测量的预置数 x 即预置周期个数 y；按执行即进入测量周期状态，此时显示为"yes"；挡光片挡光两次，显示预置数 x，数字毫秒计开始计时；挡光片再挡光两次，显示预置数 x 就减少"1"（即开口挡光片每经过光电门一次，显示数字就会减少"1"）；最后一次挡光后，显示时间总数。（提示：若第 2 次挡光显示预置数 x，且开始计时，第 4,6,8,10,… 次挡光停止计时，则记下的时间分别为 1/2 个周期、1 个周期、3/2 个周期、2 个周期、… 个周期的时间 t。）

$$t = \frac{x}{2} \cdot T$$

阻尼振动的半衰期 T_h 的测量方式也不唯一。

方式①：直接使用秒表测出阻尼振动的振幅从初值 A_0 衰减到 $\frac{A_0}{2}$ 时所经历的时间即可；

方式②：以 CS-Z 智能数字测时器为例，将装有最窄条形挡光片的滑块置于最大振幅 A_0 处，将光电门"A"置于与滑块同侧的 $\frac{A_0}{2}$ 位置处，数字毫秒计选择事件计数功能，按下执行，显示"0" 后；挡光片每挡光光电门"A" 两次，显示数字就会增加"1"（即窄条形挡光片每经过光电门"A" 两次，显示数字就会增加"1"）；测出阻尼振动的振幅从初值 A_0 衰减到 $\frac{A_0}{2}$ 时所经历的完整周期数个数 y（提示：若按下执行，显示"0"；记下的事件数 x 为 1,2,3,4,… 次时，则所经历的完整周期数个数 y 分别为 1 个周期、2 个周期、3 个周期、4 个周期、… 个周期），再由半衰期的定义可得

$$T_h = y \cdot T$$

方式③：以 CS-Z 智能数字测时器为例，将装有最窄开口挡光片的滑块置于最大振幅 A_0 处，将光电门"A"置于与滑块同侧的 $\frac{A_0}{2}$ 位置处，数字毫秒计选择事件计数功能，按下执行，显示"0"；挡光片每挡光光电门"A"两次，显示数字就会增加"1"（即开口挡光片每经过光电门"A"一次，显示数字就会增加"1"）；测出阻尼振动的振幅从初值 A_0 衰减到 $\frac{A_0}{2}$ 时所经历的完整周期数个数 y（提示：若按下执行，显示"0"，记下的挡光次数 x 为 3,5,7,9,…,n 次时，则所经历的完整周期数个数 y 分别为 1 个周期、2 个周期、3 个周期、4 个周期……$(n-1)/2$ 个周期），再由半衰期的定义可得

$$T_h = y \cdot T$$

注意　以 CS-Z 智能数字测时器为例，光电门"B"无此"事件计数" 功能。

方法 2　利用振幅和周期测出阻尼振动的对数减缩 Λ。

设振子 t 时刻和 $t + nT$ 时刻的振幅分别为 $A_t = A_0 e^{-\delta t}$，$A_{(t+nT)} = A_0 e^{-\delta(t+nT)}$，其中 n 为正整数，则有

$$\frac{A_t}{A_{(t+nT)}} = \frac{A_0 e^{-\delta t}}{A_0 e^{-\delta(t+nT)}} = e^{nT\delta}$$

对上式两边取对数得

$$\ln\left(\frac{A_t}{A_{(t+nT)}}\right) = nT\delta$$

令 $t = 0$,得

$$\ln\left(\frac{A_0}{A_{nT}}\right) = nT\delta$$

$$\delta = \frac{1}{nT}\ln\left(\frac{A_0}{A_{nT}}\right)$$

$$\Lambda = \ln\frac{A_0 e^{-\delta t}}{A_0 e^{-\delta(i+T)}} = \delta \cdot T = \frac{1}{n}\ln\left(\frac{A_0}{A_{nT}}\right)$$

方法 3   利用阻尼振动曲线测出阻尼振动的对数减缩 Λ。

用火花记录装置记下滑块在导轨上的振动曲线,如图 5.5.2 所示。振动曲线上从某一振幅 A_0 开始,第 i 个振幅为 A_i,则

$$A_i = A_0 e^{-iT\delta}$$

对上式两边取对数得

$$\ln A_i = \ln A_0 - iT\delta$$

作 $\ln A_i - iT$ 图,将得到一条直线,其斜率为 $-\delta$,求出 δ 后,再由 $\Lambda = \delta \cdot T$ 求出对数减缩 Λ。

【实验内容】

(1)调平气垫导轨。

(2)称出各滑块和弹簧的质量。

(3)测定不同滑块和弹簧组成的阻尼振子的振动周期 T、半衰期 T_h、阻尼系数 δ、黏性阻尼系数 b、对数减缩 Λ、时间常数 τ 及品质因数 Q。

(4)研究磁阻尼对振动的影响。

如图 5.5.3 所示,分别在滑块的两侧斜面上对称地粘贴一对、两对小的磁铁块,当滑块在导轨上运动时,磁铁和导轨(即导体)相对运动,由此在导轨中产生感应涡电流,并对运动的滑块产生磁阻尼力的作用,从而使滑块阻尼振动的振幅衰减得更快。

图 5.5.3   滑块上加小磁铁示意图

测定不同磁铁块、滑块和弹簧组成的阻尼振子的振动周期 T、半衰期 T_h、阻尼系数 δ、黏性阻尼系数 b、对数减缩 Λ、时间常数 τ 及品质因数 Q。

(5)把以上(3)和(4)的实验结果进行对比分析,研究阻尼振子的质量、弹簧的劲度系

数、磁阻尼的大小对阻尼振子的振动周期 T、半衰期 T_h、阻尼系数 δ、黏性阻尼系数 b、对数减缩 Λ、时间常数 τ 及品质因数 Q 的影响。

【实验注意事项】

(1) 气垫导轨是较精密的仪器，实验中必须避免导轨受到碰撞、摩擦而变形、损伤。没有给气轨通气时，不准把滑块放上导轨；不准在导轨上强行推动滑块；不准从导轨上取下滑块。更不准在导轨轨面上画线或刻记号。

(2) 滑块的内表面光洁度较高，要轻拿轻放，严防划伤和磕碰。不要将滑块放在水泥实验台上，更不允许将滑块掉在地上。

(3) 滑块在导轨上运动的速度不能太大，以免冲出导轨跌落而损坏滑块。

(4) 绝对不能用手去随便拉伸弹簧，以免超过其弹性限度，而不能恢复原状。

(5) 实验中弹簧振子的初始振幅不易过大，选在 10 cm 左右为宜。

(6) 组装和拆卸弹簧振子系统时要把稳滑块，避免滑块弹出导轨而损坏。

(7) 测量弹簧振子的振动速度和振动周期 T 时，光电门必须安放在平衡位置处。

【常见问题与解答】

(1) 如何调节气垫导轨的纵向基本水平？

气垫导轨的水平调节包括横向水平和纵向水平两个方面。横向水平需要特制的 V 型铁和水平仪通过调节双脚螺丝完成。若实验前已经调好，不能再动双脚螺丝，否则破坏了横向水平状态。实验中需要调节的只是气垫导轨的纵向基本水平，通过调节单脚螺丝完成。具体调节时有静态调节法与动态调节法两种方法。

静态调节法的具体调节方法如下：

气垫导轨通气后，将滑块轻轻置于导轨中间部位。如果滑块做定向运动，说明导轨不平，相应地调节单脚螺丝，直到滑块不动或在一定范围内往复运动（不做定向运动），则可以认为气垫导轨纵向基本水平。再将滑块放置在导轨两端部位，做相同的检查。如果滑块在气垫导轨上的不同地方都能重复上述调节，则可以认为气垫导轨纵向水平调好。

动态调节法的具体调节方法如下：

气垫导轨通气后，将滑块轻轻置于导轨之上，并让滑块在导轨上往复运动。根据牛顿运动定律，如果导轨水平，则滑块在导轨上的往复运动都将是匀速直线运动。利用数字毫秒计和光电门测出滑块在导轨上往复运动的速度（各测两个速度，即：由右往左的两个速度 v_A 与 v_B，由左回到右的两个速度 v'_B 与 v'_A），如果 $v_A \approx v_B$，$v'_A \approx v'_B$，则说明导轨水平。

(2) 测量弹簧振子的振动周期 T 时，如何选择光电门的位置？ 如何选用滑块上的挡光片？ 如何选择数字计时器的测量功能和量程？

测量振动周期 T 时，将光电门放在弹簧振子的平衡位置，滑块上的挡光片选用最窄的条形挡光片。数字计时器的功能选择在测量周期上；量程的选择原则是，在保证测量值不超出量程的前提下使测量结果的有效数字位数最多，充分利用仪器的精度。（注意：不同的数字毫秒计有不同的操作和选择，应视实际情况而定。）

(3) 测量弹簧振子振动速度时，如何选用滑块上的挡光片？ 数字计时器的测量功能和量程应怎样选择?

测量弹簧振子振动速度时,滑块上的挡光片选用开口挡光片。选择数字计时器的功能处于测量开口挡光片经过光电门时两次挡光的时间间隔"Δt"的计时状态;量程选择 ms,小数点后有两位数字。(注意:不同的数字毫秒计有不同的操作和选择,显示的数字位数也不同,应视实际情况而定。)

(4) 测量弹簧振子振动速度时,光电门为什么要安放在平衡位置处?

实验中测量弹簧振子振动速度是为了求出振幅,振幅 A 取决于振动的能量即 $\frac{1}{2}KA^2$。在平衡位置处振动能量全部表现为动能即 $\frac{1}{2}mv_{\max}^2$,测出平衡位置的速率就可求出振幅,$\frac{1}{2}KA^2 = \frac{1}{2}mv_{\max}^2$。因此,实验中需要测量的是平衡位置的振动速率,光电门必须安放在平衡位置处。

【预习基本要求】

(1) 了解探索物理规律建立经验公式的实验方法。
(2) 了解低阻尼下弹簧振子的振动特性。
(3) 了解气垫导轨的基本原理,熟悉调节气垫导轨水平的方法。
(4) 了解光电控制数字计时系统的调整和使用方法。
(5) 理解在气垫导轨上测量弹簧振子的振动周期和速度的原理和方法。
(6) 熟悉实验要求的具体内容。
(7) 设计出测量数据记录表。

【预习思考题】

(1) 气垫导轨在实验中的作用是什么?
(2) 实验中根据什么思想来测量瞬时速度?
(3) 测量周期时,取多少个周期为宜? 这是由什么因素决定的?
(4) 实验中弹簧振子的振幅在振动过程中不断减小的原因是什么?
(5) 阻尼对弹簧振子的振动有什么影响? 低阻尼下弹簧振子的振动有什么特点?

【问题讨论】

(1) 阻尼振动周期比无阻尼(或阻尼很小时)振动周期长,你能否利用此实验装置设法加以证明?
(2) 讨论振动系统的 m 和 K 在相同的情况下,阻尼的大小对对数减缩 Λ 及品质因数 Q 的影响。
(3) 分析讨论黏性阻力和磁阻尼力是否满足线性相加的关系?
(4) 实验中如果气垫导轨由水平改为倾斜,对实验结果有无影响? 试通过实验进行测量并且从理论上对测量结果进行解释。

（5）试设计测量弹簧劲度系数 *K* 的各种实验方法。

实验 5.6　复摆振动的研究

【实验目的】

（1）练习测定复摆的中心位置；
（2）研究复摆振动周期与质心到支点距离的关系；
（3）研究用多种数据处理方式测出重力加速度、复摆的回转半径和转动惯量。

【实验仪器】

复摆、米尺、天平、物理支架、周期测定仪（或停表）等。

【实验原理】

1. 复摆的振动周期公式

复摆又称物理摆，是刚体在重力作用下，绕水平定轴在垂直平面内做微小摆动的动力运动系统。如图 5.6.1 所示，一个形状不规则的刚体，挂在过 *O* 点的水平轴（回转轴）上，若刚体离开竖直方向转过 *θ* 角后释放，它在重力矩的作用下，将绕回转轴自由转动。

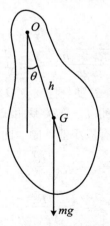

图 5.6.1　复摆示意图

设复摆的质量为 *m*，其重心 *G* 到转轴 *O* 的距离为 *h*，重力加速度为 *g*。在时刻 *t*，*OG* 与竖直线间的夹角为 *θ*，规定偏离平衡位置沿逆时针方向转过的角位移为正。此时复摆受到相对于 *O* 轴的恢复力矩 $M = -mgh\sin\theta$，式中的符号表示力矩 *M* 的方向与角位移 *θ* 的方向相反。当复摆的摆角很小（*θ* < 5°）时，有 $\sin\theta \approx \theta$，则

$$M = -mgh\theta \tag{5.6.1}$$

设复摆的绕 O 轴的转动惯量为 I，根据转动定律有

$$M = I\beta \tag{5.6.2}$$

式中，β 为复摆绕 O 轴转动的角加速度，$\beta = \dfrac{\mathrm{d}^2\theta}{\mathrm{d}t^2}$，式(5.6.2)可变为

$$I\frac{\mathrm{d}^2\theta}{\mathrm{d}t^2} + mgh\theta = 0 \tag{5.6.3}$$

令 $\omega^2 = \dfrac{mgh}{I}$，则得 $\dfrac{\mathrm{d}^2\theta}{\mathrm{d}t^2} + \omega^2\theta = 0$，解此微分方程得

$$\theta = A\cos(\omega t + \varphi_0) \tag{5.6.4}$$

由式(5.6.4)可知，当摆幅很小时，复摆在其平衡位置附近做简谐振动。A，φ_0 由初始条件决定，ω 是复摆的角频率，$\omega = \sqrt{mgh/I}$，振动周期

$$T = 2\pi\sqrt{\frac{I}{mgh}} \tag{5.6.5}$$

2. 复摆的回转半径 R_G、等值单摆长 L

设复摆对通过重心 G 并与轴 O 平行的转轴（G 轴）的转动惯量为 I_G，有平行轴定理可知

$$I = I_G + mh^2 \tag{5.6.6}$$

将式(5.6.6)代入式(5.6.5)，得

$$T = 2\pi\sqrt{\frac{I_G + mh^2}{mgh}} \tag{5.6.7}$$

设复摆绕重心轴的回转半径为 R_G，则 $I_G = mR_G^2$，由式(5.6.6)得

$$I = mR_G^2 + mh^2 \tag{5.6.8}$$

代入式(5.6.5)有

$$T = 2\pi\sqrt{\frac{R_G^2 + h^2}{gh}} = 2\pi\sqrt{\frac{\dfrac{R_G^2}{h} + h}{g}} \tag{5.6.9}$$

由式(5.6.9)可以看出，复摆周期 T 随悬挂支点 O 与重心 G 之间的距离 h 改变而改变，若以 h 为横轴，周期 T 为纵轴，做出的 $T-h$ 关系曲线如图 5.6.2 所示。

从图 5.6.2 可以看出，复摆周期有极小值。同一曲线上任意两点相应的方程为

$$T_1 = 2\pi\sqrt{\frac{R_G^2 + h_1^2}{gh_1}}$$

$$T_2 = 2\pi\sqrt{\frac{R_G^2 + h_2^2}{gh_2}}$$

式中，h_1，h_2 分别是复摆重心到两侧悬挂支点的距离。消去 R_G 得

$$\frac{4\pi^2}{g} = \frac{T_1^2 + T_2^2}{2(h_1 + h_2)} + \frac{T_1^2 - T_2^2}{2(h_1 - h_2)} \tag{5.6.10}$$

图 5.6.2 中的 A，B（或 C，D）为同一曲线上周期相等的点，即 $T_1 = T_2 = T$，则由此可得 $R_G^2 = h_1 h_2$。

$$T = 2\pi\sqrt{\frac{h_1 + h_2}{g}} = 2\pi\sqrt{\frac{L}{g}} \tag{5.6.11}$$

式(5.6.11)形式与单摆周期公式形式相同,其中 $L = h_1 + h_2$。实验事实也已表明,总可以找到一个单摆,它的振动周期恰好等于给定复摆的周期,因此称 L 为复摆的等值单摆长,即是图 5.6.2 中 AC 或 BD 的距离 l。

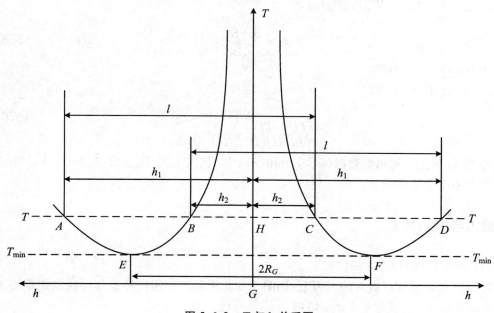

图 5.6.2　T 与 h 关系图

3. 用复摆测重力加速度 g

(1) 由式(5.6.7)可直接得到复摆的振动周期 T 与转轴到中心距离 h 的关系。

$$mgT^2 h = 4\pi^2 I_G + 4\pi^2 m h^2 \qquad (5.6.12)$$

$$h^2 = -\frac{I_G}{m} + \frac{g}{4\pi^2} \cdot (T^2 h)$$

周期 T 随 h 变化,改变 h 值,测出周期 T,作出 $T^2 h$ 与 h^2 关系曲线,应为一条直线,由其斜率即可求出重力加速度 g 的值。即

$$h^2 = -\frac{I_G}{m} + \frac{g}{4\pi^2} \cdot (T^2 h)$$

$$y = a + bx$$

$$a = -\frac{I_G}{m}, \quad b = \frac{g}{4\pi^2}$$

$$I_G = -ma, \quad g = 4\pi^2 b$$

$$I_G = m R_G^2, \quad R_G^2 = -a, R_G = \sqrt{(-a)}$$

(2) 利用复摆周期与转轴位置关系图求出重力加速度 g 的值。

由式(5.6.11)得

$$g = \frac{4\pi^2}{T^2}(h_1 + h_2) \qquad (5.6.13)$$

在 T-h 图上任取一个周期,找出对应的 h_1 和 h_2($h_1 \neq h_2$),用等值摆长 $L = h_1 + h_2$ 代入式(5.6.13),求出重力加速度 g 的值。

（3）利用复摆周期与转轴位置关系图求出重力加速度 g 的值。

在 $T - h$ 图上找出两支曲线的最低点 $E(R''_G, T''_{min})$、$F(R'_G, T'_{min})$，用 $R_G = \frac{1}{2}(R'_G + R''_G)$，$T_{min} = \frac{1}{2}(T'_{min} + T''_{min})$，代入

$$g = \frac{8\pi^2 R_G}{T^2_{min}} \tag{5.6.14}$$

求出重力加速度 g 的值。

（4）由式(6.3.10)得

$$g = \frac{4\pi^2}{\dfrac{T_1^2 + T_2^2}{2(h_1 + h_2)} + \dfrac{T_1^2 - T_2^2}{2(h_1 - h_2)}} \tag{5.6.15}$$

取重心 G 异侧支点的两组数据 (h_1, T_1) 和 (h_2, T_2) 代入上式（注意取 $T_1 \approx T_2, h_1 \neq h_2$），计算出重力加速度 g 的值。

【实验内容及要求】

（1）测定复摆重心 G 的位置 S_G。

将复摆水平放置在直立的刀刃上，如图 5.6.3 所示。利用杠杆原理寻找复摆重心 G 的位置 S_G，要求 S_G 的误差在 1 mm 以内。

（2）测量不同支点的周期 T。

如图 5.6.4 所示，S 表示从悬挂支点 O 到复摆一端 a 的距离。依次改变支点位置，由靠近 a 端开始，逐渐移向 b 端，如图 5.6.5 所示，测定每个悬挂支点挂在刀刃上复摆连续摆动多个周期的 nT 值 5 次。测量时摆角要小于 5°，多次改变支点的位置，将数据记录于自己设计的数据记录表中。

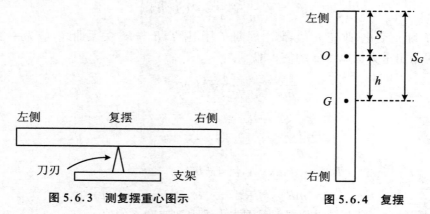

图 5.6.3　测复摆重心图示　　　　　图 5.6.4　复摆

（3）求出 S 各值对应的 h 值，计算重力加速度 g 值、复摆绕重心轴的回转半径 R_G 与转动惯量 $I_G(I_G = mR_G^2)$。

如图 5.6.4 所示，取 $h = |S_G - S|$。

① 作 $T^2 h - h^2$ 图，并用线性回归法，由直线的参数截距与斜率求出 R_G, I_G, g_1。

② 作 $T - h$ 图，研究复摆振动周期与质心到支点距离的关系，并从图中求出等值摆长

L,代入式(5.6.13),求出 R_G,I_G,g_2。

③ 作 $T - h$ 图,研究复摆振动周期与质心到支点距离的关系,并从图中求出 R_G 和 $T_{\min}$,代入式(5.6.14),计算出 R_G,I_G,g_3。

④ 从测量数据表中选出重心 G 两侧对应支点的两组数据 (h_1,T_1) 和 (h_1,T_2),代入 (5.6.15)式,注意应取 $T_1 \approx T_2$,$h_1 \neq h_2$ 的数据,计算出 R_G,I_G,g_4。

⑤ 对以上 4 种方法进行比较,给出比较的结论。

(4) 通过不同支点的周期 T 的测量数据,说明复摆振动周期与质心到支点距离的变化情况。

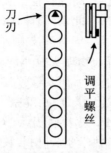

图 5.6.5　复摆装置

【注意事项】

(1) 测量周期时摆角要小于 5°,且要多次改变支点的位置。

(2) 在 $T - h$、$T^2 h - h^2$ 图上如有明显偏离曲线的点,要重新测量。

(3) 使用计时、计数器的光电门位置要合适。

(4) 复摆挂于悬挂位置上时,刀口的水平状态要调整好,使得复摆成铅直状态;倒挂摆时仍需重新调整好刀口。

(5) 实验结束后要将复摆取下,平放在桌上,防止刀口长期受力变钝。

【问题讨论】

(1) 如何操作才能使寻找到的复摆重心 G 的位置 S_G 的误差在 1 mm 以内?

(2) 如何操作才能使悬挂于刀口上的复摆成铅直状态? 如何判断悬挂于刀口上的复摆成铅直状态?

(3) 如何操作才能使复摆在测量周期时摆角小于 5°? 如何判断摆动中的复摆的摆角小于 5°?

参 考 文 献

［1］ 杨述武,赵立竹,沈国土,等.普通物理实验:力学、热学部分[M].4 版.北京:高等教育出版社,2007.

[2] 林抒,龚镇雄.普通物理实验[M].北京:高等教育出版社,1981.
[3] 赵鲁卿,王玉文.普通物理实验[M].西安:西北大学出版社,1993.
[4] 沙振舜,周进,周非.当代物理实验手册[M].南京:南京大学出版社,2012.
[5] 朱鹤年.基础物理实验教程[M].北京:高等教育出版社,2003.
[6] 朱鹤年.新概念物理实验测量引论[M].北京:高等教育出版社,2007.
[7] 李志超,轩植华,霍剑青.大学物理实验[M].北京:高等教育出版社,2001.
[8] 崔益和,殷长荣.物理实验[M].苏州:苏州大学出版社,2003.
[9] 杨俊才,何焰蓝.大学物理实验[M].北京:机械工业出版社,2004.
[10] 成正维.大学物理实验[M].北京:高等教育出版社,2002.
[11] 钱锋,潘人培.大学物理实验[M].北京:高等教育出版社,2005.
[12] 熊永红.大学物理实验[M].武汉:华中科技大学出版社,2004.
[13] 朱俊孔,张山彪,高铁平,等.普通物理实验[M].济南:山东大学出版社,2001.
[14] 崔亚量,梁为民.普通物理实验[M].西安:西北工业大学出版社,2007.
[15] 吕斯骅,段家忯.基础物理实验[M].北京:北京大学出版社,2002.
[16] 刘子臣.大学基础物理实验[M].天津:南开大学出版社,2001.
[17] 李佐威,刘铁成.普通物理力学热学实验[M].长春:吉林大学出版社,2000.
[18] 沙振舜,马葭生.气垫导轨实验[M].上海:上海科学技术出版社,1984.
[19] 马葭生.大学物理选题实验50例[M].上海:华东师范大学出版社,1992.
[20] 林肇元.气轨上的物理实验[M].北京:科学普及出版社,1983.
[21] 吴咏华,霍剑青,熊永红,等.大学物理实验:第一册[M].北京:高等教育出版社,2001.
[22] 沈元华,陆申龙,等.基础物理实验[M].北京:高等教育出版社,2003.
[23] 方晓懿,代锦辉,杨培林.大学物理实验[M].北京:科学出版社,2010.
[24] 高潭华,卢道明.大学物理实验[M].上海:同济大学出版社,2009.
[25] 张三彪,桂维玲,孟祥省.基础物理实验[M].北京:科学出版社,2009.
[26] 蒲利春,袁敏.新编大学应用物理实验[M].北京:科学出版社,2011.
[27] 李端勇,张昱.大学物理实验:提高篇[M].北京:科学出版社,2012.
[28] 王殿元,魏健宁,余剑敏,等.大学物理实验:上册[M].武汉:华中科技大学出版社,2011.
[29] 魏健宁,余剑敏,谢卫军,等.大学物理实验:下册[M].武汉:华中科技大学出版社,2011.

第 6 章　电磁学与光学

实验 6.1　微安表内阻测量方法的比较研究

【引言】

微安表仅能测量较小的电流,但如果和一个适当的分流电阻并联,就可以改装成一个所需量程的电流表,而串联一个适当的分压电阻就可以改装成一个所需量程的电压表。改装的关键问题是需要知道微安表的内阻 R_g。而现有的微安表都没有标明其内阻大小,只标有型号、准确度等级等。因此,要改装微安表就要对其内阻进行测量,只有测出微安表内阻才可以对其进行改装。

微安表只允许微安级电流通过,故绝不能用万用表测量其内阻,而只能设法在小电流的条件下进行测量。

【实验目的】

(1) 学习合理设计简单的测量和控制电路;
(2) 研究测量微安表内阻的几种方法;
(3) 培养分析问题、解决问题的能力。

【实验仪器】

直流稳压电源、箱式电桥、数字电流表(20 mA～200 mA～4 A)、数字电压表(20 mV～200 mV～2 V～20 V)、待测微安表(200 μA)、电阻箱、变阻器等(如图 6.1.1 所示)。

【实验原理】

1. 替代法

取一只与待测微安表 μA 量程相近的微安表 μA_S 作为比较微安表,将两者通过换向开关 K_2 串联起来,如图 6.1.2 所示。因为微安表 μA 允许通过的电流很小,所以要用变阻器 R_0 控制电流。接通 K_1 后,先将 K_2 拨向 μA,调节变阻器 R_0,使 μA 的指针偏转至某一示值,记下比较微安表 μA_S 的读数。再断开 K_1,调节电阻 R_1 阻值为较大。再将 K_2 拨向 R_1,保持滑

图 6.1.1　测量微安表内阻仪器实物图

动变阻器 R_0 位置不变。接通 K_1 后，调节 R_1 使 μA_S 的读数达到刚记下的数值，这时待测微安表内阻

$$R_g = R_1 \tag{6.1.1}$$

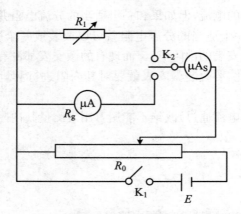

图 6.1.2　替代法测量微安表内阻电路图

2. 半偏法

(1) 如图 6.1.3 所示，断开 K_2，闭合 K_1，调节电阻箱 R_0 使待测微安表 μA 满偏，记下 μA_S 的电流值。再闭合 K_2，调节电阻箱 R_1，R_0，使待测微安表 μA 半偏（保证 μA_S 的电流值相同），这时微安表内阻

$$R_g = R_1 \tag{6.1.2}$$

(2) 如图 6.1.4 所示，闭合 K_2 与 K_1，调节滑动变阻器 R_0 与电阻箱 R_n 使待测微安表 μA 满偏。再断开 K_2，调节电阻箱 R_1 与滑动变阻器 R_0 使微安表 μA 半偏（保证 Ⓥ 中电压值相同），这时微安表内阻

$$R_g = R_1 \tag{6.1.3}$$

3. 电桥法

如图 6.1.5 所示，由于微安表 μA 允许通过的最大电流小于箱式电桥桥臂的电流，所以，串联电阻箱 R_E 限流。调节电桥平衡时，微安表内阻

$$R_g = \frac{R_2}{R_3} R_4 \tag{6.1.4}$$

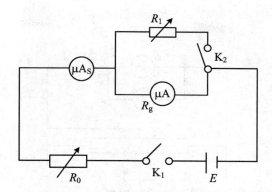

图 6.1.3　半偏法(电流表监测)测量微安表内阻电路图

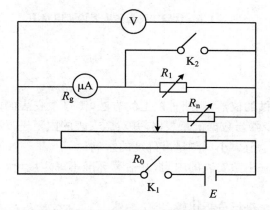

图 6.1.4　半偏法(电压表监测)测量微安表内阻电路图

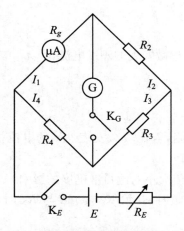

图 6.1.5　箱式电桥测量微安表内阻电路图

4. 伏安法

如图 6.1.6 所示,用电压表测出 μA 表两端的电压 U,再读出通过 μA 表的电流 I,可计算出 μA 表内阻

$$R_{\mathrm{g}} = \frac{U}{I} \tag{6.1.5}$$

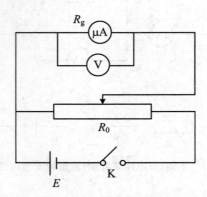

图 6.1.6　伏安法测量微安表内阻电路图

【实验内容与要求】

（1）根据实验室提供的仪器，用两种以上的方法，测量微安表的内阻（阐述实验原理、推导测量公式、设计实验步骤与数据记录表格，并对微安表的内阻进行测量）。

（2）探究微安表的示值大小对测量准确度的影响。

（3）根据记录数据求出微安表的内阻，并估算标准不确定度（伏安法要求用最小二乘法处理数据）。

（4）对几种测量方法进行分析比较。

【实验注意事项】

流过微安表的电流不能超过微安表的满度电流。

【问题讨论】

（1）替代法测量微安表内阻，若比较微安表 μA_{S} 的电流指示值 I 不变，对应的电阻 R_1 有多个值，电阻 R_1 应如何取值？

（2）如何探究微安表的示值大小对测量准确度的影响？

（3）替代法测量微安表内阻时，开关 K_2 接 μA 与 R_1 时，为什么要保持滑动变阻器 R_0 位置不变？

（4）图 6.1.3 中半偏法测量微安表内阻时，闭合开关 K_2 前后，为什么要保证比较微安表 μA_{S} 的电流值相同？

（5）用箱式电桥测量微安表内阻时，如何使通过微安表的电流不超过微安表的量程？

（6）箱式电桥中比例臂的倍率值选取的原则是什么？

（7）测量微安表内阻的实验中各种方法分别有哪些误差来源？实验中如何减小误差？你有何建议？

实验 6.2　箱式电势差计的应用

【引言】

电势差计的测量准确度高,且避免了测量的介入误差,但它操作比较复杂。在数字仪表快速发展的今天,电势差计对电压的测量逐步被数字电压表所替代。后者因为内阻高、自动化、测量容易,得到了广泛的应用。尽管如此,电势差计作为补偿法的典型应用,在电学实验中仍有重要的训练价值。

【实验目的】

(1) 训练简单测量电路的设计和测量条件的选择;

(2) 加深对补偿法测量原理的理解和运用;

(3) 掌握用箱式电势差计校准电表及测量电阻的方法。

【实验要求】

(1) 设计用箱式电势差计(0～103 mV),校准电压表(0～1.5 V～3 V～7.5 V)和毫安表(0～7.5 mA～15 mA～30 mA)的实验电路图;设计测量微安表内阻和电势差计灵敏度的实验电路图,拟定测量方案(阐述实验原理、推导测量公式、设计实验步骤与数据记录表格,根据被校电压表、毫安表的量程,估算标准电阻的阻值。推导出测量微安表内阻的不确定度计算公式)。

(2) 对电压表、毫安表进行校准,然后计算各修正值,作电压表、电流表的校正曲线,定出电压表、电流表的级别。

(3)* 测量微安表的内阻和电势差计灵敏度。根据记录数据求出微安表的内阻 R_g,并估算标准不确定度 $u_C(R_g)$。

【实验仪器】

箱式电势差计(0～103 mV)、待校准的电压表(0～1.5 V～3 V～7.5 V)、待校准的毫安表(0～7.5 mA～15 mA～30 mA)、待测微安表(200 μA)、直流稳压电源、电阻箱、变阻器。如图 6.2.1 所示。

【实验原理】

(1) 分压器与分压比。

不同型号的电势差计,测量范围不同,量程上限也有几十毫伏至几十伏等多种规格。若配上分压器,则可使测量范围扩大。

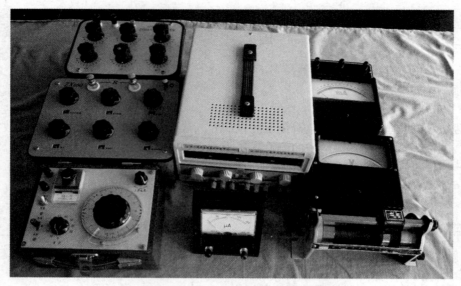

图 6.2.1 电势差计的应用仪器实物图

图 6.2.2 所示的分压器,A,B 为电压输入端,其总电阻为 R。A,C 为输出端,改变阻值 R_{AC} 可控制输出电压 U_{AC} 的大小。

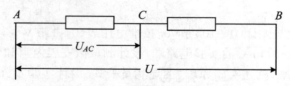

图 6.2.2 分压器分压

若 $R_{AC} = \dfrac{1}{m}R$,由串联电路特点可知,$\dfrac{U_{AC}}{U} = \dfrac{R_{AC}}{R} = \dfrac{1}{m}$,则

$$U_{AC} = \frac{1}{m}U \tag{6.2.1}$$

式中,$\dfrac{1}{m}$ 为分压比。

(2) 本实验校准电压表的方法是用待校准电压表与标准表测量同一电压,求出待校准表每一刻度的修正值。如标准表读数为 U_s,待校表读数为 U,则修正值 $\Delta U = U_s - U$。然后分别以 U 为横坐标,ΔU 为纵坐标,画出该表的校准曲线。整个图形是折线状。以后使用该表时,可根据电表的校准曲线修正读数值。通过校准找出该表的最大基本误差 $|\Delta U|_{\max}$,由下式即可确定出该表的等级

$$a_u \geqslant \frac{|\Delta U|_{\max}}{U_n} \times 100 \tag{6.2.2}$$

式中,U_n 为待校正电压表量程。

(3) 本实验校准电流表的方法是以电势差计经转换测量而得到的电流值 I_s 作为标准值,对待校准的电流表进行校准。

(4) 电势差计是测量电压的仪器,须将电阻测量转换为电压测量。

【箱式电势差计简介】

（1）电势差计原理

图 6.2.3 中闭合开关 S，当开关 K 合在标准位置时，调节 R_n，使 R_s 上的电压恰好与 E_s 达到补偿（G 中无电流），则有

$$E_s = I_0 R_s \tag{6.2.3}$$

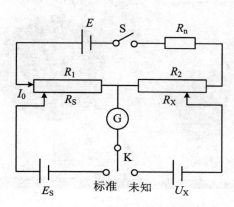

图 6.2.3　电势差计原理图

当开关 K 合在未知位置时，调节 R_x，使 R_x 上的电压恰好与 U_x 达到补偿（G 中无电流），则有

$$U_x = I_0 R_x \tag{6.2.4}$$

由两次补偿的结果相比，可以得到

$$U_x = \frac{R_x}{R_s} E_s \tag{6.2.5}$$

（2）UJ37 型箱式电势差计面板见图 6.2.4。

（3）使用方法

① 校对标准：按极性接上工作电池，调整好检流计指针至零点。再把电键 K 扳到标准，同时调节多圈电位器，使检流计 G 指针回零。

② 测量：将被测电动势按极性接到未知接线端处，把开关 S 扳向测量端。进步盘 A 和滑盘 B 的旋钮放在适当的位置，然后把电键 K 扳向未知，调节进步盘与滑盘直至检流计回零。

被测电动势 = 进步盘 A 读数 + 滑盘 B 读数

【问题讨论】

（1）使用电势差计时，为什么必须先将电势差计工作电流标准化后，才能进行测量？

（2）如何用箱式电势差计校准电压表？如果电压表量程大于箱式电势差计的测量范围，如何校准电压表？

（3）如何用箱式电势差计校准电流表？

（4）如何用箱式电势差计测量微安表内阻？

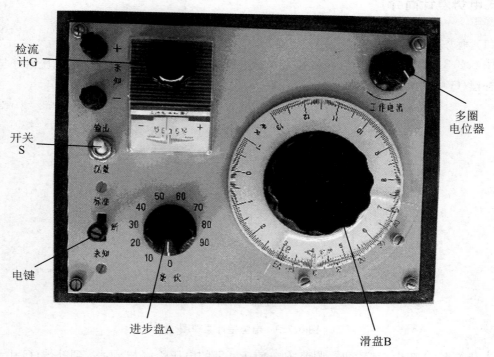

检流计G

开关S

电键

多圈电位器

进步盘A

滑盘B

图 6.2.4   UJ37 型箱式电势差计面板图

（5）在测量微安表内阻的实验中有哪些误差来源？实验中如何减小误差？你有何建议？

实验 6.3   *LRC* 电路谐振特性研究

【引言】

在力学中已观测到了简谐振动、阻尼振动和受迫振动。类似地，在电路中接入一电动势按正弦变化的电源，可经常地给电路补充能量以维持电振荡。在此实验中研究电源的频率对电路中振荡的影响。

【实验目的】

（1）研究和测量 *LRC* 串、并联电路的幅频特性；
（2）掌握幅频特性的测量方法；
（3）进一步理解回路 *Q* 值的物理意义。

图 6.3.1　*LRC* 谐振电路特性研究仪器实物图

【实验原理】

1. *LRC* 串联谐振

（1）回路中电流与频率的关系（幅频特性）

图 6.3.2 为 *LRC* 串联电路，图中 r 为电感线圈的直流电阻，实验中不计电容的等效损耗电阻。V_1 为实验仪上的交流电压表，用以监测实验仪的输出电压。mV_2 为交流毫伏表，用来测量取样电阻 R 两端的交流电压。f 为实验仪上的频率计。*LRC* 交流回路中阻抗 Z 为复阻抗：

$$Z = (R + r)i + \left(\omega L - \frac{1}{\omega C}\right)j \tag{6.3.1}$$

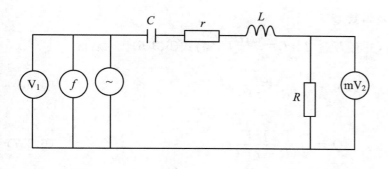
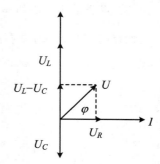

图 6.3.2　*LRC* 串联电路

幅值

$$|Z| = \sqrt{(R + r)^2 + \left(\omega L - \frac{1}{\omega C}\right)^2} \tag{6.3.2}$$

回路中总电压 U 与总电流 I 的位相 φ 有

$$\tan\varphi = \frac{U_L - U_C}{U_R + U_r} = \frac{\omega L - \dfrac{1}{\omega C}}{R + r}$$

或

$$\varphi = \arctan\left(\frac{\omega L - \dfrac{1}{\omega C}}{R + r}\right) \tag{6.3.3}$$

回路中电流

$$I = \frac{U}{Z} = \frac{U}{\sqrt{(R + r)^2 + \left(\omega L - \dfrac{1}{\omega C}\right)^2}} \tag{6.3.4}$$

当 $\omega L - \dfrac{1}{\omega C} = 0$ 时，$\varphi = 0$，电流 I 有最大值，此时称电路发生谐振。不难得出谐振时角频率与谐振频率分别为

$$\omega_0 = \frac{1}{\sqrt{LC}}, \quad f_0 = \frac{1}{2\pi\sqrt{LC}} \tag{6.3.5}$$

取横坐标为 f，纵坐标为 I，可得如图 6.3.3 所示的电流频率特性曲线。

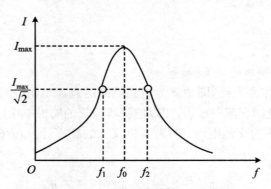

图 6.3.3　串联谐振电路的 I-f 曲线

(2) 串联谐振电路的品质因数 Q

谐振时 $\varphi = 0$，$U_L = U_C$，并有 $U_L = I\omega_0 L = \dfrac{\omega_0 L}{R + r}U$。将式(6.3.5)代入后得

$$U_L = \sqrt{\frac{L}{(R + r)^2 C}}U \tag{6.3.6}$$

令

$$Q = \sqrt{\frac{L}{(R + r)^2 C}} \tag{6.3.7}$$

则

$$U_L = U_C = QU \tag{6.3.8}$$

Q 称为串联电路的品质因数。当 $Q \gg 1$ 时，U_L 和 U_C 上的电压远大于信号源的输出电压。这种现象常称为串联电路的电压谐振，即电压谐振时，电感和电容上的电压为信号源电压的 Q 倍。这是 Q 值第一个意义。Q 值还标志着电路频率的选择性，即曲线的尖锐程度。

通常规定 I 值为 $\dfrac{\sqrt{2}}{2}I_{\max}$（$I = 0.707 I_{\max}$）的两点处的频率差 $f_2 - f_1$ 为"通频带宽度"（图 6.3.3），这是 Q 值的第二个意义。根据这个定义可推出

$$Q = \frac{f_0}{f_2 - f_1} \tag{6.3.9}$$

由上式可见 Q 越大,带宽越小,谐振曲线也就更尖锐,电路的选择性就越好。

2. LRC 并联谐振

如图 6.3.4 所示,R_S 为外接取样电阻,r 为电感线圈直流电阻。为了计算方便,采用复数法研究电路规律。根据并联电阻计算,并联电路 a,b 两点间的导纳

$$\frac{1}{Z} = \frac{1}{r + j\omega L} + j\omega C = \frac{1 - \omega^2 LC + j\omega Cr}{r + j\omega L}$$

由上式可得 a,b 间的阻抗及电压与电流的位相差为

$$|Z| = \sqrt{\frac{r^2 + (\omega L)^2}{(1 - \omega^2 LC)^2 + (\omega Cr)^2}} \tag{6.3.10}$$

$$\varphi = \arctan\frac{\omega L - \omega C[r^2 + (\omega L)^2]}{r} \tag{6.3.11}$$

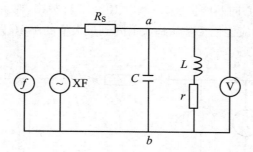

图 6.3.4　LRC 串并混联电路

当 $\omega L - \omega C[r^2 + (\omega L)^2] = 0$ 时,$\varphi = 0$,即当交流电的角频率满足关系式

$$\omega = \sqrt{\frac{1}{LC} - \left(\frac{r}{L}\right)^2}$$

时,信号源的输出电压与输出电流同位相。令 $(\omega_0)_p$ 与 $(f_0)_p$ 分别表示 $\varphi = 0$ 的角频率与频率,或者称为谐振角频率和谐振频率,则

$$(\omega_0)_p = \sqrt{\frac{1}{LC} - \left(\frac{r}{L}\right)^2} \tag{6.3.12}$$

$$(f_0)_p = \frac{1}{2\pi}\sqrt{\frac{1}{LC} - \left(\frac{r}{L}\right)^2} \tag{6.3.13}$$

当 $\dfrac{1}{LC} \gg \left(\dfrac{r}{L}\right)^2$ 时,LR 和 C 并联电路的谐振频率与 LRC 串联电路的谐振频率近似相等。式(6.3.12)角频率可改写为

$$(\omega_0)_p = \omega_0\sqrt{1 - \frac{1}{Q^2}} \tag{6.3.14}$$

式中,$Q = \sqrt{\dfrac{L}{r^2 C}}$为 LR 和 C 并联电路的品质因数。

由式(6.3.10)可知,并联谐振时 Z 有极大值。若电压 U 保持不变,则 I 有极小值。这和串联电路的情况正好相反。和串联谐振一样,Q 值越大,电路的选择性越好。在谐振时,两分支电路中的电流几乎相等,且近似为总电路电流 I 的 Q 倍。因而并联谐振也称为电流谐振。

【实验内容与要求】

1. LRC 串联电路的谐振特性

取 $L = 100$ mH,$C = 0.05\ \mu$F,用箱式电桥测出 100 mH 电感的直流电阻 r 的值,R 值自己确定(取能使 Q 值在 15 或 5 左右的 R 值)。

测量线路如图 6.3.5 所示,调节交流电路综合实验仪上的电压输出幅度,在保证各种频率测量时,V_1 电压有效值都是 1 V,用交流毫伏表 mV_2 测量 R 的端电压。

计算串联谐振频率 f_0 的理论值。在 f_0 的理论值附近寻找串联谐振的谐振点,然后以谐振频率 f_0 的测量值为中心向两侧扩展,每侧取 $10 \sim 15$ 种频率,对每一频率测电阻 R 的端电压 U_R。频率的改变范围应能使 U_R 从最大值降到最大值的 $1/10$ 以下。

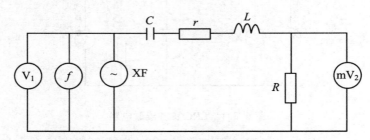

图 6.3.5　串联电路的测量线路

电源输出电压、频率可在交流电路实验仪上读出。电阻 R 的端电压 U_R 和谐振时电感线圈上、电容上的电压均用毫伏表 mV_2 测量。

(1) 取 $L = 0.1$ H,$C = 0.05\ \mu$F,实验仪输出电压取 1 V 不变(每变化一次频率要检测一次电源输出电压)。用交流毫伏表 mV_2 测 R 上电压。

(2) 每次频率的改变量不应相等,在谐振点附近应多测几点。以便在直角坐标纸描点作曲线。

(3) 绘制 $U_R - f$ 曲线。

(4) 用电压谐振法确定 Q 值,并与理论值进行比较。

(5) 用频带宽度法确定 Q 值,并与理论值进行比较。

2. 用 LRC 谐振电路,测量一个给定线圈的电感和直流电阻

请学生们自己设计方案。

3*. 测量 LR 与 C 并联电路的谐振特性

实验电路如图 6.3.6 所示,用交流毫伏表 mV_1 测量 R_S 的端电压,交流毫伏表 mV_2 测量电容 C 的端电压 U_{ab},测量内容和 LRC 串联电路相同,步骤自拟,最后作 $U_{ab}-f$ 曲线。

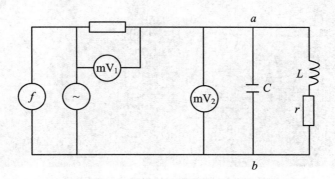

图 6.3.6 LR 与 C 并联电路的测量线路

(1) 用最大电压法测量 LR 与 C 并联电路的 Q 值。

(2) 用频带宽度法确定 LR 与 C 并联电路的 Q 值。

【问题讨论】

(1) 在 LRC 串联电路中,取 $L=0.1\,\mathrm{H}$,$C=0.05\,\mu\mathrm{F}$ 时谐振频率的理论值是多少?

(2) 根据 LRC 串联电路的谐振特点,在实验中如何判断电路达到了谐振?

(3) 根据 LRC 并联电路的谐振特点,在实验中如何判断电路达到了谐振?

(4) 为什么将串联谐振称为电压谐振、并联谐振称为电流谐振?

(5) LR 与 C 并联谐振测量过程中,如何保持电源输出电流不变?

实验 6.4 棱镜片折射率测量方法的比较研究

【实验目的】

(1) 研究测量棱镜片折射率的几种方法;

(2) 培养分析、讨论实验结果的能力。

【实验仪器】

分光计、棱镜片、低压钠灯、毛玻片、双面镜。如图 6.4.1 所示。

图 6.4.1　测棱镜片折射率仪器实物图

【实验原理】

1. 任意偏向角法与最小偏向角法测棱镜片折射率

在图 6.4.2 中,入射光对应的刻度为 φ_0,入射面对应的法线刻度为 φ_{0n},出射光对应的刻度为 φ_1,出射面对应的法线刻度为 φ_{1n},根据折射率的基本定义有

$$n = \frac{\sin\alpha}{\sin\beta} = \frac{\sin\varphi}{\sin\gamma} \tag{6.4.1}$$

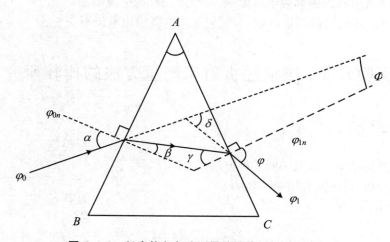

图 6.4.2　任意偏向角法测量棱镜片折射率光路图

根据三角形内外角和的基本关系,有

$$\beta + \gamma = A \tag{6.4.2}$$
$$\alpha = A - \Phi \tag{6.4.3}$$
$$\alpha + \varphi = A + \delta \tag{6.4.4}$$

根据式(6.4.1)有

$$\cos\beta = \sqrt{1 - \frac{\sin^2\alpha}{n^2}}, \quad \cos\gamma = \sqrt{1 - \frac{\sin^2\varphi}{n^2}}$$

$$\sin\beta\sin\gamma = \frac{1}{n^2}\sin\alpha\sin\varphi \tag{6.4.5}$$

根据式(6.4.2)有

$$\cos A = \cos(\beta + \gamma) = \cos\beta\cos\gamma - \sin\beta\sin\gamma \tag{6.4.6}$$

由以上两式直接作化简可以得到

$$n = \sqrt{\frac{\sin^2\alpha + \sin^2\varphi + 2\cos A\sin\alpha\sin\varphi}{\sin^2 A}} \tag{6.4.7}$$

式(6.4.7)就是一般情况下任意偏向角为 $\delta = \varphi_1 - \varphi_0$，只需测出入射角 α，出射角 φ，棱镜顶角 A，根据式(6.4.7)可以算出棱镜片的折射率 n。

根据最小偏向角 $\delta_{\min}$ 的充要条件 $\beta = \gamma$，$\alpha = \varphi$，式(6.4.7)即可变形为最小偏向角法对应的折射率公式：

$$n = \frac{\sqrt{2(1 + \cos A)\sin^2\alpha}}{\sin A} = \frac{\sin\dfrac{\delta_{\min} + A}{2}}{\sin\dfrac{A}{2}} \tag{6.4.8}$$

只要测量出棱镜最小偏向角 $\delta_{\min}$ 与棱镜顶角 A，根据式(6.4.8)就可算出棱镜片的折射率 n。

2. 掠入射法测量棱镜片折射率

如图 6.4.3 所示，用单色面扩展光源(钠光灯前加一块毛玻璃)照射到棱镜 AB 面上。当扩展光源出射的光线从各个方向射向 AB 面时，以 90° 入射的光线的内折射角最大为 $i_{2\max}$，其出射角最小为 $i'_{1\min}$；入射角小于 90° 时，内折射角必小于 $i'_{2\max}$，出射角必大于 $i'_{1\min}$；大于 90° 的入射光线不能进入棱镜。这样，在 AC 面用望远镜观察时，将出现半明半暗的视场。明暗视场的交线就是入射角为 $i_1 = 90°$ 的光线的出射方向。

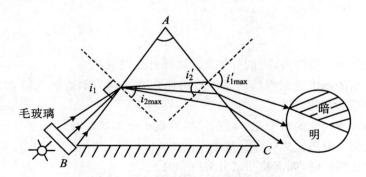

图 6.4.3　掠入射法测量棱镜折射率光路图

由折射定律可知，折射率 $n = \dfrac{1}{\sin i_{2\max}}$，即 $\sin i_{2\max} = \dfrac{1}{n}$。由几何知识可以得到：

$$i_{2\max} + i'_2 = A \tag{6.4.9}$$

即

$$i'_2 = A - i_{2max}$$

而

$$n = \frac{\sin i'_{1min}}{\sin i'_2} = \frac{\sin i'_{1min}}{\sin(A - i_{2max})} = \frac{\sin i'_{1min}}{\sin A \cos i_{2max} - \cos A \sin i_{2max}}$$

$$= \frac{\sin i'_{1min}}{\sin A \cdot \sqrt{1 - \left(\frac{1}{n}\right)^2} - \cos A \cdot \frac{1}{n}} \tag{6.4.10}$$

根据式(6.4.10)有

$$\sin i'_{1min} = \sin A \cdot \sqrt{n^2 - 1} - \cos A \tag{6.4.11}$$

化简式(6.4.11)有

$$n = \sqrt{\left(\frac{\cos A + \sin i'_{1min}}{\sin A}\right)^2 + 1} \tag{6.4.12}$$

由式(6.4.12)知,只要测出入射角为 90° 时,所对应的出射角 i'_{1min} 和顶角 A 就可求得该棱镜片的折射率。

【实验内容与要求】

(1)用两种以上的方法测量棱镜片的折射率。

(2)根据数据记录求出各种方法测得的折射率,并估算不确定度。

(3)对不同的测量方法进行分析比较,说明各种测量棱镜片的折射率方法的优缺点。

【实验注意事项】

(1)计算折射率时,角度不确定度的数值要用弧度为单位。

(2)在计算望远镜的转角时,应当注意游标是否在转动过程中经过 0°。若经过 0°,则望远镜的实际转角为 360° − 较大读数 + 较小读数。

【问题讨论】

(1)用分光计测量角度前,应调节分光计达到什么要求?

(2)如何判断望远镜对无穷远处聚焦?用什么方法调节望远镜光轴垂直于旋转主轴?如何判断平行光管发射平行光?

(3)怎样调节棱镜片的两个光学面的法线垂直于分光计转轴?

(4)如何改变入射角?如何寻找最小偏向角?

(5)掠入射法测量时,如何使明暗分界线明显?

(6)测量棱镜片折射率的实验中几种方法各有哪些误差来源?实验中如何减小误差?你有何建议?

实验 6.5　偏振现象的观察与研究

【引言】

1809 年,法国工程师马吕斯在实验中发现了光的偏振现象。对于该现象的研究,使人们对光传播(反射、折射、吸收和散射等)的规律有了新的认识。特别是近年来开发出了各种各样的偏振光元件、偏振光仪器和偏振光技术,在现代科学技术中发挥了极其重要的作用,如光调制器、光开关、光学计量、应力分析、光信息处理、光通信、激光和光电子学器件等应用。

【实验目的】

(1) 观察光的偏振现象,加深对偏振光的理解;
(2) 掌握产生和检验偏振光的原理和方法;
(3) 学习用布儒斯特定律测量平面玻璃折射率的方法。

【实验仪器】

分光计(含配件:起偏器、检偏器、1/4 波片、数字检流计)。如图 6.5.1 所示。

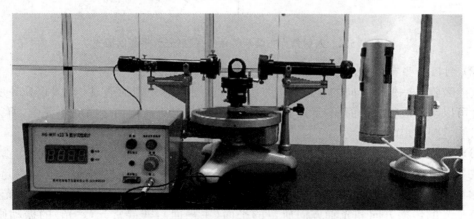

图 6.5.1　偏振现象的观察与研究仪器实物图

【实验原理】

1. 偏振光的种类

光是电磁波,它的电矢量 E 和磁矢量 H 相互垂直,且又垂直于光的传播方向。通常用电矢量代表光矢量,并将光矢量和光的传播方向所构成的平面称为光的振动面。按光矢量的不同振动状态,可以把光分为五种偏振态:如光矢量沿着一个固定方向振动,称为平面偏振光或线偏振光;如果在垂直于传播方向的平面内光矢量的方向是任意的,且各个方向的振幅相等,则称为自然光;如果有的方向光矢量的振幅较大,有的方向振幅较小,则称为部分偏振光;如果光矢量的大小和方向随时间做周期性的变化,且光矢量的末端在垂直于光传播方向的平面内的轨迹是圆或椭圆,则分别称为圆偏振光或椭圆偏振光。

能使自然光变成偏振光的装置或器件,称为起偏器;用来检验偏振光的装置或器件,称为检偏器。

2. 产生平面偏振光常用的方法

(1) 非金属镜面(如玻璃、水等)的反射

自然光经反射后,一般只是部分偏振光。但如果入射角 $\theta = \arctan n$,n 是反射面的折射率,反射光是平面偏振光,其振动面垂直于入射面(如图 6.5.2 所示)。这时的 θ 称为布儒斯特角,亦称全偏振角。

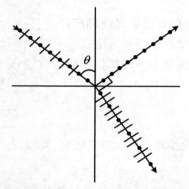

图 6.5.2　入射角为布儒斯特角时,反射光为平面偏振光

(2) 利用某些有机化合物晶体的二向色性制成的偏振片

它能吸收某一振动方向的光,而与此方向垂直振动的光则能透过(如图 6.5.3 所示)。偏振片可以制造成很大的面积,从而获得较宽广的偏振光束。但由于吸收不完全,所得的偏振光只能达到一定的偏振度。

(3) 晶体的双折射

在单轴晶体(如冰洲石、石英等)内,沿某一方向传播的光不发生分叉,也不能起偏,该方向称为光轴。沿其他方向射入晶体的光则分为两束完全偏振的光:寻常光(o 光)的振动垂直于光的传播方向和光轴方向所定的平面(主平面),非寻常光(e 光)的振动则在主平面内。

o 光和 e 光一般都很靠近,利用起来不方便。实验时多数采用尼科尔棱镜。尼科尔棱镜是由长块的冰洲石制成,如图 6.5.4(a)所示。晶体沿 AD 面斜切为两块,再用加拿大树胶黏合起来。入射光线在第一棱镜中分为两支,其中 o 光以约 76° 角射到加拿大树胶层 AD 上。加拿大树胶的折射率 $n(=1.550)$ 比 o 光折射率 $n_0(=1.658$ 小$)$,入射角 76° 超过临界角,所以 o 光在晶体和加拿大树胶的界面上发生全反射,不能进入第二棱镜而折向 BD 边。e 光的折射率 $n_e = 1.486$,小于 1.550,不发生全反射,所以通过尼科尔棱镜出射。使用时只要保证入射光基本平行于 AC 边(与 AC 夹角小于 14°),则出射光就只有 e 光。尼科尔的横

截面呈菱形(图6.5.4(b)),透射光振动方向如图中的箭头所示。

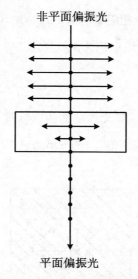

图6.5.3 光通过偏振片的光路

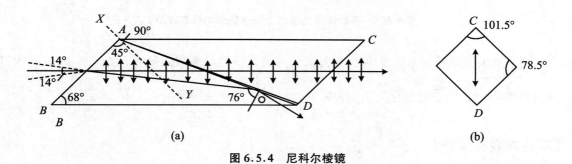

图6.5.4 尼科尔棱镜

3. 平面偏振光通过检偏器后光强的变化

强度为I_0的平面偏振光通过检偏器后的光强

$$I_\theta = I_0\cos^2\theta \tag{6.5.1}$$

式中,θ为平面偏振光振动面和检偏器主截面的夹角,上述关系称为马吕斯定律,它表示改变θ角可以改变透过检偏器的光强。

4. 波长片与圆偏振光、椭圆偏振光

当平面偏振光垂直入射到表面平行于光轴的晶片时,o光和e光传播的方向是一致的,但是这两束振动面互相垂直的光由于在晶体中传播速度不同,因而会产生位相差。这样,经晶片射出后,o光、e光合成的振动随位相差$\delta = \dfrac{2\pi}{\lambda}(n_o - n_e)l$($l$为晶片厚度)的不同,就有不同的偏振方式。

(1) $\delta = 2k\pi(k = 0,1,2,\cdots)$为平面偏振光。

(2) $\delta = (2k+1)\pi(k = 0,1,2,\cdots)$为平面偏振光。

(3) $\delta = \dfrac{1}{2}(2k+1)\pi\,(k=0,1,2,\cdots)$ 一般为椭圆偏振光。

对某一波长 λ 的单色光产生位相差 $\delta = 2k\pi$ 的晶片,叫作该单色光的全波长片;产生位相差为 $\delta = (2k+1)\pi$ 的晶片,叫作该单色光的 $\dfrac{1}{2}$ 波长片;产生位相差为 $\delta = \dfrac{1}{2}(2k+1)\pi$ 的晶片,叫作该单色光的 $\dfrac{1}{4}$ 波长片。

当平面偏振光照在 $\dfrac{1}{2}$ 波长片上,如光振动面与波长片光轴成 θ 角,则通过 $\dfrac{1}{2}$ 波长片的光仍为平面偏振光,其振动面转动了 2θ 角。(图 6.5.5 中,I,I' 分别表示入射光和出射光的振幅)

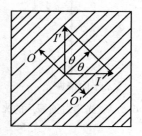

图 6.5.5　平面偏振光通过 $\dfrac{1}{2}$ 波片后振动面旋转图

当平面偏振光照在 $\dfrac{1}{4}$ 波长片上,通过波长片的光一般为椭圆偏振光。当 $\theta = \dfrac{\pi}{4}$ 时,则为圆偏振光,当 $\theta = 0, \dfrac{\pi}{2}$ 时退化为平面偏振光。

【实验内容与要求】

1. 验证马吕斯定律

(1) 调节好分光计,将狭缝旋转成水平位置。

(2) 如图 6.5.6 所示,在分光计平行光管的物镜和望远镜的物镜前套装起偏器 P 和检偏器 A。如图 6.5.7 所示,使平行光管射出的光束穿过起偏器 P 和检偏器 A 射到望远镜上,并使 P,A 正交(此时消光,起偏器 P 和检偏器 A 的夹角 $\theta = 90°$),将望远镜目镜换成光电探头 P_C;记下此时检流计的电流值 I(电流应为零,由于有杂散光或因偏振片的质量,实际电流不为零,应修正)。

依次旋转检偏器 A 使 θ 分别为 $80°, 70°, 60°, 50°, 40°, 30°, 20°, 10°, 0°$,记下检流计的电流值(修正后)。

(3) 作 $\dfrac{I}{I_0} - \cos^2\theta$ 图(I_0 为起偏器 P 和检偏器 A 的振动面夹角为 $0°$ 时,检流计的电流示值)。

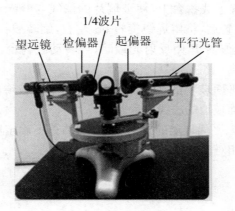

图 6.5.6　实验装置

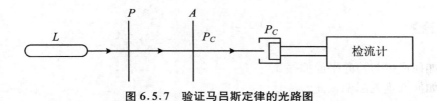

图 6.5.7　验证马吕斯定律的光路图

2. 考察平面偏振光通过 $\frac{1}{4}$ 波片时的现象

（1）按图 6.5.8 使起偏器 P 与检偏器 A 正交，紧锁起偏器 P。在起偏器 P 上装 $\frac{1}{4}$ 波片的固定圈（固定圈不带 $\frac{1}{4}$ 波片），并且上紧 $\frac{1}{4}$ 波片的固定圈。

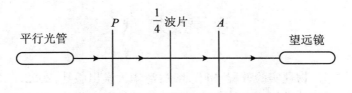

图 6.5.8　光通过 $\frac{1}{4}$ 波片现象的光路图

（2）再装上 $\frac{1}{4}$ 波片，转动 $\frac{1}{4}$ 波片，观察到消光现象，记下此时 $\frac{1}{4}$ 波片的位置读数（波片光轴为零度）。再将检偏器 A 旋转一周，记下光强的变化，判断偏振光的性质。在此基础上旋转 $\frac{1}{4}$ 波片 15°，再将检偏器 A 旋转一周，记下光强的变化，判断偏振光的性质。

（3）依次旋转 $\frac{1}{4}$ 波片 30°，45°，60°，75°，90°，再将检偏器 A 旋转一周，记下光强的变化，判断偏振光的性质。

3. 测量平面玻璃的布儒斯特角，计算玻璃的折射率

（1）调节分光计至使用状态，并将狭缝旋转成竖直放置。

　　（2）将待测平面玻璃置于载物台上，使玻璃片的法线与分光计的主轴垂直。将望远镜对准狭缝，读出入射光的位置后，将望远镜旋转 68°左右，旋转载物台与待测平面玻璃，在望远镜中找到反射光，旋转起偏器 P 使反射光最暗，再转动载物台，找到消光位置（锁定载物台），测出消光位置（v_1，v_2）。

　　转动望远镜对准待测平面玻璃的法线，并记录待测平面玻璃的法线位置（v_1'，v_2'）。重复测量消光位置与待测平面玻璃的法线位置。

　　（3）计算布儒斯特角 θ、平面玻璃的折射率 n，并估算不确定度。将待测元件的折射率 n 与理论值 n_0 比较，计算相对误差。

【实验注意事项】

　　测量前需对分光计进行调节。

【问题讨论】

　　（1）如何产生与检验平面偏振光？
　　（2）如何产生椭圆偏振光？
　　（3）如何产生圆偏振光？
　　（4）在平面玻璃折射率的测量实验中，如何寻找布儒斯特角？
　　（5）设计区分自然光、平面偏振光、圆偏振光、部分偏振光和椭圆偏振光的方案。
　　（6）简述偏振片的一些应用？
　　（7）验证马吕斯定律和在测量平面玻璃的折射率实验中各有哪些误差来源？实验中如何减小误差？你有何建议？

参 考 文 献

［1］　丁慎训，张连芳.物理实验教程［M］.北京:清华大学出版社,2002.
［2］　沈元华,陆申龙.基础物理实验［M］.北京:高等教育出版社,2003.
［3］　魏怀鹏,展永.大学物理实验［M］.天津:天津大学出版社,2004.
［4］　谢行恕,康士秀,霍剑青,等.大学物理实验［M］.北京:高等教育出版社,2005.
［5］　吕斯骅,段家忯.新编基础物理实验［M］.北京:高等教育出版社,2006.
［6］　滕道祥.大学物理实验［M］.北京:北京理工大学出版社.2006.
［7］　张凤玲,杨秀芹.大学物理实验［M］.武汉:武汉理工大学出版社,2006.
［8］　董有尔.大学物理实验［M］.合肥:中国科学技术大学出版社,2006.
［9］　杨述武,赵立竹,沈国土,等.普通物理实验:电磁学部分［M］.北京:高等教育出版社,2007.
［10］　杨述武,赵立竹,沈国土,等.普通物理实验:光学部分［M］.北京:高等教育出版社,2007.
［11］　赵丽华,倪涌舟,等.新编大学物理实验［M］.杭州:浙江大学出版社,2007.

[12] 刘少杰,于健.大学基础物理实验:电磁学分册[M].天津:南开大学出版社,2008.

[13] 刘静,刘国良,赵涛,等.大学物理实验[M].沈阳:东北大学出版社,2009.

[14] 唐远林,朱肖平.新编大学物理实验[M].重庆:重庆大学出版社,2010.

[15] 朱世坤,辛旭平,聂宜珍,等.设计创新型物理实验导论[M].北京:科学出版社,2010.

[16] 孙晶华,梁艺军,崔全辉,等.大学物理实验[M].哈尔滨:哈尔滨工程大学出版社,2008.

[17] 陶淑芬,李锐,晏翠琼,等.普通物理实验[M].北京:北京师范大学出版社,2010.

[18] 钟鼎,吕江,耿耀辉,等.大学物理实验[M].天津:天津大学出版社,2011.

[19] 李平舟,武颖丽,吴兴林,等.综合设计性物理实验[M].西安:西安电子科技大学出版社,2012.

[20] 李端勇,张昱.大学物理实验:提高篇[M].北京:科学出版社,2012.

[21] 吴建宝,张朝民,刘烈,等.大学物理实验教程[M].北京:清华大学出版社,2013.

[22] 黄志敬.普通物理实验[M].西安:陕西师范大学出版社,1991.

[23] 张旭,吴建海,李晓会,等.大学物理实验指导[M].天津:天津大学出版社,2012.

近代物理基础实验

第7章　近代物理基础

实验 7.1　油　滴　实　验

【引言】

美国物理学家密立根(R. A. Millikan)为了证明电荷的量子性,从 1906 年起就致力于细小油滴带电量的测量。起初他是对油滴群体进行观测,后来才转向对单个油滴观测。他用了 11 年的时间,经过多次重大改进,终于以上千个油滴的确凿证据,不可置疑地首先证明了电荷的量子性,即任何电荷都是某一基本电荷的整数倍,这个基本电荷就是电子所带的电荷($e = 1.602 \times 10^{-19}$ C)。他通过测量平行板两端的电压和油滴运动的时间两个宏观量,精确地得到了基本电荷量。由于实验的设计巧妙易懂,方法和设备简单,直观且有效,结果准确,富有说服力,因此被誉为物理实验的典范。密立根由于测量电子电荷和研究光电效应的杰出成就,荣获了 1923 年诺贝尔物理学奖。

近年来随着物理学的发展变化,根据该实验的设计思想,改进用磁漂浮的方法测分数电荷,用密立根油滴仪测量粉尘的径迹和电荷电量的实验,引起了人们的普遍关注,这说明该实验至今仍富有强大的生命力。

【实验目的】

(1) 对带电油滴在重力场和静电场中进行测量,验证电荷的量子性和测定电子电荷;

(2) 学习密立根油滴实验的思想方法,培养学生科学的态度和实验能力。

【实验仪器】

相关仪器剖面图和实物图分别如图 7.1.1 和 7.1.2 所示。

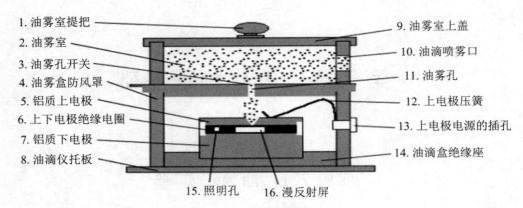

1. 油雾室提把 —— 9. 油雾室上盖
2. 油雾室 —— 10. 油滴喷雾口
3. 油雾孔开关 —— 11. 油雾孔
4. 油雾盒防风罩 —— 12. 上电极压簧
5. 铝质上电极 —— 13. 上电极电源的插孔
6. 上下电极绝缘电圈 —— 14. 油滴盒绝缘座
7. 铝质下电极
8. 油滴仪托板

15. 照明孔   16. 漫反射屏

图 7.1.1   油滴盒剖面图

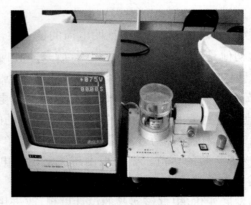

图 7.1.2   实物图

【实验原理】

1. 动态法和静态(平衡)法

(1) 动态法

用喷雾器将雾状油滴喷入两块相距为 d 的水平放置平行极板之间,由于摩擦,油滴一般是带电的。质量为 m、带电量为 q 的油滴处在两块平行极板之间,在平行极板未加电压(极板短路)时,油滴受重力作用而加速下降。由于空气阻力 f_r 与油滴速度成正比,下降一段距离后,油滴将做匀速运动,速度为 v_g,这时重力与阻力平衡(空气浮力忽略不计),如图 7.1.3 所示。根据斯托克斯定律,黏滞阻力为 $f_r = 6\pi a \eta v_g$,式中 η 是空气的黏滞系数,a 是油滴的半径,这时有

$$6\pi a \eta v_g = mg \tag{7.1.1}$$

当在平行极板上加电压 V 时,油滴处在场强为 E 的静电场中,设电场力 qE 与重力相反,如图 7.1.4 所示。油滴受电场力而加速上升,由于空气阻力作用,上升一段距离后,油滴所受的空气阻力、重力与电场力达到平衡(空气浮力忽略不计),则油滴将匀速上升,设此时速度为 v_e,则有

$$6\pi a \eta v_e = qE - mg \tag{7.1.2}$$

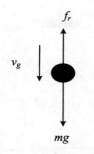

图 7.1.3 下降受力图

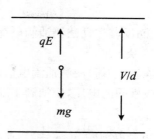

图 7.1.4 上升受力图

又因为

$$E = \frac{V}{d} \tag{7.1.3}$$

由式(7.1.1)~(7.1.3)可得

$$q = mg \frac{d}{V}\left(\frac{v_g + v_e}{v_g}\right) \tag{7.1.4}$$

即测定油滴所带电荷,除应测出 v,d 和速度 v_g,v_e 外,还需测量质量 m。由于在空气中悬浮和受表面张力作用,可将油滴看作圆球,其质量为

$$m = \rho \frac{4}{3}\pi a^3 \tag{7.1.5}$$

式中,ρ 是油滴的密度。由式(7.1.1)和式(7.1.5),得油滴的半径

$$a = \left(\frac{9\eta v_g}{2\rho g}\right)^{\frac{1}{2}} \tag{7.1.6}$$

考虑到油滴非常小,$a \approx 10^{-6}$ m,和空气分子的间隙相当,空气已不能看成连续介质,空气的黏滞系数修正为

$$\eta' = \frac{\eta}{1 + \dfrac{b}{pa}} \tag{7.1.7}$$

式中,b 为修正常数,p 为空气压强,a 为未经修正过的油滴半径。由于 a 在修正项中,不必计算得很精确,可用式(7.1.6)计算出半径 a 再代入式(7.1.7)。

实验时使油滴匀速下降和匀速上升的距离相等,设为 L,测出油滴匀速下降的时间 t_g、匀速上升的时间 t_e,则

$$v_g = \frac{L}{t_g}, \quad v_e = \frac{L}{t_e} \tag{7.1.8}$$

将式(7.1.5)~(7.1.8)代入式(7.1.4),可得

$$q = \frac{18\pi}{\sqrt{2\rho g}}\left(\frac{\eta L}{1 + \dfrac{b}{pa}}\right)^{\frac{3}{2}} \frac{d}{V}\left(\frac{1}{t_e} + \frac{1}{t_g}\right)\left(\frac{1}{t_g}\right)^{\frac{1}{2}}$$

令

$$K = \frac{18\pi}{\sqrt{2\rho g}}\left(\frac{\eta L}{1 + \dfrac{b}{pa}}\right)^{\frac{3}{2}} \cdot d$$

得

$$q = \frac{K}{V}\left(\frac{1}{t_e} + \frac{1}{t_g}\right)\left(\frac{1}{t_g}\right)^{\frac{1}{2}} \tag{7.1.9}$$

式(7.1.9)是油滴反转运动法测油滴电荷的公式。

(2) 静态(平衡)法

下面导出静态(平衡)法测油滴电荷的公式。

调节平行极板间的电压,使油滴不动,$v_e = 0$,则 $t_e \to \infty$,由式(7.1.9)可得

$$q = K\left(\frac{1}{t_g}\right)^{\frac{3}{2}} \cdot \frac{1}{V} \quad \text{或} \quad q = \frac{18\pi}{\sqrt{2\rho g}}\left[\frac{\eta L}{t_g\left(1 + \frac{b}{pa}\right)}\right]^{\frac{3}{2}} \cdot \frac{d}{V} \tag{7.1.10}$$

式(7.1.10)即为静态(平衡)法测油滴电荷的公式。

【实验步骤】

(1) 调节 OM99 油滴仪底座上的三个调平手轮,将仪器(平衡水泡)调至中央,使测量室处于水平状态,以保证电场与重力场相平行。

(2) 打开监视器和 OM98 油滴仪的电源,在监视器上先出现"OM98 CCD 微机密立根油滴仪 南京大学"字样,5 s 后自动进入测量状态,显示出标准分划板刻度线及电压 V 值、时间 t 值。

1. 测量练习

(1) 选择一颗合适的油滴十分重要。通常选择平衡电压为 200～300 V,匀速下落 1.5 mm(6 格,0.25 mm/格),时间在 8～20 s 的油滴较合适。

(2) 喷油后,K_2 置"平衡"挡,使极板电压为 200～300 V,注意几颗缓慢运动、较为清晰明亮的油滴。

(3) 将 K_2 置"0 V"挡,观察各颗油滴下落的大概速度,从中选一颗作为测量对象。

(4) 判断油滴是否平衡要有足够的耐性。用 K_2 将油滴移至某条刻度线上,仔细调节平衡电压,这样反复操作几次,经一段时间(一般为 1 分钟)观察油滴确实不再移动才认为达到平衡了。

(5) 测准油滴下降某段距离所需的时间,一是要统一油滴到达刻度线什么位置才认为油滴已踏线,二是眼睛要平视刻度线。反复练习几次,使测出的各次时间的离散性较小,并且对油滴的控制比较熟练。

2. 注意事项

(1) 喷油时,两极板间要短路,极板上因为各种原因积累的电荷可以迅速中和掉;喷油时喷雾器的喷头不要深入喷油孔内,防止大颗油滴堵塞落油孔;喷雾器内的油不可装得太满,喷油次数不能太多(1～2 次即可),否则会喷出很多"油"而不是"油雾",堵塞上电极的落油孔。

(2) 每次实验完毕应断开电源,及时清理上极板及油雾室内的积油。

(3) 测量过程中要时刻注意微调显微镜,保持油滴像清晰,防止油滴丢失。

(4) 喷油后应将风口盖住,以防止空气流动对油滴的影响。

（5）电源有高压,应注意安全。

（6）若加电场对油滴不起作用,这样的油滴应放弃。

（7）若油滴在视场中飘移严重,需要水准仪重新调整仪器至水平。

3. 正式测量（用平衡（静态）法测量）

将已调平的油滴用 K_2 控制到"起跑"线上（一般取第 2 格上线）,按 K_3（计时/停）,让计时器停止计时（值未必为 0）,然后将 K_2 拨向"0 V",油滴开始匀速下降的同时,计时器开始计时。到"终点"（一般取第 7 格下线）时迅速将 K_2 拨向"平衡",油滴立即停止,此时电压值和下落时间值均显示在屏幕上,将数据填于表中。再将 K_2 拨向"提升",油滴上升至第 2 格上线迅速将 K_2 拨向"平衡",油滴进行第二次测量,对每颗油滴重复做 5 次测量。选择 5 颗油滴,数据填于表中,再做相应的数据处理即可。（为了避免重复计算,可先把实验室给出的或自测的有关数据代入公式（7.1.10）预先计算出不变因子的值,这样可以对下一次的油滴选择更有参考。）

注意　在每次测量时都要检查和调整平衡电压,以减小偶然误差和因油滴挥发而使平衡电压发生的变化。

4. 数据处理

在室温时,油密度与温度的关系为

$$\rho = 991 - 0.5t$$

表 7.1.1 为油的密度随温度变化表。

表 7.1.1　油的密度随温度变化表

$T(℃)$	0	10	20	30	40
$\rho(\text{kg/m}^3)$	991	986	981	976	971
$\eta(\times 10^{-5}\text{kg/(m}\cdot\text{s)})$	1.71	1.76	1.83	1.88	1.91

重力加速度 $g = 9.79\ \text{m/s}^2$,油滴下降距离 $L = 1.5\times 10^{-3}\ \text{m}$（在显微镜视场中,分划板上 6 格的距离）,修正常数 $b = 6.17\times 10^{-6}\ \text{m}\cdot\text{cmHg}$,大气压强 $P = 65.25\ \text{cmHg}$（蒙自）,平行极板间的距离 $d = 5.0\times 10^{-3}\ \text{m}$。

将实验获得的数据填入表 7.1.2。

表 7.1.2　数据处理

第____油滴

测量次数	电压值（V）	下落时间（s）	速度 $v_g = L/t_g$	油滴半径 a	电荷值 q_i
1					
2					
3					
4					
5					
平均值					

将 5 次测量的电荷平均值 q_i 填入表 7.1.3。

表 7.1.3　数据处理

电荷 q_i	n 值	e 值
q_1		
q_2		
q_3		
q_4		
q_5		

求电子电荷 e 时,用 e 的公认值去除 q_i,得到每个油滴所带基本电荷数的近似值 n_i(取整),再用 $e_i = \dfrac{q_i}{n_i}$ 求出各油滴的 e_i 并平均,即得到基本电荷量的实验值 $\bar{e}$,将 $\bar{e}$ 与公认值比较,求相对误差。(公认值 $e = (1.602\,189\,2 \pm 0.000\,004\,6) \times 10^{-19}$ C)

【问题讨论】

(1) 电容器极板不水平对测量有什么影响?

(2) 为什么要测量油滴匀速运动速度? 在实验中怎样才能保证油滴做匀速运动?

(3) 为何要选择合适的油滴? 过大或过小会产生什么影响?

(4) 对实验结果造成影响的主要因素有哪些?

【数据处理方法】

(1) 适用于油滴反转运动法

对于不同的油滴,可用排序差分法求出最大公约数,即根据测得的 t_e, t_g, V 值,利用式 (7.1.9) 求出 n 个油滴的电量 q_i,并将 q_i 从小到大排列,然后将相邻数据两两相减,得到一阶差分 $\Delta q_i = q_{i+1} - q_i$,并使原来的 n 个数据减少到 $n-1$ 个。再将这 $n-1$ 个数据从小到大排列,相邻数据两两相减,得到二阶差分 $\Delta^2 q_i = \Delta q_{i+1} - \Delta q_i$,并使 $n-1$ 个数据减少到 $n-2$ 个。以此类推,一般求出一阶或二阶差分,不超过三阶差分就可以看出数据间的倍数关系,用倍数除对应的量值就可以得到 $n-1$ 个大小相近的值,最后求平均和标准误差,平均值即为最大公约数,该数即为基本电荷量的实验值。

(2) 适用于油滴动态测量法

对于同一油滴,当改变电量次数足够多时,一般最小的 Δq 即为基本电荷量,据此求出各次改变的基本电荷个数及相应的基本电荷的电量值,然后求平均,求出基本电荷电量值,然后平均,求出基本电荷电量的实验值。

(3) 图解法

n 为自变量,q 为因变量,e 为斜率,截距为 0,因此 n 个油滴对应的数据在 n-q 直角坐标系中必然在同一条通过原点的直线上,若能在 n-q 直角坐标系中找到满足这一关系的这条直线,就可以一举确定各油滴的带电量子数和 e 值。

【最新进展及应用】

密立根的实验装置随着技术的进步而得到了不断的改进,但其实验原理至今仍在当代物理科学研究的前沿发挥着作用。例如,科学家用类似的方法确定出基本粒子——夸克的电量。

实验 7.2　弗兰克-赫兹实验

【引言】

1913 年,丹麦物理学家玻尔(N. Bohr)提出了原子的量子论,指出原子存在不同的稳定能级状态,成功地解释了氢原子线状光谱中观察到的规律(Balmer 线系,光谱的组合规则等)。1914 年,德国物理学家弗兰克(J. Franck)和赫兹(G. Hertz)对勒纳德用来测量电离电位的实验装置做了改进,他们同样采取慢电子(几个到几十个电子伏特)与单元素气体原子碰撞的办法,但着重观察碰撞后电子发生什么变化(勒纳德则观察碰撞后离子流的情况)。通过实验测量,电子和原子碰撞时会交换某一定值的能量,且可以使原子从低能级激发到高能级。直接证实了原子发生跃变时吸收和发射的能量是分立的、不连续的,证明原子能级的存在和玻尔理论的正确,因而获得了 1925 年诺贝尔物理学奖。

弗兰克-赫兹实验至今仍是探索原子结构的重要手段之一,实验中用“拒斥电压”筛去小能量电子的方法,已成为广泛应用的实验技术。

【实验目的】

通过测定氩原子元素的第一激发电位(即中肯电位),证实原子能级的存在。

【实验仪器】

FB808 型弗兰克-赫兹实验仪(见附录)、DS3042 型数字存储示波器(或模拟示波器)由用户自备。

【实验原理】

1. 氩原子的第一激发电位

关于激发电位,玻尔量子论指出:原子能长时间停留在一些稳定状态(简称为定态)。各定态有一定的能量,其数值是彼此分隔的。原子在这些状态时,不发射或吸收能量(定态假设)。原子的能量不论通过什么方式发生改变,它只能从一个定态跃迁到另一个定态。原子从一个定态跃迁到另一个定态而发射或吸收辐射时,辐射频率是一定的。如果用 E_m 和 E_n

分别代表有关两定态的能量的话,辐射的频率 ν 决定于如下关系:

$$h\nu = E_m - E_n \qquad (7.2.1)$$

式中,普朗克常数:$h = 6.63 \times 10^{-34}$ J·s(频率条件)。

为使原子从低能级向高能级跃迁,可以通过具有一定能量的电子与原子相碰撞进行能量交换的办法来实现。

设初速度为零的电子在电位差为 U_0 的加速电场作用下,获得能量 eU_0。当具有这种能量的电子与稀薄气体的原子(比如气压为十几托(1 托 = 133 Pa)的氩原子)发生碰撞时,就会发生能量交换。如以 E_1 代表氩原子的基态能量、E_2 代表氩原子的第一激发态能量,那么当氩原子吸收从电子传递来的能量恰好为

$$eU_0 = E_2 - E_1 \qquad (7.2.2)$$

时,氩原子就会从基态跃迁到第一激发态。而且相应的电位差称为氩的第一激发电位(或称氩的中肯电位)。测定出这个电位差 U_0,就可以根据式(7.1.2)求出氩原子的基态和第一激发态之间的能量差了(其他元素气体原子的第一激发电位亦可依此法求得)。弗兰克-赫兹实验的原理如图7.2.1所示。在充氩的弗兰克-赫兹管中,电子由热阴极发出,阴极 K 和第一栅极 G_1 之间的加速电压主要用于消除阴极电子散射的影响,阴极 K 和栅极 G_2 之间的加速电压 U_{G_2K} 使电子加速。在板极 A 和第二栅极 G_2 之间加有反向拒斥电压 U_{G_2A},管内空间电位分布如图7.2.2所示。当电子通过 G_2K 空间进入 G_2A 空间时,如果有较大的能量($\geqslant e \cdot U_{G_2A}$),就能冲过反向拒斥电场而到达板极形成板极电流,为微电流计 ⓜ 表检出。如果电子在 G_2K 空间与氩原子碰撞,把自己一部分能量传给氩原子而使后者激发,电子本身所剩余的能量就很小,以致通过第二栅极后已不足以克服拒斥电场而被折回到第二栅极,通过微电流计 ⓜ 表的电流将显著减小。

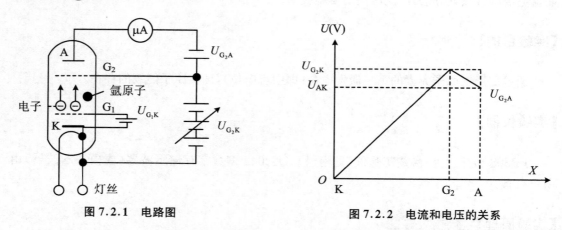

图 7.2.1　电路图　　　　　图 7.2.2　电流和电压的关系

实验时,使 U_{G_2K} 电压逐渐增加并仔细观察电流计的电流指示,如果原子能级确实存在,而且基态和第一激发态之间有确定的能量差的话,就能观察到如图7.2.3所示的 I_A-U_{G_2K} 曲线。

图7.2.3所示的曲线反映了氩原子在 G_2K 空间与电子进行能量交换的情况。当 G_2K 空间电压逐渐增加时,电子在 G_2K 空间被加速而获得越来越大的能量。在起始阶段,由于电压较低,电子的能量较小,即使在运动过程中它与原子相碰撞也只有微小的能量交换(为弹性碰撞)。穿过第二栅极的电子所形成 U_{G_2K} 的板极电流 I_A 将随第二栅极电压的增加而

增大(如图 7.2.3 的 Oa 段)。当 G_2K 间的电压达到氩原子的第一激发电位 U_0 时,电子在第二栅极附近与氩原子相碰撞,将自己从加速电场中获得的能量传递给后者,并且使后者从基态激发到第一激发态。而电子由于把能量给了氩原子,即使穿过了第二栅极也不能克服反向拒斥电场而被折回第二栅极(被筛选掉),所以板极电流将显著减小(图 7.2.3 所示 ab 段)。随着第二栅极电压的不断增加,电子的能量也随之增加,在与氩原子相碰撞后还留下足够的能量,可以克服反向拒斥电场而达到板极 A,这时电流又开始上升(bc 段)。直到 G_2K 间电压达到二倍氩原子的第一激发电位时,电子在 G_2K 间又会因二次碰撞而失去能量,因而又会造成第二次板极电流的下降(cd 段)。同理,凡 G_2K 之间电压满足:

$$U_{G_2K} = nU_0, \quad n = 1, 2, 3, \cdots \tag{7.2.3}$$

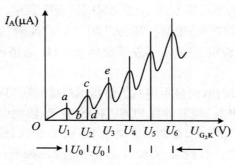

图 7.2.3　曲线图

时板极电流 I_A 都会相应下跌,形成规则起伏变化的 I_A - U_{G_2K} 曲线。而各次板极电流 I_A 达到峰值时相对应的加速电压差 $U_{n+1} - U_n$,即两相邻峰值之间的加速电压差值就是氩原子的第一激发电位值 U_0。

本实验就是要通过实际测量来证实原子能级的存在,并测出氩原子的第一激发电位(公认值为 $U_0 = 11.5 \text{ V}$)。

原子处于激发态是不稳定的,在实验中被慢电子轰击到第一激发态的原子要跃迁回基态,进行这种反跃迁时,就应该有 eU_0 电子伏特的能量发射出来。反跃迁时,原子是以放出光量子的形式向外辐射能量,这种光辐射的波长为

$$eU_0 = h\nu = h\frac{c}{\lambda} \tag{7.2.4}$$

对于氩原子:

$$\lambda = \frac{hc}{eU_0} = \frac{6.63 \times 10^{-34} \times 3.00 \times 10^8}{1.6 \times 10^{-19} \times 11.5} \text{ m} = 108.1 \text{ nm}$$

如果弗兰克-赫兹管中充以其他元素,则用该方法均可以得到它们的第一激发电位(如表 7.2.1 所示)。

表 7.2.1　几种元素的第一激发电位

元素	钠(Na)	钾(K)	锂(Li)	镁(Mg)	汞(Hg)	氦(He)	氖(Ne)
U_0(V)	1.0	1.0	3.2	3.2	4.9	21.2	18.6
λ(nm)	589.6 589.6	766.4 769.9	670.78	475.1	250.0	584.3	640.2

【实验步骤】

1. 实验准备

(1) 熟悉实验装置结构和使用方法;(见附录)

(2) 按照实验要求连接实验线路(见附录),检查正确无误后开机;

(3) 示波器正确连接与设置:

① 将 F-H 实验仪的信号输出端、同步输出端,分别接示波器 CH1 和 EXT. TRIG 端;开启电源,5 秒钟后,示波器显示屏右边出现[CH1]的五个菜单,设置"耦合"为[交流],"带宽限制"为[关闭],"挡位调节"为[粗调],"探头"为[×1],"反向"为[关闭]。

② 调节垂直 SCALE 旋钮,使显示屏左下角指示 CH1 通道灵敏度约为 200 mV/div~1 V/div。

③ 调节水平 SCALE 旋钮,使显示屏右下角指示扫描周期"Time"约为 200 μs/div。

④ 待信号输入(测试开始)调节垂直 POSITION 旋钮,使波形居中。

⑤ 待信号输入(测试开始)后,微调触发电平 LEVEL 旋钮,使波形清晰、稳定。

(4) 开机后的初始状态。开机后,实验仪面板状态显示如下:

① 实验仪的"1 mA"电流挡位指示灯亮,表明此时电流的量程为 1 mA 挡;电流显示值为 000.0 μA。

② 实验仪的"灯丝电压"挡位指示灯亮,表明此时修改的电压为灯丝电压;电压显示值为 000.0 V;最后一位在闪动,表明现在修改位为最后一位。

③ "手动"指示灯亮,表明仪器工作正常。

2. 氩元素第一激发电位的测量

(1) 手动测试

① 设置仪器为"手动"工作状态,按"手动/自动"键,"手动"指示灯亮。

② 设定弗兰克-赫兹管的各工作参数:

注意 各电极电压对应关系为:$V_F = U_F$;$V_{G_1K} = U_{G_1K}$;$V_{G_2A} = U_{G_2A}$;$V_{G_2K} = U_{G_2K}$。

(a) 按下电流量程键,对应的量程指示灯点亮(具体参数见机箱)。

(b) 设定电压源的电压值,用"▼/▲""◀/▶"键完成,需设定的电压源有:灯丝电压 U_F、第一加速电压 U_{G_1K}、拒斥电压 U_{G_2A}。设定状态参见随机提供的工作条件(具体参数见机箱)。

(c) 按下"启动"键,实验开始。用"▼/▲""◀/▶"键完成 U_{G_2K} 电压值的调节,从 0.0 V 起,按步长 1 V(或 0.5 V)的电压值调节电压源 U_{G_2K},仔细观察弗兰克-赫兹管的板极电流值 I_A 的变化(可用示波器观察),读出 I_A 的峰、谷值和对应的 V_{G_2K} 值(在峰、谷值附近多取几组值,以便作图)。实验中一般取 I_A 的峰在 4~5 个为佳。

(d) 重新启动。在手动测试的过程中,按下启动按键,U_{G_2K} 的电压值将被设置为零,内部存储的测试数据被清除,示波器上显示的波形被清除,但 U_F,U_{G_1K},U_{G_2A} 以及电流挡位等状态不发生改变。这时,操作者可以在该状态下重新进行测试,或修改状态后再进行测试。

（2）自动测试

智能弗兰克-赫兹实验仪除可以进行手动测试外,还可以进行自动测试。进行自动测试时,实验仪将自动产生 U_{G_2K} 扫描电压,完成整个测试过程;将示波器与实验仪相连接,在示波器上可看到弗兰克-赫兹管板极电流随 U_{G_2K} 电压变化的波形。

① 自动测试状态设置。自动测试时 U_F,U_{G_1K},U_{G_2A} 以及电流挡位等状态设置的操作过程,弗兰克-赫兹管的线路连接和操作过程与手动测试操作过程一样。

② U_{G_2K} 扫描终止电压的设定。进行自动测试时,实验仪将自动产生 U_{G_2K} 扫描电压。实验仪默认 U_{G_2K} 扫描电压的初始值为零,U_{G_2K} 扫描电压大约每 0.4 s 递增 0.2 V,直到扫描终止电压。要进行自动测试,必须设置电压 U_{G_2K} 的扫描终止电压。首先,将"手动/自动"测试键按下,自动测试指示灯亮;按下 U_{G_2K} 电压源选择键,U_{G_2K} 电压源选择指示灯亮;用"▼/▲""◀/▶"键完成 U_{G_2K} 电压值的具体设定,U_{G_2K} 设定终止值建议等于 80 V 为好。

③ 自动测试启动。将电压源选择选为 U_{G_2K},再按面板上的"启动"键,自动测试开始。在自动测试过程中,观察扫描电压 U_{G_2K} 与弗兰克-赫兹管板极电流的相关变化情况(可通过示波器观察弗兰克-赫兹管板极电流 I_A 随扫描电压 U_{G_2K} 变化的输出波形)。在自动测试过程中,为避免"按键"误操作,导致自动测试失败,面板上除"手动/自动"按键外的所有按键都被屏蔽禁止。

④ 自动测试过程正常结束。当扫描电压 U_{G_2K} 的电压值大于设定的测试终止电压值后,实验仪将自动结束本次自动测试过程,进入数据查询工作状态。测试数据保留在实验仪主机的存储器中,供数据查询过程使用,所以,示波器上仍可观察到本次测试数据所形成的波形,直到下次测试开始时才刷新存储器的内容。

⑤ 自动测试后的数据查询。自动测试过程正常结束后,实验仪进入数据查询工作状态。这时面板按键除测试电流指示区外,其他都已开启。自动测试指示灯亮,电流量程指示灯指示于本次测试的电流量程选择挡位;各电压源选择按键可选择各电压源的电压值指示,其中 U_F,U_{G_1K},U_{G_2A} 三电压只能显示原设定电压值,不能通过按键改变相应的电压值。用"▼/▲""◀/▶"键改变电压源 V_{G_2K} 的指示值,就可查阅到在本次测试过程中,电压源 U_{G_2K} 的扫描电压值为当前显示值时,对应的弗兰克-赫兹管板极电流值 I_A 的大小,读出 I_A 的峰、谷值和对应的 U_{G_2K} 值(为便于作图,在 I_A 的峰、谷值附近需多取几点)。

⑥ 中断自动测试过程。在自动测试过程中,只要按下"手动/自动键",手动测试指示灯亮,实验仪就中断了自动测试过程,回复到开机初始状态。所有按键都被再次开启工作,这时可进行下一次的测试准备工作。本次测试的数据依然保留在实验仪主机的存储器中,直到下次测试开始时才被清除,所以,示波器仍会观测到部分波形。

⑦ 结束查询过程恢复初始状态。当需要结束查询过程时,只要按下"手动/自动"键,手动测试指示灯亮,查询过程结束,面板按键再次全部开启。原设置的电压状态被清除,实验仪存储的测试数据被清除,实验仪回复到初始状态。

3. 数据处理

（1）根据表 7.2.1,详细记录实验条件和相应的 I_A - U_{G_2K} 的值。

测试条件:V_F = ＿＿＿＿＿＿ V,V_{G_1K} = ＿＿＿＿＿＿ V,V_{G_2A} = ＿＿＿＿＿＿ V,V_{G_2K} = ＿＿＿＿＿＿ V。

表 7.2.2 I_A - U_{G_2K} 实验数据表

序号	1		2		3		4		5	
被测量	峰值	谷值	峰值	谷值	峰值	谷值	峰值	谷值	峰值	谷值
U_{G_2K}(V)										
I_A(μA)										

（2）在方格纸上作出自动测量的 I_A - U_{G_2K} 曲线。用逐差法处理数据，求得氩的第一激发电位 U_0 值及计算相对误差。

【问题讨论】

（1）什么是原子的第一激发电势？它与临界能量有什么关系？

（2）由于有接触电势差存在，因此第一个峰值不在 11.5 V，那么它会影响第一激发电势的值吗？

（3）如何计算氩原子所辐射的波长？

【附录】

1. FB808 型弗兰克-赫兹实验仪性能简介

该仪器用于测量氩原子的激发电位，观察其特殊的伏安特性现象，研究原子能级的量子特性。本仪器由弗兰克-赫兹管、工作电源及扫描电源、微电流测量仪三部分组成。

（1）主要技术指标

① 弗兰克-赫兹管：

氩管；管子结构：4 极；谱峰（或谷）：数量 = 6；寿命 ≥3 000 h。

② 工作电源及扫描电源（三位半数显）：

灯丝电压：DC   0～6.3 V   ±1%

第一栅压：DC   0～5 V   ±1%

第二栅压：DC   0～100 V   ±1%（自动扫描/手动）

拒斥电压：DC   0～12 V   ±1%

③ 微电流测量仪（三位半数显）：

测量范围：10^{-6}～10^{-9} A，±1%

（2）主要功能特点

① 充氩弗兰克-赫兹管，不需加热。

② 普通示波器动态显示实验曲线形成过程，不损失谱峰数，直观生动地展现了物理过程。

③ 普通示波器显示谱峰数 = 点测法描绘谱峰数≥6。

④ 手动、半自动、自动相结合的多种实验方式。

2. 智能弗兰克-赫兹实验仪面板及基本操作介绍

(1) 智能弗兰克-赫兹实验仪前面板功能说明

智能弗兰克-赫兹实验仪前面板如图 7.2.4 所示,以功能划分为七个区:

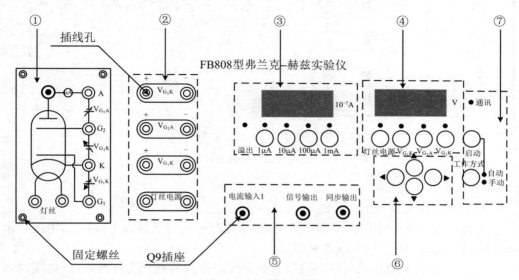

图 7.2.4　面板功能图

① 区是弗兰克-赫兹管各输入电压连接插孔和板极电流输出插座。

② 区是弗兰克-赫兹管所需激励电压的输出连接插孔,其中左侧输出孔为正极,右侧为负极。

③ 区是测试电流指示区:四位七段数码管指示电流值;四个电流量程挡位选择按键用于选择不同的最大电流量程挡;每一个量程选择同时备有一个选择指示灯指示当前电流量程挡位。

④ 区是测试电压指示区:四位七段数码管指示当前选择电压源的电压值;四个电压源选择按键用于选择不同的电压源;每一个电压源选择都备有一个选择指示灯指示当前选择的电压源。

⑤ 区是测试信号输入输出区:电流输入插座输入弗兰克-赫兹管屏极电流;信号输出和同步输出可将信号送至示波器显示。

⑥ 区是调整按键区,用于改变当前电压源电压设定值、设置查询电压点。

⑦ 区是工作状态指示区:通信指示灯指示实验仪与计算机的通信状态;启动按键与工作方式按键共同完成多种操作,详细说明见相关栏目。

(2) 智能弗兰克-赫兹实验仪后面板说明

智能弗兰克-赫兹实验仪后面板上有交流电源插座,电源开关。插座上带有保险管座;该仪器通信插座不用。

(3) 智能弗兰克-赫兹实验仪连线说明

在确认供电电网电压无误后,将随机提供的电源连线插入后面板的电源插座中,按图 7.2.5 连接面板上的连接线,务必反复检查,切勿连错!

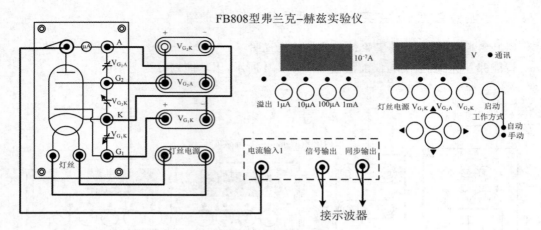

图 7.2.5 接线图

（4）开机后的初始状态

开机后，实验仪面板状态显示如下：

① 实验仪的"1 mA"电流挡位指示灯亮，表明此时电流的量程为 1 mA 挡；电流显示值为 000.0 μA，实验时需变换到 1 μA 量程。

② 实验仪的"灯丝电压"挡位指示灯亮，表明此时修改的电压为灯丝电压；电压显示值为 000.0 V；最后一位在闪动，表明现在修改位为最后一位。

③ "手动"指示灯亮，表明此时实验操作方式为手动操作。

（5）变换电流量程

如果想变换电流量程，则按下③区中的相应电流量程按键，对应的量程指示灯点亮，同时电流指示的小数点位置随之改变，表明量程已变换。

（6）变换电压源

如果想变换不同的电压，则按下在④区中的相应电压源按键，对应的电压源指示灯随之点亮，表明电压源变换选择已完成，可以对选择的电压源进行电压值设定和修改。

（7）修改电压值

按下前面板⑥区上的"◀/▶"键，当前电压的修改位将进行循环移动，同时闪动位随之改变，以提示目前修改的电压位置。按下面板上的"▼/▲"键，电压值在当前修改位递增/递减一个增量单位。

注意 ① 如果当前电压值加上一个单位电压值的和值将超过允许输出的最大电压值，再按下"▲"键，电压值将保持不变。

② 如果当前电压值减去一个单位电压值的差值小于零，再按下"▼"键，电压值只能修改为零。

（8）建议工作状态范围

电流量程：一般用 1 μA 挡（很少需要用 10 μA）；灯丝电源电压 $V_F(U_F)$：2～4.5 V；$V_{G_1K}(U_{G_1K})$ 电压：1～3 V；$V_{G_2A}(U_{G_2A})$ 电压：5～7 V；$V_{G_2K}(U_{G_2K})$ 电压：≤80.0 V。

警告：弗兰克-赫兹管很容易因电压设置不合适而遭到损害，所以，一定要按照规定的实验步骤和适当的状态进行实验。

由于弗兰克-赫兹管的离散性以及使用中的衰老过程，每一只弗兰克-赫兹管的最佳工作状态是不同的,对具体的弗兰克-赫兹管应在上述范围内找出其较理想的工作状态。仪器出厂时由厂家提供弗兰克-赫兹管的实验参数参考值,但管子用久以后,实验教师可根据积累的实践经验,对个别参数进行适当修正。

以下为一组实验参数与实验谱峰曲线图:

灯丝电压 $V_F = 2.5$ V; $V_{G_1K} = 1.5$ V, $V_{G_2A} = 6.5$ V, $V_{G_2K} = 0 \sim 80$ V, $C_{H_1} = 200$ mV/div。

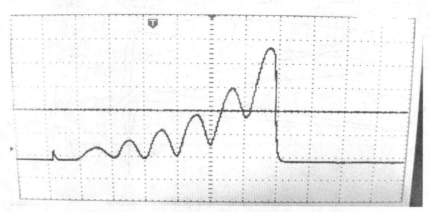

图 7.2.6　从数字式存储示波器屏幕上拍摄的实物照片

实验 7.3　氢光谱测量

【引言】

光谱线系的规律与原子结构有内在的联系,因此,原子光谱是研究原子结构的一种重要方法。1885 年,巴耳末(J.J.Balmer)总结了人们对氢光谱测量的结果,发现了氢光谱的规律,提出了著名的巴耳末公式。氢光谱规律的发现为玻尔理论的建立提供了坚实的实验基础,对原子物理学和量子力学的发展起过重要作用。1932 年,尤里(Harold Clayton Urey)根据里德伯常数随原子核质量不同而变化的规律,对重氢莱曼线系进行摄谱分析,发现氢的同位素氘的存在。通过巴耳末公式求得的里德伯常数是物理学中少数几个最精确的常数之一,成为检验原子理论可靠性的标准和测量其他基本物理常数的依据。

【实验目的】

(1) 加深对氢光谱规律和同位素的认识;
(2) 用光栅光谱仪测量氢原子光谱巴耳末系的波长,求里德伯常数。

【实验仪器】

本实验采用组合式多功能光栅光谱仪,由光栅单色仪、接收单元、扫描系统、电子放大器、A/D 采集单元、计算机组成。该设备集光学、精密机械、电子学、计算机技术于一体,光学系统采用 C－T 型,如图 7.3.1 所示。

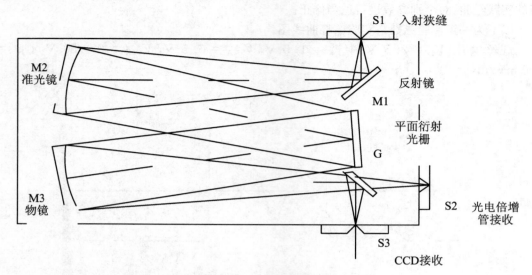

图 7.3.1　光学原理图

入射狭缝、出射狭缝均为直狭缝,宽度范围 0~2 mm 连续可调,顺时针旋转为狭缝宽度加大,反之减小,每旋转一周狭缝宽度变化 0.5 mm。为延长使用寿命,调节时注意最大不超过 2 mm,平日不使用时,狭缝最好开到 0.1~0.5 mm 左右。

光源发出的光束进入入射狭缝 S1,S1 位于反射式准光镜 M2 的焦面上,通过 S1 射入的光束经 M2 反射成平行光束投向平面光栅 G 上,衍射后的平行光束经物镜 M3 成像在 S2 上或 S3 上。

光谱灯有汞灯、氢灯、低压汞灯,点燃后发出较强的汞的特征谱线,用作标准光谱对 WGD-5 光谱仪进行波长标定。汞光谱标准谱波长 365.01 nm、365.46 nm、366.32 nm、404.66 nm、407.98 nm、435.83 nm、546.07 nm、576.89 nm、579.07 nm。

【实验原理】

1. 氢原子的里德伯常量

1885 年,巴耳末发现了氢原子光谱的规律,特别是位于可见光区的四条 H_α, H_β, H_γ, H_δ 谱线,其波长可以很准确地用经验公式来表示:

$$\lambda_H = B\frac{n^2}{n^2-4}, \quad n = 3,4,5,6,\cdots \tag{7.3.1}$$

式中,$B = 364.56$ nm,为一常量,$n = 3,4,5,6$ 时,分别给出了氢光谱中的 H_α, H_β, H_γ, H_δ 谱线的波长,其结果与实验一致。1896 年里德伯引用波数 $\tilde{\nu} = \frac{1}{\lambda}$ 的概念将巴耳末经验公式改写成如下公式:

$$\tilde{\nu}_H = R_H \times \left(\frac{1}{2^2} - \frac{1}{n^2}\right), \quad n = 3,4,5,6,\cdots \tag{7.3.2}$$

式中，$\tilde{\nu}_H$ 是波数，$R_H = 1.096\,775\,8 \times 10^7\ \text{m}^{-1}$，是氢的里德伯常量，此式完全是从实验中得到的经验公式，然而它在实验误差内与测定值惊人地符合。

由玻尔理论或量子力学得出的类氢离子光谱规律为

$$\tilde{\nu}_A = R_H \times \left(\frac{1}{(n_1/z)^2} - \frac{1}{(n_2/z)^2} \right) \tag{7.3.3}$$

式中，$R_A = \dfrac{2\pi^2 m e^4}{(4\pi\varepsilon_0)^2 c h^3 (1 + m/M_A)}$ 是元素 A 的里德伯常量的理论值，z 是元素 A 的核电荷数，n_1, n_2 为整数，m 和 e 是电子的质量和电荷，ε_0 是真空的电容率，c 是真空中的光速，h 是普朗克常量，M_A 是核的质量，显然 R_A 随 $M_A \to \infty$ 变化而变化，当 $M_A \to \infty$ 时，便得到里德伯常量

$$R_\infty = \frac{2\pi^2 m e^4}{(4\pi\varepsilon_0)^2 c h^3} \tag{7.3.4}$$

所以

$$R_A = \frac{R_\infty}{(1 + m/M_A)}$$

应用到氢和氘元素有

$$R_H = \frac{R_\infty}{(1 + m/M_H)}, \quad R_D = \frac{R_\infty}{(1 + m/M_D)} \tag{7.3.5}$$

可见 R_H 和 R_D 是有差别的，其结果就是 D 的谱线相对于 H 的谱线会有微小位移，称作同位素位移，λ_H, λ_D 是能够直接精确测量的量，测出 λ_H, λ_D 也就可以计算出 R_H 和 R_D 和里德伯常量 R_∞，同时还可计算出 D，H 的原子核质量比

$$\frac{M_H}{M_D} = \frac{m}{M_H} \frac{\lambda_H}{(\lambda_D - \lambda_H + \lambda_D m/M_H)} \tag{7.3.6}$$

式中，$m/M_H = 1/1\,836.152\,7$。

表 7.3.1 中 λ 是指真空中的波长，同一光波，在不同的介质中波长不同，我们的测量往往是在空气中进行的，所以应将空气中的波长转换成真空中的波长。真空中的波长应为空气中的波长加上波长修正值 $\delta\lambda$，但在实际测量中，受所用仪器的精度限制，这种变化往往忽略不计。

表 7.3.1　氢、氘巴耳末线系可见光区波长表

氢（H）			氘（D）	
符号	波长(nm)	$\delta\lambda$(nm)	符号	波长(nm)
H_α	656.280	0.181	D_α	656.100
H_β	486.133	0.136	D_β	485.999
H_γ	434.047	0.121	D_γ	433.928
H_δ	410.174	0.116	D_δ	410.062

【实验步骤】

（1）接通电源前，检查接线是否正确，检查转化开关的位置。

（2）接通电箱电源，将电压调至 500～900 V。

（3）先用汞光源作为标光源，测定汞的原子谱线，调整狭缝，扫描完毕后进行"寻峰"工作，并和汞原子标准谱对比，算出修正值进行修正。

（4）将光源换上氢灯，同样调整狭缝，调整狭缝时两狭缝要匹配，扫描完后对曲线进行寻峰，读出波长。

（5）计算里德伯常量 R_H 及平均值 $\overline{R}_H$。

【问题讨论】

（1）氢光谱有几个光谱线系？分别是什么？

（2）根据氢光谱各光谱波长值，分析各谱线对应的能级跃迁，并根据上述分析，画出氢原子巴耳末系的能级图，标出四条谱线对应的能级跃迁和波长。

【附录——倍增管处理系统】

1．工作界面介绍

WGD-8a 型多功能光栅光谱仪——倍增管功能图，如图 7.3.2 所示。

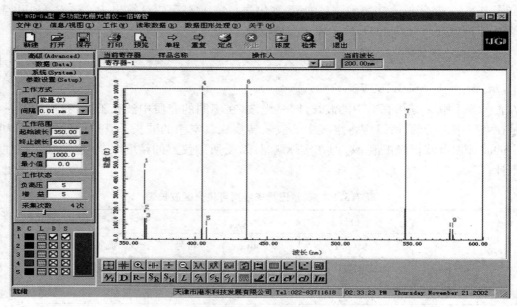

图 7.3.2　功能图

进入系统后，等待用户单击鼠标或键盘上的任意键；当接收到鼠标、键盘事件或等待 5 s 后，马上显示工作界面，让用户确认当前的波长位置是否有效、是否重新初始化。如果选择确定，则确认当前的波长位置，不再初始化；如果选择取消，则初始化，波长位置回到 200 nm 处。

菜单栏：

（1）"信息/视图"菜单

· 采集信息　输入采集环境及其他信息。动态方采集时动态调整纵坐标。

（2）"工作"菜单

· 单程扫描　从起始波长扫描到终止波长。

· 重复扫描　在起始波长和终止波长间重复扫描。

· 定波长扫描　定点扫描——在固定波长处以时间为横轴采集。

· 重新初始化　光栅重新定位。

（3）"数据图形处理"菜单

· 改变显示数值范围　改变显示数值范围。

· 数据　显示选定的寄存器中的数据。

2. 功能介绍

（1）设置工作参数（Setup）

选择参数设置区的"参数设置"项，界面中显示的对话框。

· 工作方式→模式：所采集的数据格式，有能量（E）、透过率（%T）、吸光度（ABS）、基线（E）。

· 工作方式→间隔：两个数据点之间的最小波长间隔，系统中有五个选项供选择，分别为 1.00 nm、0.50 nm、0.10 nm、0.05 nm、0.02 nm、0.01 nm。

· 工作范围：在起始、终止波长和最大、最小值四个编辑框中输入相应的值，以确定扫描时的范围。当使用动态方式时，最大值、最小值设置不起作用。

（2）显示寄存器中的数据

选择参数设置区的"数据"项，界面中显示对话框。在"寄存器"下拉列表框中选择某一寄存器，会在数值框中显示该寄存器的数据。

（3）单程扫描

· 下拉菜单：工作→单程扫描。

· 工具栏：主工具栏→单程。

执行该命令后，如果当前波长位置在设置的扫描范围之外，系统弹出"波长检索"对话框。此时，系统将检索到起始波长后开始扫描（起始波长可在参数设置区的"参数设置"项下查看）；如单击"取消"按钮，则终止该次扫描操作。如果当前波长位置已在扫描范围内，则直接从当前点开始扫描。在扫描过程中，界面左上角会出现数值显示框，显示当前位置信息。

（4）重复扫描

· 下拉菜单：工作→重复扫描。

· 工具栏：主工具栏→重复。

执行该命令后，系统弹出"输入"对话框。在编辑框中输入重复扫描的次数后（范围为1~100 次），单击"确定"按钮则按设定的次数重复执行单程扫描操作，并把各次的谱线保留在屏幕上供参考（只保留最后一次的数据）。

（5）定波长扫描

· 下拉菜单：工作→定波长扫描。

· 工具栏：主工具栏→定点。

执行该命令后，弹"输入"对话框。在编辑框中输入定点扫描的波长位置，单击"确定"

按钮,弹出下一个"输入"对话框,输入定点扫描的时间长度后系统开始扫描。

(6) 读取谱线的数据

① 读取谱线的数据

· 下拉菜单:读取数据→读取数据→读取谱线数据。

· 工具栏:辅工具栏→ ▦ 。

执行该命令后,当光标落在工作区中时,形状变为" ▦ "。当在工作区中点击鼠标左键时,系统将光标定位在与该点横坐标最接近的谱线数据点上,并在数值框中显示该数据点的信息。用鼠标左键在不同位置点击,可以读取不同的数据点,也可使用←,→两键移动光标读取数据点信息。单击鼠标右键,退出读取。

注意 (1) 用←,→两键只能使光标移到相邻的数据点上。

(2) 当显示多条谱线时,将显示横、纵坐标与该点最接近的数据点。

② 读取任意点的数据

· 下拉菜单:读取数据→读取数据→任意点数据。

· 工具栏:辅工具栏→ ✛ 。

执行该命令后,当光标落在工作区中时,形状变为" ✛ "。当用户用鼠标左键点击工作区任意点时,数值框中将显示该点的相应信息。使用←,→,↑,↓键也可移动光标读取信息。单击鼠标右键,退出读取。

(7) 寻峰

① 自动寻峰

· 下拉菜单:读取数据→寻峰→自动寻峰。

· 工具栏:辅工具栏→ ⋀⋀ 。

执行该命令后,弹出对话框。用户可对以下各项进行设置。

· "模式"区:选择检峰、检谷或检峰谷。

· "寄存器"下拉列表框:选择处理的数据来自哪个寄存器。

· "最大值""最小值"编辑框:把峰/谷的数值确定在一个范围内,即在此范围内的峰/谷才被检测出。

· "最小峰高"编辑框:峰的极值及两侧数据点的距离差的最小值,距离差小于该值则不认为是峰/谷。

点击"检峰/谷"按钮,系统根据设置自动检测峰/谷。把峰/谷信息放在对话框左侧的列表框中,同时把峰/谷在谱线上对应的位置标出。点击"关闭"按钮,则关闭检峰对话框,返回主界面。如图 7.3.3 所示。

② 半自动寻峰

· 下拉菜单:读取数据→寻峰→半自动寻峰。

· 工具栏:辅工具栏→ ⋀⋀ 。

执行该命令后,弹出对话框,设置及关闭操作同自动寻峰。点击"检峰/谷"按钮,系统首先根据设置自动检测峰/谷。然后会让用户对每一个峰谷进行确认,方法如下:

在工作区中,峰/谷的位置上将出现一个闪动的圆形标志,同时界面上方弹出所示的对话框。点击"确认"按钮,则认为该点为峰/谷;点击"下一个"按钮,则放弃该点,显示下一个

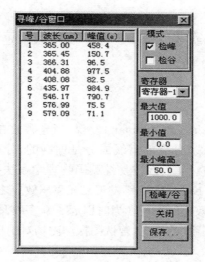

图 7.3.3　寻峰

点的信息；点击"取消"按钮，确认后取消该次操作。如图 7.3.4 所示。

图 7.3.4　检测

（8）波长修正

· 下拉菜单：读取数据→波长修正。

执行该命令后，弹出"输入"对话框。在输入编辑框中输入修正值，单击"确定"按钮，系统会自动记忆修正值并自动调整硬件系统。如图 7.3.5 所示。

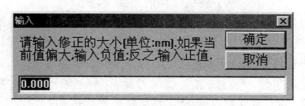

图 7.3.5

注意　（1）当标准峰波长偏长时，输入的修正值为负值，反之为正值。

（2）为了使修正准确，一般采用修正后关闭软件，重新启动，对仪器进行重新初始化，再测峰、修正的方法。

（3）总修正值不得超过 ±50 nm。

（4）仪器掉电或先启动软件再给仪器加电均可能造成波长混乱。此时应关闭软件，在保证连线准确、仪器加电的情况下，对仪器重新进行初始化。

实验 7.4　塞曼效应

【引言】

1896 年,荷兰物理学家塞曼(P. Zeeman)发现,当光源放在足够强的磁场中时,原来的一条光谱线分裂成几条光谱线,分裂的谱线成分是偏振的,分裂的条数随能级的类别而不同,后人称此现象为塞曼效应。塞曼效应是继英国物理学家法拉第(M. Faraday)1845 年发现磁致旋光效应,克尔(John Kerr)1876 年发现磁光克尔效应之后,发现的又一个磁光效应。

法拉第旋光效应和克尔效应的发现在当时引起了众多物理学家的兴趣。1862 年,法拉第出于"磁力和光波彼此有联系"的信念,曾试图探测磁场对钠黄光的作用,但因仪器精度欠佳未果。

图 7.4.1　塞曼(1865~1943)

塞曼在法拉第的信念的激励下,经过多次的失败,最后用当时分辨本领最高的罗兰凹面光栅和强大的电磁铁,终于在 1896 年发现了钠黄线在磁场中变宽的现象,后来又观察到了镉蓝线在磁场中的分裂。

塞曼在洛伦兹的指点及其经典电子论的指导下,解释了正常塞曼效应和分裂后的谱线的偏振特性,并且估算出的电子的荷质比,与几个月后汤姆逊从阴极射线得到的电子荷质比相同。

塞曼效应不仅证实了洛伦兹电子论的准确性,而且为汤姆逊发现电子提供了证据,还证实了原子具有磁矩,且其在空间取向是量子化的。1902 年,塞曼与洛伦兹因这一发现共同获得了诺贝尔物理学奖,直到今日,塞曼效应仍旧是研究原子能级结构的重要方法。

早年把那些谱线分裂为三条,而裂距按波数计算正好等于一个洛伦兹单位的现象叫作正常塞曼效应(洛伦兹单位 $L = eB/(4\pi mc)$),正常塞曼效应用经典理论就能给予解释。实际上大多数谱线的塞曼分裂不是正常塞曼分裂,分裂的谱线多于三条,谱线的裂距可以大于也可以小于一个洛伦兹单位,人们称这类现象为反常塞曼效应。反常塞曼效应只有用量子理论才能得到满意的解释,对反常塞曼效应以及复杂光谱的研究,促使朗德(Alfred Landé)于 1921 年提出 g 因子概念,乌伦贝克(Uhlenbeck)和歌德斯密特(George Eugene)于 1925 年提出电子自旋的概念,推动了量子理论的发展。

【实验目的】

(1) 掌握观测塞曼效应的方法,加深对原子磁矩及空间量子化等原子物理学概念的理解;

(2) 观察汞原子 546.1 nm 谱线的分裂现象及它们的偏振状态,由塞曼裂距计算电子荷质比;

(3)学习法布里-珀罗标准具的调节方法以及 CCD 器件在光谱测量中的应用。

【实验仪器】

如图 7.4.2 所示,永磁塞曼效应实验仪主要由控制主机、笔形汞灯、毫特斯拉计探头、永磁铁、会聚透镜、干涉滤光片、法布里-珀罗标准具、成像透镜、读数显微镜、导轨以及六个滑块组成。CCD 摄像器件(含镜头)、USB 接口外置图像采集盒以及塞曼效应实验分析软件。

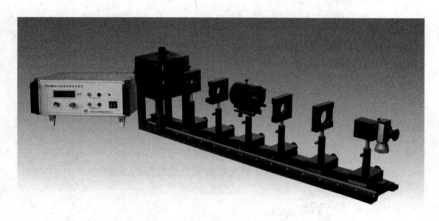

图 7.4.2   FD-ZM-A 型永磁塞曼效应实验仪

【实验原理】

1. 原子的总磁矩和总角动量的关系

严格来说,原子的总磁矩由电子磁矩和核磁矩两部分(图 7.4.3)组成,但由于后者比前者小三个数量级以上,所以暂时只考虑电子的磁矩这一部分。原子中的电子由于做轨道运动产生轨道磁矩,电子还具有自旋角动量及自旋磁矩,根据量子力学的结果,电子的轨道磁矩 $\boldsymbol{\mu}_L$ 和轨道角动量 $\boldsymbol{P}_L$ 在数值上有如下关系:

$$\boldsymbol{\mu}_L = \frac{e}{2m}\boldsymbol{P}_L, \quad \boldsymbol{P}_L = \sqrt{L(L+1)}\,h \tag{7.4.1}$$

自旋磁矩 $\boldsymbol{\mu}_S$ 和自旋角动量 $\boldsymbol{P}_S$ 有如下关系

$$\boldsymbol{\mu}_S = \frac{e}{m}\boldsymbol{P}_S, \quad \boldsymbol{P}_S = h\sqrt{S(S+1)} \tag{7.4.2}$$

式中,e,m 分别表示电子电荷和电子质量,L,S 分别表示轨道量子数和自旋量子数。轨道角动量和自旋角动量合成原子的总角动量 $\boldsymbol{P}_J$,轨道磁矩和自旋磁矩合成原子的总磁矩 $\boldsymbol{\mu}_j$,由于 $\boldsymbol{\mu}_j$ 绕 $\boldsymbol{P}_J$ 运动具有 $\boldsymbol{\mu}_j$ 在 $\boldsymbol{P}_J$ 方向的投影,$\boldsymbol{\mu}_j$ 对外平均效果不为零,可以得到 $\boldsymbol{\mu}_j$ 与 $\boldsymbol{P}_J$ 数值上的关系为

$$\boldsymbol{\mu}_J = g\frac{e}{2m}\boldsymbol{P}_J \tag{7.4.3}$$

其中，

$$g = 1 + \frac{J(J+1) - L(L+1) + S(S+1)}{2J(J+1)} \qquad (7.4.4)$$

式中，g 叫作朗德因子，它表征原子的总磁矩与总角动量的关系，而且决定了能级在磁场中分裂的大小。

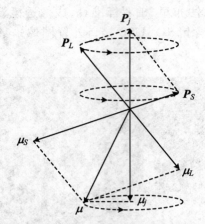

图 7.4.3　电子轨道磁矩和自旋磁矩的合成

2. 外磁场对原子能级的作用

在外磁场中，原子的总磁矩在外磁场 B 中的力矩（图 7.4.4）为

$$L = \boldsymbol{\mu}_J \times B \qquad (7.4.5)$$

式中，B 表示磁感应强度，力矩 L 使角动量 P_J 绕磁场方向做进动，进动引起附加的能量 ΔE 为

$$\Delta E = -\boldsymbol{\mu}_J \cdot B = -\mu_J B \cos\alpha \qquad (7.4.6)$$

将(7.4.3)式代入上式

$$\Delta E = g\frac{e}{2m}P_J B \cos\beta \qquad (7.4.7)$$

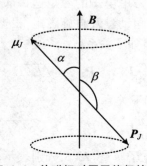

图 7.4.4　外磁场对原子能级的作用

由于 $\boldsymbol{\mu}_J$ 和 P_J 在磁场中取向是量子化的，也就是 P_J 在磁场方向的分量是量子化的。P_J 的分量只能是 h 的整数倍，即

$$P_J \cos\beta = Mh, \quad M = J, J-1, \cdots, -J \qquad (7.4.8)$$

磁量子数 M 共有 $2J+1$ 个值。式(7.4.8)代入式(7.4.7)得到

$$\Delta E = Mg \frac{eh}{2m} \boldsymbol{B} \tag{7.4.9}$$

这样,无外磁场时的一个能级在外磁场作用下分裂为 $2J+1$ 个子能级。由式(7.4.9)决定的每个子能级的附加能量正比于外磁场 $\boldsymbol{B}$,并且与朗德因子 g 有关。

3. 塞曼效应的选择定则

设某一光谱线在未加磁场时跃迁前后的能级为 E_2 和 E_1,则谱线的频率 ν 决定于

$$h\nu = E_2 - E_1 \tag{7.4.10}$$

在外磁场中,上下能级分裂为 $2J_2+1$ 和 $2J_1+1$ 个子能级,附加能量分别为 ΔE_2 和 ΔE_1,可以按式(7.4.9)算出新的谱线频率 ν',则

$$h\nu' = (E_2 + \Delta E_2) - (E_1 + \Delta E_1) \tag{7.4.11}$$

所以分裂后谱线与原谱线的频率差

$$\Delta\nu = \nu' - \nu = \frac{1}{h}(\Delta E_2 - \Delta E_1) = (M_2 g_2 - M_1 g_1)\frac{e\boldsymbol{B}}{4\pi m} \tag{7.4.12}$$

用波数来表示为

$$\Delta\tilde{\nu} = (M_2 g_2 - M_1 g_1)\frac{e\boldsymbol{B}}{4\pi mc} \tag{7.4.13}$$

令 $L = e\boldsymbol{B}/(4\pi mc)$,$L$ 称为洛伦兹单位。将有关物理常数代入得

$$L = 4.67 \times 10^{-3} \boldsymbol{B} \,(\text{m}^{-1})$$

其中,$\boldsymbol{B}$ 的单位采用 Gs($1\,\text{Gs} = 10^{-4}\,\text{T}$)。

但是,并非任何两个能级的跃迁都是可能的,跃迁必须满足以下选择定则:

$$\Delta M = M_2 - M_1 = 0, \pm 1\,(\text{当}\ J_2 = J_1\ \text{时},M_2 = 0 \rightarrow M_1 = 0\ \text{除外})$$

习惯上取较高能级的 M 量子数之差为 ΔM。

(1) 当 $\Delta M = 0$ 时,产生 π 线,沿垂直于磁场的方向观察时,得到光振动方向平行于磁场的线偏振光。沿平行于磁场的方向观察时,光强度为零。

(2) 当 $\Delta M = \pm 1$ 时,产生 $\sigma^{\pm}$ 线,合称 σ 线。沿垂直于磁场的方向观察时,得到的都是光振动方向垂直于磁场的线偏振光。当光线的传播方向平行于磁场方向时,σ^+ 线为一左旋圆偏振光,σ^- 线为一右旋圆偏振光。当光线的传播方向反平行于磁场方向时,观察到的 σ^+ 和 σ^- 线分别为右旋和左旋圆偏振光。沿其他方向观察时,π 线保持为线偏振光,σ 线变为圆偏振光。由于光源必须置于电磁铁两磁极之间,为了在沿磁场方向上观察塞曼效应,必须在磁极上镗孔。

4. 汞绿线在外磁场中的塞曼效应

本实验中所观察的汞绿线 546.1 nm 对应于跃迁 $6s7p^3S_1 \rightarrow 6s6p^3P_2$。与这两能级及其塞曼分裂能级对应的量子数和 g,M,Mg 值以及偏振态列表如表 7.4.1 所示。

表 7.4.1   各光线的偏振态

选择定则	$K \perp B$（横向）	$K /\!/ B$（纵向）
$\Delta M = 0$	线偏振光 π 成分	无光
$\Delta M = +1$	线偏振光 σ 成分	右旋圆偏振光
$\Delta M = -1$	线偏振光 σ 成分	左旋圆偏振光

表 7.4.1 中 K 为光波矢量；B 为磁感应强度矢量；σ 表示光波电矢量 $E \perp B$；π 表示光波电矢量 $E /\!/ B$。

表 7.4.2   原子态符号

原子态符号	$7^3 S_1$	$6^3 P_2$
L	0	1
S	1	1
J	1	2
g	2	3/2
M	1，0，−1	2，1，0，−1，−2
Mg	2，0，−2	3，3/2，0，−3/2，−3

这两个状态的朗德因子 g 和在磁场中的能级分裂，可以由式（7.4.4）和式（7.4.7）计算得出，并且绘成能级跃迁图，如图 7.4.5 所示。

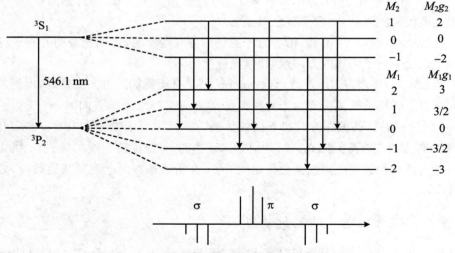

图 7.4.5   汞绿线的塞曼效应及谱线强度分布

由图 7.4.5 可见，上下能级在外磁场中分裂为三个和五个子能级，在能级图上画出了选择规则允许的九种跃迁。在能级图下方画出了与各跃迁相应的谱线在频谱上的位置，它们的波数从左到右增加，并且是等距的，为了便于区分，将 π 线和 σ 线都标在相应的地方各线段的长度表示光谱线的相对强度。

5. 法布里–珀罗标准具的原理和性能

法布里–珀罗标准具（以下简称 F-P 标准具）由两块平行平面玻璃板和夹在中间的一个间隔圈组成。平面玻璃板内表面是平整的，其加工精度要求优于 1/20 中心波长。内表面上镀有高反射膜，膜的反射率高于 90%。间隔圈用膨胀系数很小的熔融石英材料制作，精加工成有一定的厚度，用来保证两块平面玻璃板之间有很高的平行度和稳定间距。

标准具的光路图如图 7.4.6 所示，当单色平行光束 S_0 以某一小角度入射到标准具的 M 平面上；光束在 M 和 M′ 二表面上经过多次反射和投射，分别形成一系列相互平行的反射光束 $1, 2, 3, \cdots$ 及投射光束 $1', 2', 3', \cdots$，任何相邻光束间的光程差 Δ 是一样的，即

$$\Delta = 2nd\cos\theta$$

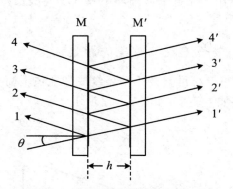

图 7.4.6　F-P 标准具的多光束干涉

其中，d 为两平行板之间的间距，大小为 2 mm，θ 为光束折射角，n 为平行板介质的折射率，在空气中使用标准具时可以取 $n = 1$。当一系列相互平行并有一定光程差的光束（多光束）经会聚透镜在焦平面上发生干涉。光程差为波长整数倍时产生相长干涉，得到光强极大值

$$2d\cos\theta = K\lambda \tag{7.4.14}$$

K 为整数，称为干涉序。由于标准具的间隔 d 是固定的，对于波长 λ 一定的光，不同的干涉序 K 出现在不同的入射角 θ 处。如果采用扩展光源照明，在 F-P 标准具中将产生等倾干涉，这时相同 θ 角的光束所形成的干涉花纹是一圆环，整个花样则是一组同心圆环。

由于标准具中发生的是多光束干涉，干涉花纹的宽度非常细锐。通常用精细度（定义为相邻条纹间距与条纹半宽度之比）F 表征标准具的分辨性能，可以证明

$$F = \frac{\pi\sqrt{R}}{1 - R} \tag{7.4.15}$$

其中，R 是平行板内表面的反射率。精细度的物理意义是在相邻的两干涉序的花纹之间能够分辨的干涉条纹的最大条纹数。精细度仅依赖于反射膜的反射率，反射率愈大，精细度愈大，则每一干涉花纹愈锐细，仪器能分辨的条纹数愈多，也就是仪器的分辨本领愈高。实际上玻璃内表面加工精度受到一定的限制，反射膜层中出现各种非均匀性，这些都会带来散射等耗散因素，往往使仪器的实际精细度比理论值低。

我们考虑两束具有微小波长差的单色光 λ_1 和 λ_2（$\lambda_1 > \lambda_2$，且 $\lambda_1 \approx \lambda_2 \approx \lambda$），例如，加磁场后汞绿线分裂成的九条谱线中，对于同一干涉序 K，根据式（7.4.14），λ_1 和 λ_2 的光强极大值对应于不同的入射角 θ_1 和 θ_2，因而所有的干涉序形成两套花纹。如果 λ_1 和 λ_2 的波长差

（随磁场 B）逐渐加大，使得 λ_2 的 K 序花纹与 λ_1 的 $K-1$ 序花纹重合，这时以下条件得到满足：

$$K\lambda_2 = (K-1)\lambda_1 \tag{7.4.16}$$

考虑到靠近干涉圆环中央处 θ 都很小，因而 $K = 2d/\lambda$，于是上式可以写作

$$\Delta\lambda = \lambda_1 - \lambda_2 = \frac{\lambda^2}{2d} \tag{7.4.17}$$

用波数表示为

$$\Delta\tilde{\nu} = \frac{1}{2d} \tag{7.4.18}$$

按以上两式算出的 $\Delta\lambda$ 或 $\Delta\tilde{\nu}$ 定义为标准具的色散范围，又称为自由光谱范围。色散范围是标准具的特征量，它给出了靠近干涉圆环中央处不同波长差的干涉花纹不重序时所允最大波长差。

6. 分裂后各谱线的波长差或波数差的测量

用焦距为 f 的透镜使 F-P 标准具的干涉条纹成像在焦平面上，这时靠近中央各花纹的入射角 θ 与它的直径 D 有如下关系，如图 7.4.7 所示。

$$\cos\theta = \frac{f}{\sqrt{f^2 + (D/2)^2}} \approx 1 - \frac{1}{8}\frac{D^2}{f^2} \tag{7.4.19}$$

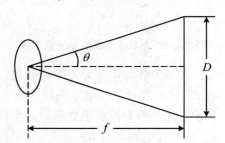

图 7.4.7　入射角与干涉圆环直径的关系

将式(7.4.19)代入式(7.4.14)得

$$2d\left(1 - \frac{D^2}{8f^2}\right) = K\lambda \tag{7.4.20}$$

由上式可见，靠近中央各花纹的直径平方与干涉序呈线性关系。对同一波长而言，随着花纹直径的增大，花纹愈来愈密，直径大的干涉环对应的干涉序低。同理，就不同波长同序的干涉环而言，直径大的波长小。

同一波长相邻两序 K 和 $K-1$ 花纹的直径平方差 ΔD^2 可以从式(7.4.20)求出，得到

$$\Delta D^2 = D_{K-1}^2 - D_K^2 = \frac{4f^2\lambda}{d} \tag{7.4.21}$$

可见，ΔD^2 是一个常数，与干涉序 K 无关。

由式(7.4.20)又可以求出在同一序中不同波长 λ_a 和 λ_b 之差，例如，分裂后两相邻谱线的波长差为

$$\lambda_a - \lambda_b = \frac{d}{4f^2K}(D_b^2 - D_a^2) = \frac{\lambda}{K}\frac{D_b^2 - D_a^2}{D_{K-1}^2 - D_K^2} \tag{7.4.22}$$

测量时，通常可以只利用在中央附近的 K 序干涉花纹。考虑到标准具间隔圈的厚度比

波长大得多,中心花纹的干涉序是很大的。因此,用中心花纹干涉序代替被测花纹的干涉序所引入的误差可以忽略不计,即

$$K = \frac{2d}{\lambda} \tag{7.4.23}$$

将上式代入式(7.4.22)得到

$$\lambda_a - \lambda_b = \frac{\lambda^2}{2d} \frac{D_b^2 - D_a^2}{D_{K-1}^2 - D_K^2} \tag{7.4.24}$$

用波数表示为

$$\tilde{v}_a - \tilde{v}_b = \frac{1}{2d} \frac{D_b^2 - D_a^2}{D_{K-1}^2 - D_K^2} = \frac{1}{2d} \frac{\Delta D_{ab}^2}{\Delta D^2} \tag{7.4.25}$$

其中,$\Delta D_{ab}^2 = D_b^2 - D_a^2$,由式(7.4.25)得知波数差与相应花纹的直径平方差成正比。

将式(7.4.25)代入式(7.4.13)得到电子荷质比:

$$\frac{e}{m} = \frac{2\pi \cdot c}{(M_2 g_2 - M_1 g_1) Bd} \left(\frac{D_b^2 - D_a^2}{D_{K-1}^2 - D_K^2} \right) \tag{7.4.26}$$

7. CCD 摄像器件

CCD 是电荷耦合器件的简称,它是一种金属氧化物-半导体结构的新型器件,具有光电转换、信息存储和信号传输功能,在图像传感、信息处理和存储等方面有广泛的应用。在本实验中,经由 F-P 标准具出射的多光束,经透镜会聚相干,呈多光束干涉条纹成像于 CCD 光敏面。利用 CCD 的光电转换功能,将其转换为电信号"图像",由荧光屏显示。因为 CCD 是对弱光极为敏感的光放大器件,所以能够呈现明亮、清晰的干涉图样。

【实验步骤】

1. 直径的测量

如果选配了 CCD 摄像器件、USB 外置图像采集卡和塞曼效应实验分析软件。如图 7.4.8 所示,可以在前面直读测量的基础上,将读数望远镜和成像透镜去掉,装上 CCD 摄像器件,并连接 USB 外置图像采集卡,安装驱动程序以及塞曼效应实验分析 VCH4.0 软件,进行自动测量。注意这时偏振片上应该加装小孔光阑。

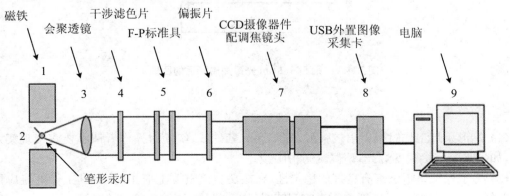

图 7.4.8　电脑自动测量塞曼效应实验装置

（1）按照图 7.4.8 所示，依次放置各光学元件（偏振片可以先不放置），并调节光路上各光学元件等高共轴，点燃汞灯，使光束通过每个光学元件的中心。

（2）注意图中会聚透镜和成像透镜的区别：成像透镜焦距大于会聚透镜，而会聚透镜的通光孔径大于成像透镜的通光孔径。用内六角扳手调节标准具上三个压紧弹簧螺丝（一般出厂前，标准具已经调好，学生做实验时，请不要自行调节），使两平行面达到严格平行，从测量望远镜中可观察到清晰明亮的一组同心干涉圆环。当观察者的眼睛上下、左右移动时，如果标准具的两个内表面严格平行，则干涉圆环的大小不随眼睛的移动而变化；如果标准具的两个内表面不平行，则干涉圆环从中心"冒出"，或者中心圆环向外扩大。

（3）从测量望远镜中可观察到细锐的干涉圆环发生分裂的图像。调节会聚透镜的高度，或者调节永磁铁两端的内六角螺丝，改变磁间隙，达到改变磁场场强的目的，可以看到随着磁场强度 B 的增大，谱线的分裂宽度也在不断增宽。放置偏振片（注意，直读测量时应将偏振片中的小孔光阑取掉，以增加通光量），当旋转偏振片为 0°、45°、90° 各不同位置时，可观察到偏振性质不同的 π 成分和 σ 成分。

（4）旋转偏振片，通过读数望远镜能够看到清晰的每级三个的分裂圆环，如图 7.4.9 所示，旋转测量望远镜读数鼓轮，用测量分划板的铅垂线依次与被测圆环相切，从读数鼓轮上读出相应的一组数据，它们的差值即为被测的干涉圆环直径。测量四个圆的直径 D_c，D_b（即为 D_{K-1}），D_a，D_K，用毫特斯拉计测量中心磁场的磁感应强度 B，代入公式（7.4.26）计算电子荷质比，并计算测量误差。

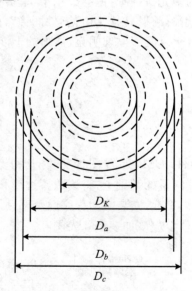

图 7.4.9　汞 546.1 nm 光谱加磁场后的图像

2. 注意事项

（1）笔形汞灯工作时辐射出较强的 253.7 nm 紫外线，实验时操作者请不要直接观察汞灯光，如果需要直接观察灯光，请佩戴防护眼镜。

（2）为了保证笔形汞灯有良好的稳定性，在振荡直流电源上应用时，对其工作电流应该加以选择。另外将笔形汞灯管放入磁头间隙时，注意尽量不要使灯管接触磁头。

(3) 仪器应存放在干燥、通风的清洁房间内,长时间不用时请加罩防护。

(4) 法布里-珀罗标准具等光学元件应避免沾染灰尘、污垢和油脂,避免在潮湿、过冷、过热和酸碱性蒸汽环境中存放和使用。

(5) 光学零件的表面上如有灰尘,可以用橡皮吹气球吹去。如表面有污渍可以用脱脂、清洁棉花球蘸酒精、乙醚混合液轻轻擦拭。

3. 实验数据(仅供参考)

加磁场后,观察横效应,用读数望远镜测量如表 7.4.1 所示(单位 mm)。

表 7.4.1　　数据处理

	D_c	$D_b(D_{K-1})$	D_a	D_K
上切读数	1.292	1.410	1.546	2.936
下切读数	7.422	7.284	7.146	5.688
测量直径	6.130	5.874	5.600	2.752

用毫特斯拉计测量中心磁场强度 $B = 1.301$ T, $d = 2$ mm,并且 $M_2 g_2 - M_1 g_1 = 1/2$;由公式(7.4.26)得

$$\frac{e}{m} = \frac{\pi \cdot c}{(M_2 g_2 - M_1 g_1) B d} \left(\frac{D_c^2 - D_a^2}{D_{K-1}^2 - D_K^2} \right)$$

将测量数据代入上式得 $\dfrac{e}{m} = 1.6923 \times 10^{11}$ (C/kg)。

查得电子荷质比参考数值为 $\dfrac{e}{m} = 1.7588 \times 10^{11}$ (C/kg)。

测量误差约为 3.8%。

【问题讨论】

实验中影响荷质比测量精确度的因素有哪些?

实验 7.5　黑体辐射

【引言】

早在 1859 年,德国物理学家基尔霍夫在总结当时实验发现的基础上,用理论方法得出一切物体热辐射所遵从的普遍规律:在相同的温度下,各辐射源的单色辐出度 $M_i(\lambda, T)$ 与单色吸收率 $\alpha_i(\lambda, T)$ 成正比,其比值对所有辐射源($i = 1, 2, \cdots$)都一样,是一个只取决于波长 λ 和温度 T 的普适函数。而黑色物体对可见光能强烈吸收,则当获取能量时也应有在可见光区的强烈辐射,因而从黑体辐射的角度研究确定普适函数的具体形式就具有极大的吸引力。显然,如果单色吸收率 $\alpha_i(\lambda, T) = 1$,则该辐射源的单色辐出度 $M_i(\lambda, T)$ 就是要研究的普适函数。而 $\alpha_i(\lambda, T) = 1$ 的辐射体就是绝对黑体,简称黑体。黑体的辐射亮度在各个

方向都相同,即黑体是一个完全的余弦辐射体,辐射能力小于黑体,但辐射的光谱分布与黑体相同的温度辐射体称为灰体。

任何物体,只要其温度在绝对零度以上,就向周围发射辐射,这称为温度辐射;只要其温度在绝对零度以上,也要从外界吸收辐射的能量。处在不同温度和环境下的物体,都以电磁辐射形式发出能量,而黑体是一种完全的温度辐射体,即任何非黑体所发射的辐射通量都小于同温度下的黑体发射的辐射通量;并且,非黑体的辐射能力不仅与温度有关,而且与表面的材料的性质有关,而黑体的辐射能力则仅与温度有关。在黑体辐射中,存在各种波长的电磁波,其能量按波长的分布与黑体的温度有关。

【实验目的】

(1) 验证普朗克辐射定律;
(2) 验证斯忒藩-玻尔兹曼定律;
(3) 验证维恩位移定律;
(4) 研究黑体和一般发光体辐射强度的关系;
(5) 学会测量一般发光光源的辐射能量曲线。

【实验仪器】

WGH-10 型黑体实验装置,由光栅单色仪、接收单元、扫描系统、电子放大器、A/D 采集单元、电压可调的稳压溴钨灯光源、计算机及打印机组成。该设备集光学、精密机械、电子学、计算机技术于一体。

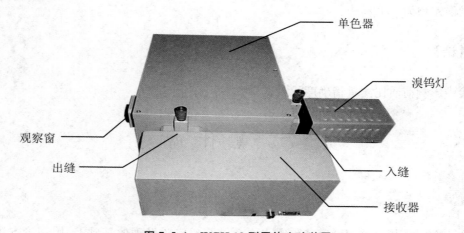

图 7.5.1 WGH-10 型黑体实验装置

1. 主机结构

主机由以下几部分组成:单色器、狭缝、接收单元、光学系统以及光栅驱动系统等。狭缝为直狭缝,宽度范围 0~2.5 mm 连续可调,顺时针旋转狭缝宽度加大,反之减小,每旋转一周狭缝宽度变化 0.5 mm。为延长使用寿命,调节时注意最大不超过 2.5 mm,平日不使用时,狭缝最好开到 $0.1\sim0.5$ mm 左右。为去除光栅光谱仪中的高级次光谱,在使用过程中,操作者可根据需要把备用的滤光片插入入缝插板上。

2. 光学系统

光学系统采用 C-T 型,如图 7.5.2 所示。入射狭缝、出射狭缝均为直狭缝,宽度范围 $0\sim2.5$ mm 连续可调,光源发出的光束进入入射狭缝 S1,S1 位于反射式准光镜 M2 的焦面上,通过 S1 射入的光束经 M2 反射成平行光束投向平面光栅 G 上,衍射后的平行光束经物镜 M3 成像在 S2 上,经 M4,M5 会聚在光电接收器 D 上。

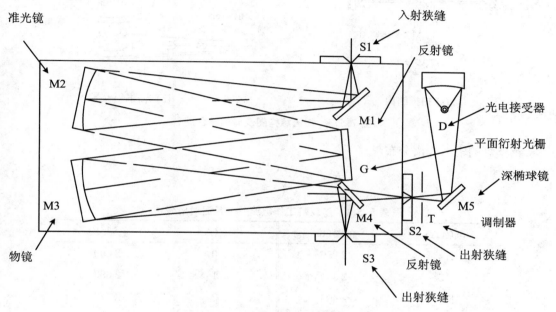

图 7.5.2　光学原理图

3. 仪器的机械传动系统

仪器采用如图 7.5.3(a)所示"正弦机构"进行波长扫描,丝杠由步进电机通过同步带驱动,螺母沿丝杠轴线方向移动,正弦杆由弹簧拉靠在滑块上,正弦杆与光栅台连接,并绕光栅台中心回转,如图 7.5.3(b)所示,从而带动光栅转动,使不同波长的单色光依次通过出射狭缝而完成"扫描"。

4. 溴钨灯光源

本实验装置采用稳压溴钨灯作光源,溴钨灯的灯丝是用钨丝制成,钨是难熔金属,它的熔点为 3 665 K。

钨丝灯是一种选择性的辐射体,它产生的光谱是连续的,它的总辐射本领 R_T 可由下式求出:

$$R_T = \varepsilon_T\sigma T^4 \tag{7.5.1}$$

式中,ε_T 为温度 T 时的总辐射系数,它是给定温度钨丝的辐射强度与绝对黑体的辐射强度之比,因此

$$\varepsilon_T = \frac{R_T}{E_T} \quad 或 \quad \varepsilon_T = (1 - e^{-BT}) \tag{7.5.2}$$

式中,B 为常数,$B = 1.47 \times 10^{-4}$。

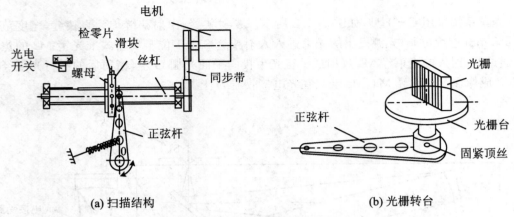

(a) 扫描结构   (b) 光栅转台

图 7.5.3 扫描结构图及光栅转台图

钨丝灯的辐射光谱分布

$$R_{\lambda T} = \frac{C_1 \varepsilon_{\lambda T}}{\lambda^5 (e^{\frac{C_2}{\lambda T}} - 1)} \tag{7.5.3}$$

表 7.5.1 溴钨灯工作电流——色温对应表

电流(A)	色温(K)	电流(A)	色温(K)
1.4	2 250	2.0	2 600
1.5	2 330	2.1	2 680
1.6	2 400	2.2	2 770
1.7	2 450	2.3	2 860
1.8	2 500	2.4	2 940
1.9	2 550		

5. 接收器

本实验装置波长的工作区间在 800~2 500 nm,所以选用硫化铅(PbS)为光信号接收器,从单色仪出缝射出的单色光信号经调制器,调制成 50 Hz 的频率信号被 PbS 接收。选用的 PbS 是晶体管外壳结构,该系列探测器是将硫化铅元件封装在晶体管壳内,充以干燥的氮气或其他惰性气体,并采用熔融或焊接工艺,以保证全密封。该器件可在高温、潮湿条件下工作且性能稳定可靠。

【实验原理】

1. 黑体辐射的光谱分布——普朗克辐射定律

1900 年,对热力学有长期研究的德国物理学家普朗克综合了维恩公式和瑞利－琼斯公式,利用内插法,引入了一个自己的常数,结果得到一个公式。公式与实验结果精确相符,它就是普朗克公式,即普朗克辐射定律。此定律用光谱辐射度表示,其形式为

$$E_{\lambda T} = \frac{C_1}{\lambda^5 (e^{\frac{C_2}{\lambda T}} - 1)} \tag{7.5.4}$$

式中,第一辐射常数 $C_1 = 3.74 \times 10^{-16}$ W/m²,第二辐射常数 $C_2 = 1.4398 \times 10^{-2}$ m·K,$E_{\lambda T}$ 的单位为 W/m³。

黑体光谱辐射亮度由下式给出:

$$L_{\lambda T} = \frac{E_{\lambda T}}{\pi} \tag{7.5.5}$$

式中,$L_{\lambda T}$ 的单位为 W/(m³·球面角)。

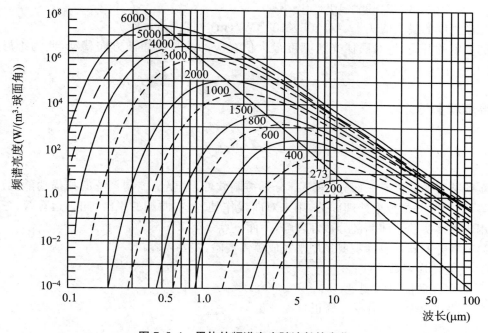

图 7.5.4 黑体的频谱亮度随波长的变化

每一条曲线上都标出黑体的绝对温度,与诸曲线的最大值相交的对角直线表示维恩位移定律。

2. 黑体的积分辐射——斯忒藩-玻尔兹曼定律

此定律用辐射度表示为

$$E_T = \int_0^\infty E_{\lambda T} \mathrm{d}\lambda = \delta T^4 \tag{7.5.6}$$

式中,T 为黑体的绝对温度,δ 为斯忒藩-玻尔兹曼常数,E_T 的单位为 W/m²。

$$\delta = \frac{2\pi^5 k^4}{15 h^3 c^2} = 5.670 \times 10^{-8}$$

式中,k 为玻尔兹曼常数,h 为普朗克常数,c 为光速,δ 的单位为 W/(m²·K⁴)。

由于黑体辐射是各向同性的,所以其辐射亮度与辐射度有关系

$$L = \frac{E_T}{\pi} \tag{7.5.7}$$

于是,斯忒藩-玻尔兹曼定律也可以用辐射亮度表示为

$$L = \frac{\delta}{\pi} T^4$$

式中,L 的单位为 W/(m² · 球面度)。

3. 维恩位移定律

光谱亮度的最大值对应的波长 λ_{max} 与它的绝对温度 T 成反比

$$\lambda_{max} = \frac{A}{T} \tag{7.5.8}$$

式中,A 为常数,$A = 2.896 \times 10^{-3}$ m · K。

光谱亮度的最大值 $L_{max} = 4.105 \times 10^{-6}$ W/(m³ · 球面角 · K⁵)。

随温度的升高,绝对黑体光谱亮度最大值对应的波长向短波方向移动,此为维恩位移定律。

【实验步骤】

1. 软件

实验装置的软件有三部分,第一部分是控制软件,主要是控制系统的扫描功能、数据的采集等;第二部分是数据处理部分,用来对曲线作处理,如曲线的平滑、四则运算等;三部分专门用于黑体实验。前两部分很好理解,下面重点介绍第三部分。

第三部分的软件设计主要是用来完成黑体实验,主要内容:

① 建立传递函数曲线;

② 辐射光源能量的测量;

③ 修正为黑体(发射率 ε 修正);

④ 验证黑体辐射定律。

2. 建立传递函数曲线

任何型号的光谱仪在记录辐射光源的能量时都受光谱仪的各种光学元件、接收器件在不同波长处的响应系数影响,习惯称之为传递函数。为扣除其影响,我们为用户提供一标准的溴钨灯光源,其能量曲线是经过标定的。另外在软件内存储了一条该标准光源在 2 940 K 时的能量线。当用户需要建立传递函数时,请按下列顺序操作:

(1) 将标准光源电流调整为 2 940 K 时电流所在位置;

(2) 预热 20 min 后,在系统上记录该条件下全波段图谱;该光谱曲线包含了传递函数的影响;

(3) 点击"验证黑体辐射定律"菜单,选"计算传递函数"命令,将该光谱曲线与已知的光源能量曲线相除,即得到传递函数曲线,并自动保存。

以后用户在做测量时,只要将图 7.5.7 中右上方"□传递函数""点击成:"☑传递函数"。后再测未知光源辐射能量线,测量的结果已扣除了仪器传递的影响。

3. 修正为黑体

任意发光体的光谱辐射本领与黑体辐射都有一系数关系,软件内提供了钨的发射系数,并能通过图 7.5.7 的右上方"□修正成为黑体"的菜单,点击"□修正为黑体"点击成:"☑修正为黑体"。此时,测量溴钨灯的辐射能量曲线将自动修正为同温度下的黑体的曲线。

4. 验证黑体辐射定律

将溴钨灯光源按说明书要求安装好,将图 7.5.7 中的"□传递函数及□修正为黑体"点击成:"☑传递函数及☑修正为黑体"而后扫描记录溴钨灯曲线。可设定不同的色温多次测试,并选择不同的寄存器(最多选择 5 个寄存器)分别将测试结果存入待用。有了以上测试数据,操作者可点击验证黑体辐射定律,菜单如图 7.5.5 所示。

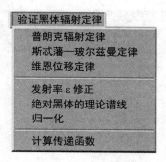

图 7.5.5　验证黑体辐射

5. 关机

先检索波长到 800 nm 处,使机械系统受力最小,然后关闭应用软件,最后按下电控箱上的电源按钮关闭仪器电源。

6. 实验数据处理

(1) 要求作出波长与能量的曲线图,用 Origin 软件处理,电流从 1.4 A 变化到 2.4 A。
(2) 验证普朗克辐射定律,斯忒藩-玻尔兹曼定律,维恩位移定律。

【问题讨论】

(1) 实验为何能用溴钨灯进行黑体辐射测量并进行黑体辐射定律验证?
(2) 实验数据处理中为何要对数据进行归一化处理?
(3) 实验中使用的光谱分布辐射度与辐射能量密度有何关系?

【附录——软件操作】

1. 工作界面介绍

点击"开始—程序—光谱仪—WGH-10 型黑体实验装置"项,即可启动 WGH-10 型黑体实验装置软件。

当接收到鼠标、键盘信息或等待五秒钟后,马上显示工作界面,同时弹出一个对话框(如图 7.5.6),让用户确认当前的波长位置是否有效、是否重新初始化。如果选择"确定",则确认当前的波长位置,不再进行初始化。

图 7.5.6　工作界面提示

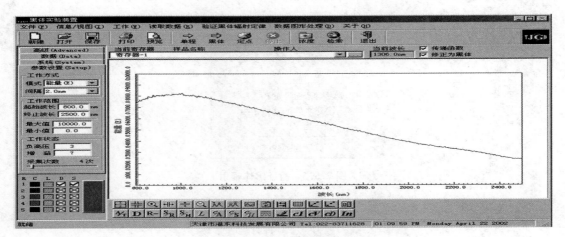

图 7.5.7　界面处理

菜单栏:

(1)"文件"菜单

· 保存　把所选择的寄存器中的数据保存到文件中,包括 txt 文档。

(2)"信息/视图"菜单

· 动态方式　采集时动态调整纵坐标。

(3)"工作"菜单

· 单程扫描　从起始波长扫描到终止波长。

· 黑体辐射测量　从起始波长扫描到终止波长,用于验证黑体辐射定律。

· 停止　停止扫描。

· 重新初始化　光栅重新定位。

(4)"验证热辐射定律"菜单

· 普朗克辐射定律　验证普朗克辐射定律。

· 斯忒藩-玻尔兹曼定律　验证斯忒藩-玻尔兹曼定律。

· 维恩位移定律　验证维恩位移定律。

· 发射率 ε 修正　对溴钨灯的谱线进行修正。

· 绝对黑体的理论谱线　绘制绝对黑体的理论谱线。

- 归一化　对谱线进行归一化处理。
- 计算传递函数　用于计算传递函数。

2．寄存器选择及波长显示栏

选择当前寄存器,显示当前波长位置。
- 传递函数　可以去除仪器的传递函数。
- 修正为黑体　可在扫描过程中直接进行发射率修正。(仅限黑体辐射测量使用)

3．基本设置

利用软件提供的参数设置区,用户可以方便的设置所使用的系统。
设置工作参数(Setup):
选择参数设置区的"参数设置"项。
- 工作方式→模式:所采集的数据格式,有能量(E)、透过率($\%T$)、吸光度(ABS)、基线(E)。

4．文件管理

用户可通过"数据源寄存器"下拉列表框,确定要保存的数据所在的寄存器,如还需保存相应的文本文件,单击"保存文本文件"即可。如图 7.5.8 所示。

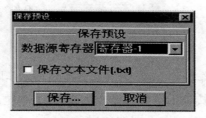

图 7.5.8　保存

5．信息及视图管理

工作:
(1) 单程扫描
- 下拉菜单:工作→单程扫描。
- 工具栏:主工具栏→单程。
(2) 黑体辐射测量
- 下拉菜单:工作→黑体辐射测量。
- 工具栏:主工具栏→黑体执行该命令后,弹出对话框,如图 7.5.9 所示在对话框中输入光源的色温度,点击"确定"按钮,进行扫描。(扫描部分同"单程扫描")
(3) 重新初始化
- 下拉菜单:工作→重新初始化。
- 重新检测零级谱,把光栅精确定位到 800.0 nm 处(系统其他参数不变)。
注意　仪器掉电或先启动软件再给仪器加电均可能造成波长混乱。此时应关闭软件,在保证连线准确、仪器加电的情况下,对仪器重新进行初始化。

图 7.5.9　色温

6. 验证黑体热辐射定律

在进行验证黑体热辐射定律的操作之前需要通过进行"工作-黑体辐射测量"命令先扫描得出至少一组数据，否则不能进行，软件可以同时存储五组数据。

注意　这一组的命令所使用的数据都必须是通过进行"工作-黑体辐射测量"命令扫描后得出的，数据的属性带有温度。

（1）普朗克辐射定律

① 下拉菜单：验证黑体辐射定律→普朗克辐射定律。执行该命令后，弹出如图 7.5.10 所示的对话框。

图 7.5.10　验证

② 单击"确定"按钮，工作区中出现" "图标，当在工作区中点击鼠标左键时，系统将光标定位在与该点横坐标最接近的谱线数据点上，并在数值框中显示该数据点的信息。用鼠标左键在不同位置点击，可以读取不同的数据点，也可使用←，→两键移动光标读取数据点信息。单击 ENTER 键，弹出如图 7.5.11 所示对话框。

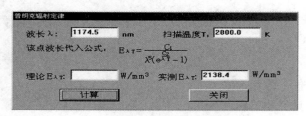

图 7.5.11　普朗克定律

③ 点击"计算"按钮，得出理论的光谱辐射度（图 7.5.12）。

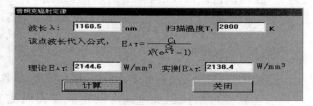

图 7.5.12　光谱辐射度

(2) 斯忒藩-玻尔兹曼定律

① 下拉菜单:验证黑体辐射定律→斯忒藩-玻尔兹曼定律。执行该命令后,弹出如图7.5.13所示的对话框。

选择
选择寄存器
寄存器-1
寄存器-2
寄存器-3
寄存器-4
寄存器-5
公共范围
起始波长：
1000
终止波长：
2500
确定
取消

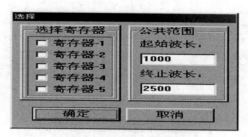

图7.5.13　寄存器

② 选择所需的数据所在的寄存器,点击“确定”按钮,弹出对话框(图7.5.14)。

提示
要把当前波长范围之外的部分使用理论值填补吗？、
若不填补，则只使用当前波长范围内的数据进行计算。
是(Y)
否(N)

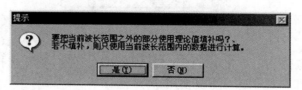

图7.5.14　填补

斯忒藩-玻尔兹曼定律的验证命令中,绝对黑体的总的辐射本领的计算范围有两种:(a) 0～∞;(b) 起始波长 λ_1～终止波长 λ_2。点击“是”按钮,则在当前波长范围以外的部分,采用相同温度的绝对黑体的理论值进行填补;点击“否”按钮则只取当前波长范围内的数据进行计算,确认后弹出如图7.5.15所示的计算结果。

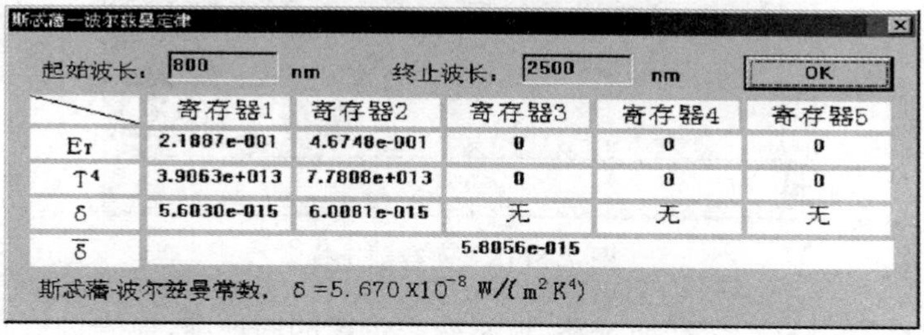

斯忒藩—玻尔兹曼定律
起始波长：800 nm
终止波长：2500 nm
OK
寄存器1　寄存器2　寄存器3　寄存器4　寄存器5
ET　2.1887e-001　4.6748e-001　0　0　0
T4　3.9063e+013　7.7808e+013　0　0　0
δ　5.6030e-015　6.0081e-015　无　无　无
δ̄　5.8056e-015
斯忒藩-玻尔兹曼常数，δ=5.670X10-8 W/(m2K4)

图7.5.15　玻尔兹曼定律

注意　选择“否”,计算结果与理论值相差很多。

(3) 维恩位移定律

① 下拉菜单:验证黑体辐射定律→维恩位移定律。

执行该命令后,弹出如图7.5.16所示的对话框。

② 选择所需寄存器后,点击“确定”按钮,弹出如图7.5.17所示的对话框。

由于噪声的原因,有时计算机自动检出的 λ_{max} 与实际的有差别,所以这时需要手动选择最大值的波长。点击“重定最大值波长”按钮,工作区中出现“ ”图标,当在工作区中点击鼠标左键时,系统将光标定位在与该点横坐标最接近的谱线数据点上,并在数值框中显示该数据点的信息。用鼠标左键在不同位置点击,可以读取不同的数据点,也可使用←,→两键

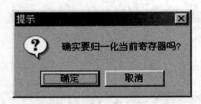

图 7.5.16 维恩位移

图 7.5.17 归一化

移动光标读取数据点信息。单击 ENTER 键,弹回图对话框,重新选择的数据将被自动修改,并计算出新的结果。此步骤可重复使用。

(4) 归一化

下拉菜单:验证黑体辐射定律→归一化。执行该命令后,弹出如图的对话框。

点击"确定"按钮,弹出如图 7.5.18 所示对话框。

选择一个寄存器,软件会将当前寄存器中的数据对同温度的理论黑体的数据进行归一化处理。

图 7.5.18 寄存器选择

注意 在进行普朗克定律和斯忒藩-玻尔兹曼定律的验证前,应先进行归一化处理。

(5) 计算传递函数

下拉菜单:验证黑体辐射定律→计算传递函数。

执行该命令后,弹出如图的对话框。

图 7.5.19 传递函数

实验 7.6　高温超导转变温度测量实验

【引言】

超导电性发现于 1911 年,荷兰科学家昂纳斯(K. Onnes)在实现了氦气液化之后不久,利用液氦所能达到的极低温条件,指导其学生吉利·霍斯特(Gilles Holst)进行金属在低温下电阻率的研究,发现在温度稍低于 4.2 K 时水银的电阻率突然下降到一个很小值。后来有人估计,电阻率的下限为 3.6×10^{-23} Ω·cm,而迄今正常金属的最低电阻率大约为 10^{-13} Ω·cm。与此相比,可以认为汞进入了电阻完全消失的新状态——超导态。我们定义超导体开始失去电阻时的温度为超导转变温度或超导临界温度,通常用 T_C 表示。

超导现象发现以后,实验和理论研究以及应用都有很大发展,但是临界温度的提高一直很缓慢。1986 年以前,经过 75 年的努力,临界温度只达到 23.2 K,这一记录保持了差不多12 年。此外,在 1986 年以前,超导现象的研究和应用主要依赖于液氦作为制冷剂。由于氦气昂贵、液化氦的设备复杂,条件苛刻,加上 4.2 K 的液氦温度是接近于绝对零度的极低温区等因素都大大限制了超导的应用。为此,探索高临界温度超导材料成为人们多年来梦寐以求的目标。

1987 年初,液氮温区超导体的发现震动了整个世界,人们称之为 20 世纪最重大的科学技术突破之一,它预示着一场新的技术革命,同时也为凝聚态物理学提出了新的课题。

这类超导体由于其临界温度在液氮温度(77 K)以上,因此通常被称为高温超导体。液氮温度以上钇钡铜氧超导体的发现,使得普通的物理实验室具备了进行超导实验的条件,因此全球掀起了一股探索新型高温超导体的热潮。1987 年底,我国留美学者盛正直等首先发现了第一个不含稀土的铊钡铜氧高温超导体。1988 年初,日本研制成临界温度达 110 K 的铋锶钙铜氧超导体。1988 年 2 月,盛正直等又进一步发现了 125 K 铊钡钙铜氧超导体。几年以后(1993 年)法国科学家发现了 135 K 的汞钡钙铜氧超导体。它们都含有铜和氧,因此也总称为铜氧基超导体。它们具有类似的层状结晶结构,铜氧层是超导层。高温超导体已经取得了实际应用,开始为人类造福。例如,钇钡铜氧超导体和铋系超导体已制成了高质量的超导电缆。而铊钡钙铜氧超导薄膜制成的装置,早在上世纪末就安装在移动电话的发射塔中,增加容量,减少断线和干扰。

2014 年 1 月 10 日,在人民大会堂举行的国家科学技术大会上,由赵忠贤(中国科学院物理研究所)、陈仙辉(中国科学技术大学)、王楠林(中国科学院物理研究所)、闻海虎(中国科学院物理研究所)、方忠(中国科学院物理研究所)完成的"40 K 以上铁基高温超导体的发现及若干基本物理性质的研究"获得 2013 年度国家自然科学一等奖。

【实验目的】

(1) 了解临界温度高温材料的基本特性及其测试方法;

(2) 测量氧化物超导体 YBaCuO 的临界温度,掌握测定转变温度的方法;

(3) 了解超导体的最基本特性以及判定超导态的基本方法。

【实验仪器】

如图 7.6.1 所示，将高温超导探测器与仪器主机相连。

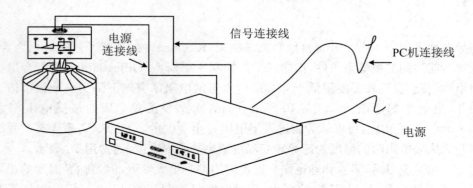

图 7.6.1　高温超导转变温度测量装置

FD-RT-Ⅱ 高温超导转变温度测量仪主要由实验主机、低温液氮杜瓦瓶和实验探棒以及前级放大器组成，如图 7.6.2 所示。

图 7.6.2　高温超导转变温度测量仪仪器装置

1. 探棒

探棒是安装超导样品和温度计供插入低温杜瓦瓶实现变温的实验装置。其上部装有前级放大器，底部是样品室。棒身采用薄壁的德银管或不锈钢管制作。底部样品室的结构见图 7.6.3。

样品室外壁和内部样品架均由紫铜块加工而成，通过紫铜块外壁与液氮的热接触，将冷量传到内部紫铜块样品架中。样品架的温度取决于与环境的热平衡，控制探棒插入液氮中的深度，可以改变样品架的温度变化速度。超导样品为常规的四引线接头方式，其电流、电压引线分别连接到样品架的相应接头上。图 7.6.3 中，并排的中间两引线是电压接头，靠外的两引线是电流引线。样品架的温度由铂电阻温度计测定，样品电阻的四引线和铂电阻的四引线通过紫铜热沉后接至探棒上端，再分别接至各自的恒流源和电压表。

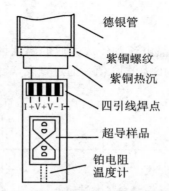

图 7.6.3　探棒样品室内部结构示意图

2. 前级放大部分

前级放大器见图 7.6.4，① 样品上的电压经放大器放大 1 000 倍后的输出，其与主机的连接线在 5 芯航空头上。② 样品电流的测量端，其与主机的连接线也在 5 芯航空头上；③ 两个插座为样品两电压端的直接引出点，未经放大，此处也可直接连到记录仪的 X－Y 端。④ 两个插座是铂电阻温度计的电压输出端，此处可直接连到记录仪的 X－Y 端。⑤，⑥ 五芯的航空接头，是前级运放信号的输入和输出端。

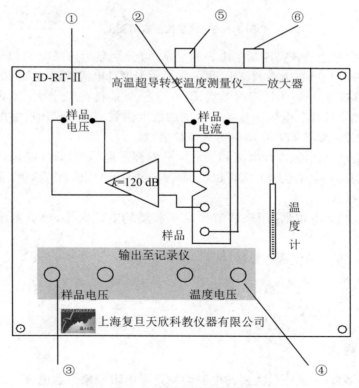

图 7.6.4　前级放大器框图

3．测量仪主机

① 数字电压表：用于显示样品电流和经放大后的温度计电压值，只要除以已知的放大倍数（40 倍）就可以得到温度计的原始电压值。通过查表，就可以得出其对应的温度值。

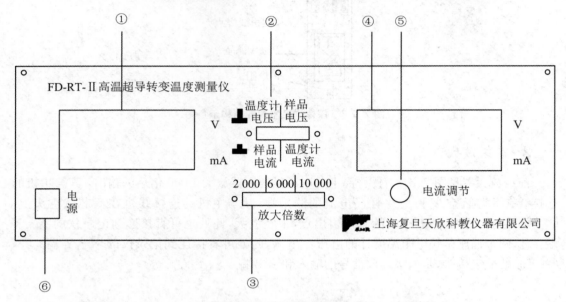

图 7.6.5　测量仪主机前面板

② 按键开关：左边的开关控制左边表的显示，可分别显示样品电流和经放大后的温度计电压；右边的开关控制右边表的显示，可分别显示温度计电流和经放大后的样品电压值。

③ 放大倍数按键开关：为适应因形状、制备工艺，性能材料成分等因素不同引起的样品阻值的不同，本测量仪样品电压测量备有不同的放大倍数。测量仪出厂时的三挡放大倍数如面板上所示为：2 000，6 000 和 10 000（大概数值）。

④ 数字电压表：显示温度计电流和经放大后的样品电压值，只要除以已知的放大倍数（通过放大倍数切换开关来获得），就可以得到样品的原始电压值，样品的阻值由原始电压值除以样品电流值得到。

⑤ 样品电流调节电位器：用来调节样品所需要的电流大小，电流范围为 1.5 mA 到 33 mA，连续可调。

⑥ 电源开关：是仪器电源的控制端。

【实验原理】

1．零电阻现象

超导体有许多特性，其中最主要的电磁性质是零电阻现象。当把金属或合金冷却到某一确定温度 T_C 以下，其直流电阻突然降到零，把这种在低温下发生的零电阻现象称为物质的超导电性，具有超导电性的材料称为超导体。电阻突然消失的某一确定温度 T_C 叫作超导体的临界温度。在 T_C 以上，超导体和正常金属都具有有限的电阻值，这种超导体处于正常态。由正常态向超导态的过渡是在一个有限的温度间隔里完成的,即有一个转变宽度 ΔT,它取决于材料的纯度和晶格的完整性,理想样品图的 $\Delta T \leqslant 10^{-3}$ K。图 7.6.6 为电阻-温度关系图。

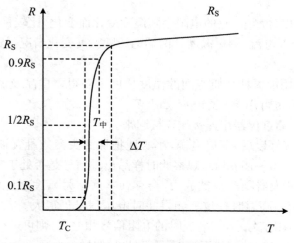

图 7.6.6　电阻-温度关系图

2. 完全抗磁性

当把超导体置于外加磁场时磁通不能穿透超导体,而使体内的磁感应强度始终保持为零($B=0$),超导体的这个特性又称为迈斯纳(Meissner)效应。由于外磁场的磁通无法进入超导体体内,结果在磁铁与超导体之间,就会产生斥力,斥力可以克服重力,从而产生悬浮现象。超导体的这两个特性既相互独立又有紧密的联系,完全抗磁性不能由零电阻特性派生出来,但是零电阻特性却是迈斯纳效应的必要条件。

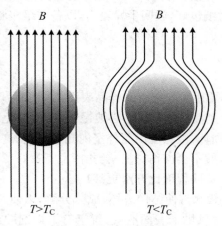

图 7.6.7　完全抗磁性

【实验步骤】

本实验的目的是测量超导材料的转变温度,也就是在常压环境下超导体从非超导态变为超导态时的温度。由于超导材料在超导状态时电阻为零,因此我们可用检测其电阻随温度变化的方法来判定其转变温度。实验中要测电阻及温度两个量,样品的电阻用四引线法测量,通以恒定电流,测量两端的电压信号,由于电流恒定,电压信号的变化即是电阻的变化。

温度用铂电阻温度计测量,它的电阻会随温度变化而变化,比较稳定,线性也较好,实验时通以恒定的 1.00 mA 电流,测量温度计两端电压随温度变化情况,从表中可查到其对应的温度。

温度的变化是利用液氮杜瓦瓶空间的温度梯度来获得。样品及温度计的电压信号,可从数字显示表中读得,也可用 $x-y$ 记录仪记录。

(1) 样品、探棒与测量仪器用连接线连接起来。

(2) 样品连线连接好以后,开启电源,小心地把探测头浸入杜瓦瓶内,待样品温度达到液氮温度后(一般等待 10～15 min),观察此时样品出现信号是否处于零附近(因此时温度最低,电阻应为 0,但因放大器噪声也被放大,会存在本底信号),注意此时不能再改变放大倍数,放大倍数挡位置应与高温时一致。如果此时电压信号仍很大,与高温时一样,则属不正常,需检查原因。如电阻信号小,与高温时的电阻信号相差大,则可进行数据测量了。

(3) 样品温度达到稳定的液氮温度时,记下此时的样品电压及温度电压值,然后把探测头小心地从液氮瓶内提拉到液面上方,温度会慢慢升高。在这变化过程中,温度计的电压信号及样品的电阻信号会同时变化,同时记录这两数值,记下 50～60 个数据,作图即可求得转变温度。在这一过程中要耐心观察,特别在转变温度附近,最好多测些数据。

(4) 如时间允许可从高温到低温再测量一次,观察两条曲线是否重合,解析原因。

(5) 将本仪器与计算机连接,使用本机提供的专用软件可实时记录样品的超导转变曲线。计算机的连接和所用软件的使用说明详见附录。

(6) 实验结束工作时,注意以下事项:① 关掉仪器电流,用热吹风把探测头吹干。② 旋开探测头的外罩,把样品吹干,使其表面干燥无水气。③ 用烙铁把样品与样品架连接的四个焊点焊开,取出样品,用滤纸包好,放回干燥箱内,以备下组实验者使用。

【实验注意事项】

(1) 实验操作过程中不要用手直接接触样品表面,要带好手套,以免玷污样品表面。

(2) 样品探测头放进液氮杜瓦瓶时应小心地慢慢进行,以免碰坏容器,皮肤不要接触液氮,以免冻伤。万一容器瓶损坏,液氮溢出瓶外室内充满雾气,这时也不要紧张,这是液氮在汽化蒸发,只要不接到皮肤,就不会冻伤,过一会儿挥发完就好了。灌倒液氮时要小心,不要泼在手上、脚上,其严重灼伤皮肤程度比开水更甚!

(3) 超导样品宜长期接触水汽使结构破坏、成分分解,以使其超导性能丧失。故做完实验后宜从低温处取出,用热吹风烘干表面潮气,置于有干燥剂的密封容器中保存,待实验时再取出。

(4) 超导电阻转变过程的快慢与杜瓦瓶中的液氮多少有关,一般控制在液氮液面的高度(离底)为 6～8 cm,其高度可用所附底塑料杆探测估计。

【实验数据处理】

把实验数据填入表 7.6.1 中。

样品电流：＿＿＿＿＿＿＿＿＿；　温度计电流：＿＿＿＿＿＿＿＿＿。

表 7.6.1　数据记录表格

样品电压(uV)	温度计电压(mV)	温度计电阻(Ω)	温度计温度(℃)

表 7.6.2 为铂电阻温度计电阻-温度关系表。

表 7.6.2　铂电阻温度计电阻-温度关系

温度 (℃)	电阻值(Ω)(JJG 229 − 87)$R_0 = 100.00\ \Omega$									
	0	1	2	3	4	5	6	7	8	9
−200	18.49	−	−	−	−	−	−	−	−	−
−190	22.80	22.37	21.94	21.51	21.08	20.65	20.22	19.79	19.36	18.93
−180	27.08	26.65	26.23	25.80	25.37	24.94	24.52	24.09	23.66	23.23
−170	31.32	30.90	30.47	30.05	29.63	29.20	28.78	28.35	27.93	27.50
−160	35.53	35.11	34.69	34.27	33.85	33.43	33.01	32.59	32.16	31.74
−150	39.71	39.30	38.88	38.46	38.04	37.63	37.21	36.79	36.37	35.95
−140	43.87	43.45	43.04	42.63	42.21	41.79	41.38	40.96	40.55	40.13
−130	48.00	47.59	47.18	46.76	46.35	45.94	45.52	45.11	44.70	44.28
−120	52.11	51.70	51.20	50.88	50.47	50.06	49.64	49.23	48.82	48.41
−110	56.19	55.78	55.38	54.97	54.56	54.15	53.74	53.33	52.92	52.52
−100	60.25	59.85	59.44	59.04	58.63	58.22	57.82	57.41	57.00	56.60
−90	64.30	63.90	63.49	63.09	62.68	62.28	61.87	61.47	61.06	60.66
−80	68.33	67.92	67.52	67.12	66.72	66.31	65.91	65.51	65.11	64.70
−70	72.33	71.93	71.53	71.13	70.73	70.33	69.93	69.53	69.13	68.73
−60	76.33	75.93	75.53	75.13	74.73	74.33	73.93	73.53	73.13	72.73
−50	80.31	79.91	79.51	79.11	78.72	78.32	77.92	77.52	77.13	76.73
−40	84.27	83.88	83.48	83.08	82.69	82.29	81.89	81.50	81.10	80.70
−30	88.22	87.83	87.43	87.04	86.64	86.25	85.85	85.46	85.06	84.67
−20	92.16	91.77	91.37	90.98	90.59	90.19	89.80	89.40	89.01	88.62
−10	96.09	95.69	95.30	94.91	94.52	94.12	93.75	93.34	92.95	92.55
−0	100.00	99.61	99.22	98.83	98.44	98.04	97.65	97.26	96.87	96.48

温度 (℃)	电阻值(Ω)(JJG 229 - 87)$R_0 = 100.00\ \Omega$									
	0	1	2	3	4	5	6	7	8	9
0	100.00	100.39	100.78	101.17	101.56	101.95	102.34	102.73	103.12	103.51
10	103.90	104.29	104.68	105.07	105.46	105.85	106.24	106.63	107.02	107.40
20	107.79	108.18	108.57	108.96	109.35	109.73	110.12	110.51	110.90	111.28
30	111.67	112.06	112.45	112.83	113.22	113.61	113.99	114.38	114.77	115.15
40	115.54	115.93	116.31	116.70	117.08	117.47	117.85	118.24	118.62	119.01
50	119.40	119.78	120.16	120.55	120.93	121.32	121.70	122.09	122.47	122.86

【问题讨论】

(1) 什么叫超导现象？超导材料有什么主要特性？从你的电阻测量实验中如何判断样品进入超导态了？

(2) 如何能测准超导样品的温度？

(3) 测定超导样品的电阻为什么要用四引线法？

(4) 样品电流应调节多大，为什么？

(5) 为什么样品必须保持干燥？如何保存样品？

(6) 从超导材料进入超导态时 $R = 0$，你能想象出它有什么应用价值？

【附录——高温超导转变温度测量软件使用说明】

本软件设置为串行口输入，可选择不同的串行口(Com1 或 Com2)，采样的记录格式形同于记录纸，x 坐标为温度值(以温度的形式来显示)，每格大小在界面的右边显示。y 坐标所对应的是样品电压，每格所对应的电压值可供选择，这里设置了三个级别的电压值供选择。对于记录下的曲线，可以进行存盘、打印等操作，也可删除及重新开始记录，在计算机采样的时候，我们可以通过选择不同的颜色来区分降温和升温的曲线；在计算机记录完毕后，可以通过鼠标的点击来显示曲线上每一点的坐标值，横坐标的温度值可直接显示对应的温度，不需要查表。

本软件显示的窗口界面如图 7.6.8 所示。

1. 软件界面介绍

(1) 标题栏：本软件的名称。

(2) 菜单栏：此栏由"文件""编辑""操作""帮助""关于"五个部分组成，具体说明如下：

• 文件　可以对文件进行存盘、打开、打印等操作。

• 编辑　可以对采样到的图形进行处理。

• 操作　能对本软件运行进行控制，如选择串行口.改变 y 轴分度值等。

• 帮助　可以得到本软件使用的一切说明。

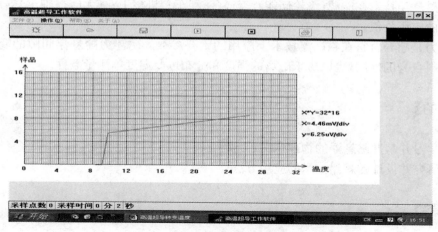

图 7.6.8　曲线图

· 关于　此为本公司的介绍。

（3）工具栏：由"新建""打开""存盘""运行""暂停""打印""退出"7 个部分组成。其具体功能和菜单栏上各项说明一致。

（4）实验监视栏：此栏设在屏幕下方，能了解实验是否正在进行，能记录实验所花费的时间和采样到的数据点的个数。

2. 软件使用操作步骤

（1）先将样品用导热胶粘放在样品架中，焊接四引线。

（2）将放大器上的航空头分别接到主机上对应的航空插座上。

（3）通过连接电缆将仪器与计算机串行口相连。

（4）打开本软件，选择合适的串行口（Com1 或 Com2）和显示的 y 轴分度值，如果选择不对，软件会进行提示。

（5）将探棒放入液氮杜瓦中。

（6）按下计算机窗口的运行键，就可以进行对样品的实时采样。

实验 7.7　磁　浮　力

【引言】

完全抗磁性和零电阻效应一样是超导材料的主要特征之一。当一个超导体置于外磁场中时，由于抗磁性和磁通钉扎效应的作用，即非理想第Ⅱ类超导体中的磁通捕获和磁滞现象以及其磁通线呈不均匀分布，磁通线除了受到洛伦兹力作用外，还受到来自存在于超导体中的缺陷的作用力，称之为钉扎力，缺陷称之为钉扎中心。钉扎力起源于磁通线位于超导相和缺陷处具有不同的能量，磁通线挣脱钉扎中心需要外界提供能量。在超导体内部将感应出屏蔽电流，又由于零电阻效应所致，屏蔽电流几乎不随时间衰减。在超导体内持续流动的屏蔽电流产生的磁场与外磁场发生相互作用，从而产生超导磁悬浮现象。以超导磁悬浮为基础的超导磁悬浮技术在能源(飞轮储能)、交通(磁浮车)、机械工业(无摩擦轴承)等诸多领域具有潜在的应用价值。

磁浮力是超导材料在磁悬浮技术上应用的重要参数。磁浮力随悬浮间隙的变化,取决于超导材料自身的性质,也取决于磁场的强度和分布以及温度等测量条件。

【实验目的】

(1) 学习并掌握磁悬浮的物理意义;
(2) 研究并设计磁悬浮技术的应用方法。

【实验仪器】

本测量仪包括用于支撑、固定各功能部件的机架,置放被测超导样品的低温容器、测量用磁体、垂直移动机构、力与位移的测量元件和输出信号显示单元,垂直移动机构与磁体相关联。力测量范围:0~50 kg;测力传感器最小感度:0.01 kg;测试温度:77.3 K(液氮温度);磁体移动范围:0~60 mm;样品:用熔融织构法生长的 YBaCuO 超导块,$\varphi30$ mm×14 mm,临界转变温度约 90 K。图 7.7.1 为实验装置实物图。

图 7.7.1　实验装置实物图

【实验原理】

(1) 零电阻现象

当把某种导电材料冷却到某一确定温度以下,其直流电阻突然降到零,把这种在低温下发生的零电阻现象称为物质的超导电性,具有超导电性的材料称为超导体。超导体的零电阻特性在实验上是很难观察的,一个观测的最好办法是作测量超导环中的持续电流的实验。

(2) 完全抗磁性

当把超导体置于外加磁场时,磁通不能穿透超导体,致使其体内的磁感应强度始终保持为零,超导体的这个特性又称为迈斯纳效应。

【实验步骤】

1. 零场冷实验过程

(1) 用连接线将测试架与测试仪连接。

(2) 打开测试仪的电源开关,预热 10 分钟。力显示值为 -0.04 kg(当容器中注满液氮时,显示值为零),如不为此值,请调整零点,或者直接清零。

(3) 用螺丝将样品固定在试样架中心(卡住即可,不必使劲拧,以免损坏样品)。然后将试样架安装在容器中,使样品上表面低于容器上表面。

(4) 逆时针转动手柄,使磁体向下移动至磁体与样品接触,调整磁体位置使其与样品对中,打开深度尺电源开关并使数值归零。

(5) 顺时针转动手柄,使磁体远离样品,上移至大于 40 mm 的位置。

(6) 向低温容器中注入液氮,使样品在没有外磁场作用的条件下冷却至液氮温度(零场冷)。保持液氮面略高于样品上表面(测试过程中因液氮蒸发液面下降时,可随时添加液氮)。

(7) 按一定步长(转动手柄 1 圈,移动 1.5 mm)逆时针转动手柄,向下移动磁体,在每一点停留相同时间,同时从测试仪上分别读取距离和力的数据。由于超导体内存在磁通流动和磁通蠕动,力的数值会随时间衰减,为尽量减少测量误差,建议在第一时间读取距离与力的数值。

(8) 在磁体距样品约 2～3 mm 处取值后,反向移动磁体,用同样的方法记录力与距离的数值。

(9) 用力与距离的对应关系作图,得到该样品零场冷条件下磁浮力与悬浮间隙的曲线。

(10) 重复测量时必须等待液氮完全蒸发(或拧松螺丝将样品从样品架上取出),使样品整体升温至 90 K 以上(超导样品转变为正常态),使冻结在样品中的磁场消退。

(11) 实验结束后关闭测试仪电源,并将样品取出擦干后保存在干燥皿中,避免水和 CO_2 可能对样品造成的破坏。

2. 场冷实验过程

(1) 预备过程同零场冷步骤(1)～(3)。

(2) 逆时针摇动手柄,使磁体上移至距样品 1～10 mm 之间的任意位置,向低温容器中注入液氮,使样品在有外磁场作用的条件下冷却至液氮温度(场冷)。

(3) 按一定步长逆时针转动手柄,向上移动磁体,并在每一点停留相同时间,同时从测试仪上读取距离和力的数据。

(4) 其他步骤同零场冷步骤(8)～(10)。

【实验注意事项】

(1) 置于稳定的平台上,周围环境应无振动和热辐射。

(2) 加注液氮时要当心,避免低温液体对皮肤的伤害,禁止戴棉布或线手套操作。

（3）实验结束后务必将样品取出擦干并放置在干燥皿中保存。

【实验数据处理】

把实验数据填入表 7.7.1 中。

表 7.7.1　数据记录

距离 （cm）			
力值 （kg）			

【问题讨论】

超导磁浮力与哪些因素有关，它的潜在应用价值体现在哪些方面？

实验 7.8　超声光栅实验

【引言】

1922 年布里渊（L. Brillouin）曾预言，当高频声波在液体中传播时，如果有可见光通过该液体，可见光将产生衍射效应。这一预言在 10 年后被验证，这一现象被称作声光效应。1935 年，拉曼（Raman）和奈斯（Nath）对这一效应进行研究发现，在一定条件下，声光效应的衍射光强分布类似于普通的光栅，所以也称为液体中的超声光栅。

【实验目的】

（1）了解声光效应的原理；
（2）掌握利用声光效应测定液体中声速的方法。

【实验仪器】

超声光栅实验仪（数字显示高频功率信号源，内装压电陶瓷片 PZT 的液槽）、钠灯、测微目镜、透镜及可以外加液体（如矿泉水），仪器装置见图 7.8.1。

【实验原理】

1. 光栅的形成

压电陶瓷片（PZT）在高频信号源（频率约 10 MHz）所产生的交变电场的作用下，发生周

图 7.8.1　仪器装置

期性的压缩和伸长振动,其在液体中的传播就形成超声波。当一束平面超声波在液体中传播时,其声压使液体分子作周期性变化,液体的局部就会产生周期性的膨胀与压缩,这使得液体的密度在波传播方向上形成周期性分布,促使液体的折射率也做同样分布,形成了所谓疏密波,这种疏密波所形成的密度分布层次结构,就是超声场的图像。此时若有平行光沿垂直于超声波传播方向通过液体时,平行光会被衍射。以上超声场在液体中形成的密度分布层次结构是以行波运动的,为了使实验条件易实现,衍射现象易于稳定观察,实验中是在有限尺寸液槽内形成稳定驻波条件下进行观察,由于驻波振幅可以达到行波振幅的两倍,这样就加剧了液体疏密变化的程度。

当驻波形成以后,某一时刻 t,驻波某一节点两边的质点涌向该节点,使该节点附近成为质点密集区,在半个周期以后,即 $t + T/2$,这个节点两边的质点又向左右扩散,使该波节附近成为质点稀疏区,而相邻的两波节附近成为质点密集区。图 7.8.2 为在 t 和 $t + T/2$(T 为超声振动周期)两时刻的振幅 y、液体疏密分布和折射率 n 的变化分析。由图 7.8.2 可见,超声光栅的性质,在某一时刻 t,相邻两个密集区域的距离为 λ,为液体中传播的行波的波长,而在半个周期以后,$t + T/2$。所有这样区域的位置整个漂移了一个距离 $\lambda/2$,而在其他时刻,波的现象则完全消失,液体的密度处于均匀状态。超声场形成的层次结构消失,在视觉上是观察不到的,当光线通过超声场时,观察驻波场的结果是,波节为暗条纹(不透光),波腹为亮条纹(透光)。明暗条纹的间距为声波波长的一半,即为 $\lambda/2$。由此我们对由超声场的层次结构所形成的超声光栅性质有了了解。当平行光通过超声光栅时,光线衍射的主极大位置由方程决定。

$$d\sin\varphi_k = k\lambda, \quad k = 0,1,2,\cdots \tag{7.8.1}$$

由于本实验中光栅常数 d 就是声波的波长 λ_s,所以方程可以写为

$$\lambda_s\sin\varphi_k = k\lambda_{光}, \quad k = 0,1,2,\cdots \tag{7.8.2}$$

其中,$\lambda_{光}$ 是入射光的波长,光路图如图 7.8.3 所示。

实际上由于 φ 角很小,可以近似认为

$$\sin\varphi_k = l_k/f \tag{7.8.3}$$

其中,l_k 为衍射零级光谱线至第 k 级光谱线的距离,f 为 L_2 透镜的焦距,所以超声波的波长

$$\lambda_s = \frac{k\lambda_{光}f}{l_k} \tag{7.8.4}$$

超声波在液体中的传播速度

$$v = \lambda_s\nu \tag{7.8.5}$$

式中，ν 为信号源的振动频率。

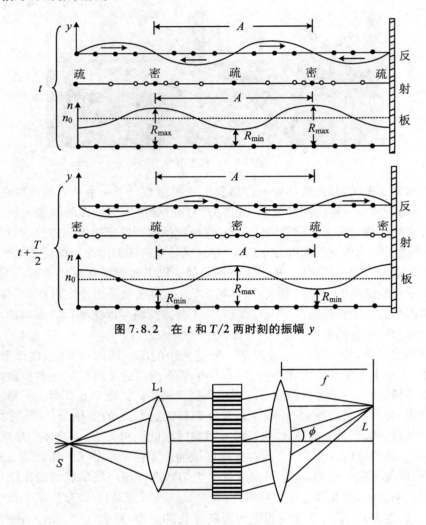

图 7.8.2　在 t 和 $T/2$ 两时刻的振幅 y

图 7.8.3　超声光栅仪衍射光路图

【实验步骤】

（1）点亮钠灯，照亮狭缝，并调节所有器具同轴。

（2）液槽内充好液体后，连接好液槽上的压电陶瓷片与高频功率信号源上的连线，将液槽放置到载物台上，且使光路与液槽内超声波传播方向垂直。

（3）调节高频功率信号源的频率（数字显示）和液槽的方位，直到视场中出现稳定而且清晰的左右各二级以上对称的衍射光谱（最多能调出 ±4 级），再细调频率，使衍射的谱线出现间距最大，且最清晰的状态，记录此时的信号源频率。

（4）用测微目镜，对矿泉水液体的超声光栅现象进行观察，测量各节谱线到另节的位置读数，注意旋转螺纹的方向一致，防止产生空程误差。利用公式(7.8.4)求出超声波的波长。

【实验注意事项】

（1）超声池置于载物台上必须稳定，在实验中应避免震动，以使超声在液槽内形成稳定的驻波。

（2）实验时间不宜过长，因为声波在液体中的传播与液体温度有关，时间过长温度可能在小范围内有变动，从而影响实验精度。

（3）频率计长时间处于工作状态会对其性能有一定影响，尤其在高频条件下有可能会使电路过热而损坏，实验时应特别注意不要使频率长时间调在 12 MHz 以上。

（4）实验完毕应将超声池内被测液体倒出，不要将锆钛酸铅陶瓷片长时间浸泡在液槽内。

【实验数据处理】

汞绿光 546.1 nm，实验温度 = ＿＿＿＿＿。

把实验数据填入表 7.8.1 中。

表 7.8.1　测微目镜中衍射条纹位置读数

色级	-2	-1	0	1	2
绿					
蓝					
黄					

用逐差法计算各色光衍射条纹平均间距及标准差

$$\lambda_s = \frac{\lambda_光}{\Delta L} f$$

液体中声速的测量：

$$C = \nu \lambda_s$$

误差：

$$E = \frac{|C - C_{理论}|}{C_{理论}} \times 100\% = \frac{|C - 1\,497|}{1\,497} \times 100\%$$

【问题讨论】

（1）用逐差法处理数据的优点是什么？

（2）误差产生的原因是什么？

（3）能否用钠灯作光源？

【附录】

（1）一些参数

表 7.8.2 中 A 为温度系数，对于其他温度 t 的速度可按公式 $V_t = V_0 + A(t - t_0)$ 近似

计算。

表 7.8.2　声波在下列物质中的传播速度　　　　　　　　　　　　（20 ℃纯净介质）

液体	t_0(℃)	V_0(m/s)	A(m/(s·K))
普通水	25	1 497	2.5
乙醇	20	1 180	−3.6
甲醇	20	1 123	−3.3
丙酮	20	1 192	−5.5
海水	17	1 510～1 550	/
甘油	20	1 923	−1.8
煤油	34	1 295	/

（2）测微目镜简介

测微目镜是带测微装置的目镜，可作为测微显微镜和测微望远镜等仪器的部件，在光学实验中有时也作为一个测长仪器独立使用（例如测量非定域干涉条纹的间距）。图 7.8.4(a)是一种常见的丝杠式测微目镜的结构剖面图。鼓轮转动时通过传动螺旋推动叉丝玻片移动；鼓轮反转时，叉丝玻片因受弹簧恢复力作用而反向移动。有 100 个分格的鼓轮每转一周，叉丝移动 1 mm，所以鼓轮上的最小刻度为 0.01 mm。图 7.8.4(b)表示通过目镜看到的固定分划板上的毫米尺、可移动分划板上的叉丝与竖丝以及被观测的几条干涉条纹。

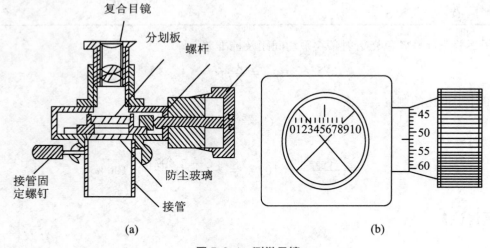

图 7.8.4　测微目镜

为了测量干涉条纹中的 10 个明（或暗）条纹距离，可以使叉丝和竖丝对准第 n 个明（或暗）条纹，先读毫米标尺上的整数，再加上鼓轮上的小数，即为该条纹的位置 A。再慢慢移动叉丝和竖丝，对准第 $n+10$ 个明（或暗）条纹，得到位置 B。若 $A=2.735$ mm，$B=4.972$ mm，则 11 个条纹间的 10 个距离就是

$$10\Delta x = B - A = 4.972 - 2.375 = 2.237 \text{（mm）}$$

测微目镜的结构很精密，使用时应注意：虽然分划板刻尺是 0～8 mm，但一般测量应尽量在 1～7 mm 范围内进行，竖丝或叉丝交点不许越出毫米尺刻线之外，这是为保护测微装

置的准确度所必须遵守的规则。

实验 7.9　FD-GMR-A 型巨磁阻效应实验

【引言】

磁性金属和合金在磁场作用下,其电阻率 ρ 发生变化,这种现象称为磁电阻效应,简称磁阻效应。对磁阻的研究经历了正常磁电阻效应(OMR)、巨磁阻效应(GMR)、隧道磁电阻效应(TMR)、超大磁电阻效应(CMR)的过程。

早在 1988 年,法国人阿尔贝·费尔(Albert Fert)在铁、铬相间的多层膜电阻中发现,微弱的磁场变化可以导致电阻大小的急剧变化,其变化的幅度比通常高十几倍,他把这种效应命名为巨磁阻效应(Giant Magneto Resistive Effect,简称 GMR)。德国优利希研究中心彼得·格林贝格尔(Peter Grunberg)教授领导的研究小组,在具有层间反平行磁化的铁/铬/铁三层膜结构中也独立地发现了完全同样的现象。

近二十年之后,瑞典皇家科学院将 2007 年诺贝尔物理学奖授予了独立发现巨磁阻效应的费尔和格林贝格尔,以表彰他们在"用于读写硬盘数据的技术"的开创性研究。诺贝尔评委会主席佩尔·卡尔松用比较通俗的语言解答了什么是巨磁阻效应,他用两张图片的对比说明了巨磁阻的重大意义:一台 1954 年体积占满整间屋子的电脑和一个如今非常普通、手掌般大小的硬盘。正因为有了这两位科学家的发现,单位面积介质存储的信息量才得以大幅度提升。

目前,巨磁阻效应广泛应用于高密度读出磁头、磁力计、电子罗盘、位移和角度传感器、车辆探测、GPS 导航、仪器仪表、磁存储(磁卡和硬盘)等领域,使用巨磁阻效应的传感器,与光电传感器等相比,具有灵敏度高、功耗小、可靠性高、体积小,能工作于恶劣的工作条件等优点。来自剑桥大学的一位物理学家 Tony Bland 介绍说:"这些材料一开始看起来非常玄妙,但是最后发现它们有非常巨大的应用价值,它们为生产商业化的大容量信息存储器铺平了道路,同时它们也为进一步探索新物理——比如隧道磁电阻效应(TMR)、自旋电子学以及新的传感器技术奠定了基础"。目前,低饱和场也具有高巨磁阻效应的薄膜材料的研究,已经成为当前国际上磁性材料的研究热点之一,此外人们更感兴趣的问题是如何将隧穿磁阻效应开发为未来的新技术宠儿。

【实验目的】

(1) 了解巨磁阻效应原理,了解巨磁阻传感器的原理及其使用方法;

(2) 学习巨磁阻传感器定标方法,用巨磁阻传感器测量弱磁场;

(3) 测定巨磁阻传感器敏感轴与被测磁场间夹角与传感器灵敏度的关系;

(4) 测定巨磁阻传感器的灵敏度与其工作电压的关系;

(5) 用巨磁阻传感器测量通电导线的电流大小。

【实验仪器】

FD-GMR-A 型巨磁阻效应实验仪,包括实验主机、亥姆霍兹线圈实验装置、连接导线等。如图 7.9.1 所示。

图 7.9.1 巨磁阻效应实验仪装置

【实验原理】

1. 巨磁阻效应

1988 年,法国巴黎大学的研究小组首先在 Fe/Cr 多层膜中发现了巨磁阻效应,在国际上引起很大的反响。巨磁阻(Giant Magneto Resistance)是一种层状结构,外层是超薄的铁磁材料(Fe,Co,Ni 等),中间层是一个超薄的非磁性导体层(Cr,Cu,Ag 等),这种多层膜的电阻随外磁场变化而显著变化。

通常情况下,Cr,Cu,Ag 等是良好的导体,但当它的厚度只有几个原子时,导体的电阻率会显著增加。在块状导体材料中,导体内电子由于会和其他微粒碰撞,所以在"散射"改变运动方向之前都要运动很长一段距离。在电子散射之前运动的距离的平均长度称为平均自由程。然而,在非常薄的材料中,电子的运动无法达到最大平均自由程。电子很可能直接运动到材料的表面并直接在那里产生散射,这导致了在非常薄的材料中平均自由程较短。因此导体中的电子要在这种材料中运动更加困难,导致导体电阻率的增大。

巨磁阻的磁性层是用来抗铁磁耦合的,当没有外界磁场作用时,这两层材料的磁化是相互对立的。可以假设为两根"头尾相连"的条形磁铁(两个磁铁是平行的,其中一个的北极与另一个的南极同向),中间隔着一张薄塑料纸。巨磁阻材料中磁性层的磁化方向也是"头尾相连"的,中间是非磁性层。

如图 7.9.2 所显示的是 GMR 材料结构内部的一些电子的射程,两个箭头指明了抗磁耦合。

注意 电子是散射到两个 GMR 材料的表面。这是因为电子从上层自旋试图进入下层自旋,反之亦然。由于电子自旋的不同,电子比较有可能散射到两个表面。这种情况的结局是导电电子的平均自由程的长度相当短,从而导致了材料具有相对高的电阻率。

如果外加在 GMR 材料上的外界磁场足够大,它就能够克服两个磁性层之间磁化的抗磁耦合。这种条件下,两个薄层的电子都会做同样的自旋。这时,电子便容易在巨磁阻材料中运动,电子的平均自由程增长,导致巨磁阻材料的电阻率降低,如图 7.9.3 所示,这种电阻随外磁场变化而显著变化的现象即为巨磁阻效应。

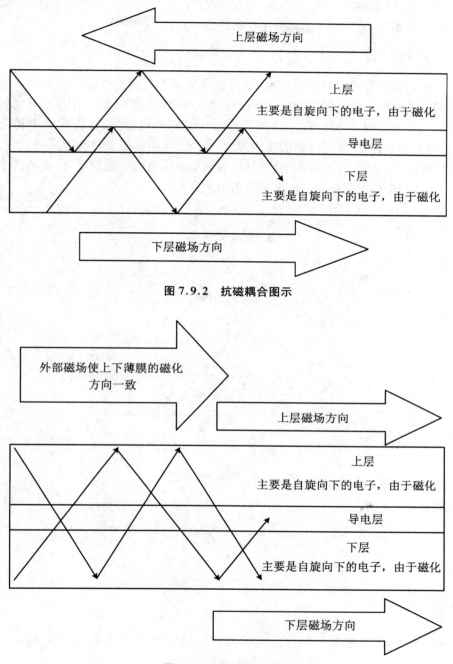

图 7.9.2　抗磁耦合图示

图 7.9.3　顺磁耦合图示

　　巨磁阻材料在高密度读出磁头、磁存储元件上有广泛的应用前景。美国、日本和西欧都对发展巨磁阻材料及其在高新技术上的应用投入了很大的力量。IBM 公司研制成巨磁阻读出磁头,将磁盘记录密度一下子提高了 17 倍,从而使磁盘在与光盘的竞争中重新处于领先地位。利用巨磁阻效应在不同的磁化状态具有不同电阻值的特点,可以制成随机存储器(MRAM),其优点是在无电源的情况下可继续保留信息。

由于巨磁阻效应易使器件小型化、廉价化,可应用于测量位移、角度等传感器中,可广泛应用于数控机床、汽车测速、非接触开关、旋转编码器中,与光电传感器等相比,它具有功耗小、可靠性高、体积小,能工作于恶劣的工作条件等优点。

2. 巨磁阻传感器

本仪器的巨磁阻传感器采用惠斯登电桥,磁通屏蔽和磁通集中器。在传感器基片上镀一层很厚的磁性材料,这块材料对其下方的巨磁阻电阻器形成屏蔽,不让任何外加磁场进入被屏蔽的电阻器。如图 7.9.4 所示,惠斯登电桥中的两个电阻器(在桥的两个相反的支路上)在磁性材料的上方,受外界场强的作用,而另外两个电阻器磁性材料的下方,从而受到屏蔽而不受外界磁场作用。当外界磁场作用时,前两个电阻器的电阻值下降,而后两个电阻值保持不变,这样在电桥的终端就有一个信号输出。

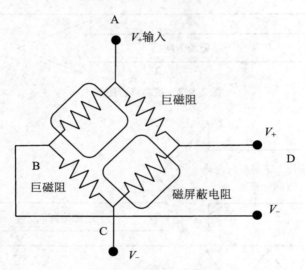

图 7.9.4　惠斯登电桥图示

传感器输出

$$U_{输出} = U_{out+} - U_{out-} = \frac{R_{BC}}{R_{AB} + R_{BC}} V_+ - \frac{R_{CD}}{R_{AD} + R_{CD}} V_+ \qquad (7.9.1)$$

若

$$R_{AB} = R_{BC} = R_{CD} = R_{AD} \qquad (7.9.2)$$

在未加场强时

$$U_{输出} = U_{out+} - U_{out-} = 0 \qquad (7.9.3)$$

当存在外场强时,未被屏蔽的巨磁电阻器 R_{BC},R_{AD} 电阻值减小,而受屏蔽的巨磁阻电阻器 R_{AB},R_{CD} 电阻值不变。则

$$U_{输出} = \frac{R_{BC}}{R_{AB} + R_{BC}} V_+ - \frac{R_{CD}}{R_{AD} + R_{CD}} V_+ = V_+ \qquad (7.9.4)$$

即在相同场强条件下,传感器输出与传感器的工作电压成正比,即传感器灵敏度与其工作电压成正比。

另外,镀层还可以使磁通集中器放置在基片上。磁通集中器使原来的传感器灵敏度增大了 2～100 倍。它收集垂直于传感器管脚方向上的磁通量,并把它们聚集在芯片中心的

GMR 电桥的电阻器上。如图 7.9.5 所示,垂直于传感器管脚的方向为巨磁阻传感器的敏感轴方向。当外磁场方向平行于传感器敏感轴方向时,传感器的输出信号最大。

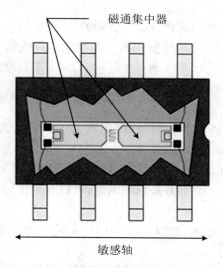

图 7.9.5　巨磁阻传感器图示

在相同场强下,当外场强方向平行于传感器敏感轴方向时,传感器输出最大。当外场强方向偏离传感器敏感轴方向时,传感器输出与偏离角度成余弦关系。即传感器灵敏度与偏离角度成余弦关系

$$S(\theta) = S(0)\cos\theta \qquad (7.9.5)$$

巨磁阻传感器应用广泛,可用来测量磁场、位移、角度、电流等,可制成测速仪、定向仪,也可用于车辆监控、航运、验钞等方面,另外巨磁阻传感器在医疗方面也有很大应用。本实验主要介绍了巨磁阻传感器在测量电流方面的应用。

GMR 磁场传感器能有效地检测有电流产生的磁场,图 7.9.6 所示的传感器封装是用来检测通电导线产生的磁场。导线可放在芯片的上方或下方,但必须垂直于敏感轴。通电导线在导线周围辐射状地布满磁场。当传感器中的 GMR 材料感应到磁场,传感器的输出引脚就产生一个差分输出。磁场强度与通过导线的电流成正比,当电流增大时,周围的磁场增大,传感器的输出也增大。同样,当电流减小时,周围磁场和传感器输出都减小。

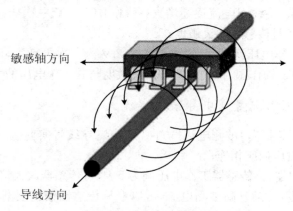

图 7.9.6　传感器电流图示

【实验内容和步骤】

将巨磁阻传感器调整到亥姆霍兹线圈公共轴的中点,旋转传感器内盘,使外盘的刻度线对准内盘 0°,调整传感器外盘,使传感器管脚方向与磁感应强度方向垂直(此时巨磁阻传感器敏感轴与磁场方向平行),用水平仪调整转盘水平,用 5 芯航空线连接主机和实验装置。

1. 学习巨磁阻传感器定标方法,用巨磁阻传感器测量弱磁场

(1) 将主机恒流源用波段开关扳向"线圈电流"方向,将亥姆霍兹线圈用红黑导线串联起来,并与主机上的线圈用恒流源相连;

(2) 打开主机,将线圈电流调零,传感器工作电压调为 5 V,将传感器放大倍数挡调至"×1"挡,将传感器输出调零。逐渐升高线圈电流,可以看见传感器输出逐渐增大,将线圈电流和传感器输出再次归零;

(3) 将线圈电流由零开始逐渐增大,每隔 0.05 A 记一次传感器输出,以传感器输出为 y 轴,线圈电流值为 x 轴作图;

(4) 用亥姆霍磁线圈产生磁场作为已知量,得到巨磁阻传感器(传感器敏感轴与磁感应强度方向平行且传感器工作电压为 5 V 时)的灵敏度。

2. 测定巨磁阻传感器敏感轴与被测磁场夹角与传感器灵敏度的关系

步骤(1),(2)同上面 1 中步骤(1),(2)。

(3) 将线圈电流调高至 0.6 A,记下零度时传感器的输出(即传感器敏感轴与磁感应强度方向平行时),旋转传感器转盘,每隔 5°记一次传感器输出。以传感器输出为 y 轴,角度为 x 轴作图,得到传感器敏感轴与被测磁场夹角与传感器灵敏度的关系;

(4) 若时间充足,可改变传感器工作电压或改变线圈电流再测几组数据(注意,每次改变巨磁阻工作电压后,传感器输出要重新调零)。

3. 测定巨磁阻传感器的灵敏度与其工作电压的关系

步骤(1)同上面 1 中步骤(1)。

(2) 将线圈电流调零,将传感器工作电压调为 2 V,将传感器放大倍数挡调至"×1"挡,巨磁阻传感器输出调零,将线圈电流逐渐增大,每隔 0.05 A 记一次传感器输出,作图,得到传感器工作电压为 2 V 时传感器的灵敏度;

(3) 将传感器的工作电压调高,可每隔 1 V 或 2 V 测一次灵敏度,以传感器灵敏度为 y 轴,传感器工作电压为 x 轴作图,得到传感器的灵敏度与其工作电压的关系。

4. 用巨磁阻传感器测量通电导线的电流大小

(1) 将主机波段开关扳向"被测电流"方向,用红黑导线将实验装置黑色底板上的被测电流插座与主机上的对应插座相连;

(2) 将被测电流调零,将传感器工作电压调为 5 V,将传感器放大倍数挡调至"×10"挡,巨磁阻传感器输出调零,逐渐升高被测电流,可以看见传感器输出逐渐增大,将被测电流和传感器输出再次归零;

（3）将被测电流由零开始逐渐增大，每隔 0.1 A 或 0.2 A 记一次传感器输出，以传感器输出为 y 轴，被测电流值为 x 轴作图，得到被测电流大小与传感器输出的关系。

（4）若时间充足，可改变传感器工作电压再测几组数据（注意，每次改变巨磁阻工作电压后，传感器输出要重新调零）。

5. 实验表格示例

（1）实验 1

线圈电流（A）	传感器输出（V）
0.00	
0.05	
⋮	
0.80	

（2）实验 2

巨磁阻传感器工作电压为 5 V 时：

角度（°）	传感器输出（V）
0	
5	
⋮	
90	

（3）实验 3

线圈电流（A）	工作电压（V）			
	2	3	⋯	12
0.00				
0.05				
⋮				
0.80				

工作电压（V）	灵敏度（V/A）
2	
3	
⋮	
12	

（4）实验 4

巨磁阻传感器工作电压为 5 V 时：

被测电流（A）	传感器输出（V）
0	
0.5	
⋮	
5.5	

【注意事项】

（1）在各个实验中，均需注意地磁场对实验产生的影响；

（2）使用磁性传感器时，应尽量避免铁质材料和可以产生磁性的材料在传感器附近出现。

实验 7.10　光　纤　实　验

【引言】

　　光纤通信是利用光波作载波，以光纤作为传输媒质将信息从一处传至另一处的通信方式。1966 年英籍华人高锟博士发表了一篇划时代的论文，他提出带有包层材料的石英玻璃光学纤维能作为通信介质。例如，在发送端首要把传送的信息（如话音）变成电信号，然后调制到激光器发出的激光束上，使光的强度随电信号的幅度（频率）变化而变化，并通过光纤发送出去；在接收端，检测器收到光信号后把它变换成电信号，经解调后恢复原信息。从此，开创了光纤通信领域的研究工作。

　　1977 年美国在芝加哥相距 7 000 m 的两电话局之间，首次用多模光纤成功地进行了光纤通信实验。85 μm 波段的多模光纤为第一代光纤通信系统。1981 年又实现了两电话局间使用 1.3 μm 多模光纤的通信系统，此为第二代光纤通信系统。1984 年实现了 1.3 μm 单模光纤的通信系统，即第三代光纤通信系统。20 世纪 80 年代中后期又实现了 1.55 μm 单模光纤通信系统，即第四代光纤通信系统。用光波分复用（WDM）提高速率，用光波放大增长传输距离的系统，为第五代光纤通信系统。新系统中，相干光纤通信系统已达现场实验水平，将得到应用。光孤子通信系统可以获得极高的速率，21 世纪初已达到实用化。在该系统中加上光纤放大器有可能实现极高速率和极长距离的光纤通信。

【实验项目】

1. 光纤光学基本知识演示

（1）实验目的

通过具体演示，使实验者对光纤光学有基本的认识，为以后的实验打下基础。

（2）实验仪器用具

He-Ne 激光器 1 套,手持式光源 1 台,光纤耦合架 1 套,633 nm 单模光纤 1 m,普通通信光纤跳线 3 m,光纤支架 1 套,SGN-1 光能量指示仪 1 台,手持式光功率计 1 台,SZ-04 型调整架 6 个,SZ-42 型调整架 1 个,SZ-13 型调整架 1 个,光纤切割刀 1 套。

（3）实验内容

演示 1　观察光纤基模场远场分布。

取一根约 1 m 长的 633 nm 单模光纤,剥去其两端的涂敷层,用光纤切割刀切制光学端面,然后参照图 7.10.1,由物镜将激光从任一端面耦合进光纤,用白屏接收光纤输出端的光斑,观察光场分布。其中,中心亮的部分对应纤芯中的模场,外围对应包层中的场分布。

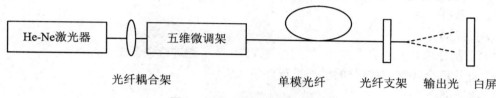

图 7.10.1　光纤基模场远场分布

演示 2　观察光纤输出的近场和远场图案。

取一根普通通信光纤(单模、多模皆可,相对 633 nm 为多模光纤),参照演示 1 的操作步骤,将 He-Ne 激光器的输出光束经耦合器耦合进光纤,用白屏接收出射光斑,分别观察其近场和远场图案。

演示 3　观察光纤输出功率和光纤弯曲(所绕圈数及圈半径)的关系。

取一根约 3 m 长的普通通信光纤(为方便起见,可带 Fc/Pc 接头),将光源输出的光耦合进光纤,由手持式光功率计检测光纤输出光的功率,并记录此时的功率读数;将光纤绕于手上,改变绕的圈数和圈半径,观察并分析光纤输出功率与所绕圈数及圈半径大小的关系。

2. 光纤与光源耦合方法实验

（1）实验目的

① 学习光纤与光源耦合方法的原理;

② 实验操作光纤与光源耦合。

（2）实验仪器用具

He-Ne 激光器 1 套,光纤耦合架 1 套,633 nm 单模光纤 1 m,光纤支架 1 套,光能量指示仪 1 台,SZ-04 型调整架 6 个,SZ-42 型调整架 1 个,SZ-13 型调整架 1 个,光纤切割刀 1 套。

（3）实验内容

1）耦合方法

光纤与光源的耦合有直接耦合和经聚光器件耦合两种,聚光器件有传统的透镜和自聚焦透镜之分。自聚焦透镜的外形为"棒"形(圆柱体),所以也称之为自聚焦棒。实际上,它是折射率分布指数为 2(即抛物线形)的渐变型光纤棒的一小段。

直接耦合是使光纤直接对准光源输出的光进行的"对接"耦合,这种方法的操作过程是:将用专用设备使切制好并经清洁处理的光纤端面靠近光源的发光面,并将其调整到最佳位置(光纤输出端的输出光强最大),然后固定其相对位置。这种方法简单,可靠,但必须有专用设备。如果光源输出光束的横截面面积大于纤芯的横截面面积,将引起较大的耦合损耗。

经聚光器件耦合是将光源发出的光通过聚光器件将其聚焦到光纤端面上,并调整到最佳位置(光纤输出端的输出光强最大)。这种耦合方法能提高耦合效率。耦合效率 η 的计算公式为

$$\eta = \frac{p_1}{p_2} \times 100\% \tag{7.10.1}$$

或

$$\eta = -10\lg\frac{p_1}{p_2} \tag{7.10.2}$$

式中,p_1 为耦合进光纤的光功率(近似为光纤的输出光功率),p_2 为光源输出的光功率。

2) 实验操作

① 直接耦合

A. 切制处理好光纤光学端面,然后按图 7.10.2 示意进行耦合操作。

B. 计算耦合效率,对自己的工作进行评估。

② 透镜耦合

A. 切制处理好光纤光学端面,然后按示意图 7.10.2 进行耦合操作;

B. 计算耦合效率,对自己的工作进行评估;

C. 比较、评估两种耦合方法的耦合效率。

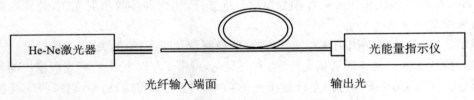

图 7.10.2   直接耦合原理示意图

3. 多模光纤数值孔径(NA)测量实验

(1) 实验目的

① 学习光纤数值孔径的含义及其测量方法;

② 用远场光斑法测量多模光纤的数值孔径。

(2) 实验仪器用具

He-Ne 激光器 1 套,光纤耦合架 1 套,633 nm 多模光纤 1 m,光纤支架 1 套,光能量指示仪 1 台,SZ-04 型调整架 6 个,SZ-42 型调整架 1 个,SZ-13 型调整架 1 个,光纤切割刀 1 套。

数值孔径(NA)是多模光纤的一个重要参数,它表示光纤收集光的本领的大小以及与光源耦合的难易程度。光纤的 NA 大,收集、传输能量的本领就大。

(3) 实验内容

1) 光纤数值孔径的几种定义

① 最大理论数值孔径 $NA_{max,t}$

其数学表达式为

$$NA_{max,t} = n_0\sin\theta_{max,t} = \sqrt{n_1^2 - n_2^2} \approx n_1\sqrt{2\Delta} \tag{7.10.3}$$

式中,$\theta_{max,t}$ 为光纤允许的最大入射角,n_0 为周围介质的折射率,在空气中为 1,n_1 和 n_2 分别

为光纤纤芯中心和包层的折射率，$\Delta = \dfrac{n_1 - n_2}{n_1}$ 为相对折射率差。最大理论数值孔径 $NA_{\max, t}$ 由光纤的最大入射角的正弦值决定。

② 远场强度有效数值孔径 NA（NA_{eff}）

远场强度有效数值孔径是通过测量光纤远场强度分布确定的，它定义为光纤远场辐射图上光强下降到最大值的 5%处的半张角的正弦值。CCITT（国际电报电话咨询委员会）组织规定的数值孔径指的就是这种数值孔径 NA，推荐值为（0.18～0.24）±0.02。

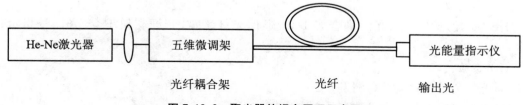

图 7.10.3　聚光器件耦合原理示意图

2）光纤数值孔径的测量

① 远场光强法

远场光强法是 CCITT 组织规定的 G.651 多模光纤的基准测试方法。该方法对测试光纤样品的处理有严格要求，并且需要很高的仪器设备：强度可调的非相干稳定光源；具有良好线性的光检测器等。

② 远场光斑法

这种测试方法的原理本质上类似于远场光强法，只是结果的获取方法不同。虽然不是基准法，但简单易行，而且可采用相干光源。原理性实验多半采用这种方法。其测试原理如图 7.10.4 所示。

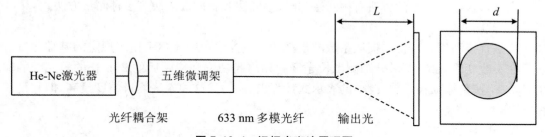

图 7.10.4　远场光斑法原理图

测量时，在暗室中将光纤出射远场投射到白屏上（最好贴上坐标格纸，这样更方便），测量光斑直径（或数坐标格），通过下面式子计算出数值孔径

$$NA = k \cdot d \tag{7.10.4}$$

式中，k 为一常数，可由已知数值孔径的光纤标定；d 为光纤输出端光斑的直径。例如，设光纤输出端到接收屏的距离为 50 cm，$k = 0.01$，$d = 20$ cm，立即可以算出数值孔径为 0.20。对于未知的 k，我们可以由上述的距离和光斑直径根据

$$\theta = \arctan(d/2L) \tag{7.10.5}$$

求出，再由

$$NA = \sin\theta \tag{7.10.6}$$

求出 NA 的近似值,建议我们在实验中采用该方法。

注意 本实验提供的多模光纤的数值孔径为 0.275 ± 0.015。

4. 光纤传输损耗性质及测量实验

(1) 实验目的

① 学习光纤传输损耗的含义、表示方法及测量方法;

② 用截断法测量光纤的传输损耗。

(2) 实验仪器用具

He-Ne 激光器 1 套、光纤耦合架 1 套、通信光纤 1 盘、光纤支架 1 套、光能量指示仪 1 台。

(3) 实验内容

1) 光纤传输损耗特性和测量方法

① 光纤传输损耗的含义和表示方法

光波在光纤中传输,随着传输距离的增加,光波强度(或光功率)将逐渐减弱,这就是传输损耗。光纤的传输损耗与所传输的光波长 λ 相关,与传输距离 L 成正比。

通常,以传输损耗系数 $\alpha(\lambda)$ 表示损耗的大小。光纤的损耗系数为光波在光纤中传输单位距离所引起的损耗,常以短光纤的输出光功率 p_1 和长光纤的输出光功率 p_2 之比的对数表示,即

$$\alpha(\lambda) = -\frac{1}{L} 10 \lg \frac{p_1}{p_2} \tag{7.10.7}$$

光纤的传输损耗是由许多因素所引起的,有光纤本身的损耗和用作传输线路时由使用条件造成的损耗。

② 光纤的传输损耗的测量方法

光纤传输损耗测量的方法有截断法、介入损耗法和背向散射法等多种测量方法。

A. 截断法

这是直接利用光纤传输损耗系数的定义的测量方法,是 CCITT 组织规定的基准测试方法。在不改变输入条件下,分别测出长光纤的输出光功率和剪断后约 2 m 长的短光纤的输出光功率,按传输损耗系数 $\alpha(\lambda)$ 的表示式计算出 $\alpha(\lambda)$。这种方法测量精度最高,但它是一种"破坏性"的方法。

B. 介入损耗法

介入损耗法原理上类似于截断法,只不过用带活动接头的连接线替代短光纤进行参考测量,计算在预先相互连接的注入系统和接收系统之间(参考条件)由于插入被测光纤引起的光功率损耗。显然,光功率的测量没有截断法直接,而且由于连接的损耗会给测量带来误差,因此这种方法准确度和重复性不如截断法。

C. 背向散射法

背向散射法是通过光纤中的后向散射光信号来提取光纤传输损耗的一种间接的测量方法。只需将待测光纤样品插入专门的仪器就可以获取损耗信息,不过这种专门仪器设备(光时域反射计——OTDR)价格昂贵。

2) 实验操作

截断法测量光纤的传输损耗,本操作以截断法做原理性的实验,示意图如图 7.10.5

所示。

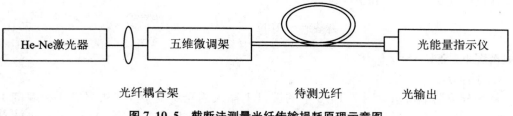

图 7.10.5　截断法测量光纤传输损耗原理示意图

5. 光纤分束器参数测量实验

(1) 实验目的

① 了解光纤分束器及其用途和性能参数;

② 用光纤分束器参数测量。

(2) 实验仪器用具

手持式光源 1 套、1 310 nm 分束器 1 个、手持式光功率计 1 台。

(3) 实验内容

1) 光纤分束器简介

① 光纤分束器和用途

光纤分束器是对光实现分路、合路、插入和分配的无源器件。在光纤通信系统中,用于数据母线和数据线路的光信号的分路和接入,以及从光路上取出监测光以了解发光元件和传输线路的特性和状态;在光纤用户网、区域网、有线电视网中,光纤分束器更是必不可缺的器件;在光纤应用领域的其他许多方面光纤分束器也都被派上了各自的用场,它的应用将越来越广泛。

光纤分束器的种类很多,它可以由 2 根以上(最多 100 多根)的光纤经局部加热熔合而成,最基本的是一分为二。

② 光纤分束器的主要特性参数

光纤分束器的主要特性参数是分光比,插入损耗和隔离度。

A. 分光比

分光比等于输出端口的光功率之比。例如,图 7.10.6 中输出端口 3 与输出端口 4 的光功率之比 $p_3/p_4 = 3/4$,则分光比为 3 : 7。通常的 3 dB 耦合器,两个输出端口的光功率之比为 1 : 1。对于两个输出端口的光方向耦合器,分光比的范围可为 1 : 1~1 : 99。

图 7.10.6　光分束器端口示意图

B. 插入损耗

插入损耗表示光分束器损耗的大小,由各输出端口的光功率之和与输入光功率之比的对数表示,单位为分贝(dB)。例如,用符号 α 表示损耗,端口 1 输入光功率 p_1,端口 3 和端口 4 输出的光功率为 p_3 和 p_4,则

$$\alpha = -10\lg\frac{p_3 + p_4}{p_1} \tag{7.10.8}$$

一般情况下,要求 $\alpha \leqslant 0.5\,\text{dB}$。

C. 隔离度

从光分束器端口示意图 7.10.6 中的端口 1 输入的光功率 p_1,应从端口 3 和端口 4 输出,理论上,端口 2 不该有光输出,而实际上端口 2 有少量光功率 p_2 输出,p_2 的大小就表示了 1、2 两个端口间的隔离度。如用符号 A_{1-2} 表示端口 1、2 的隔离度,那么

$$A_{1-2} = -10\lg\frac{p_2}{p_1} \tag{7.10.9}$$

2) 实验操作

在光纤分束器简介的基础上,参照图 7.10.7 对光纤分束器的性能进行测量。

图 7.10.7　光纤分束器性能测试示意图

6. 可调光衰减器参数测量实验

(1) 实验目的

① 了解光衰减器及其用途和性能参数;

② 用可调光衰减器参数测量。

(2) 实验仪器用具

手持式光源 1 套、手持式光功率计一台、可调光衰减器 1 只、单模光纤跳线(FC/PC)2 根。

(3) 实验内容

① 光衰减器简介

光衰减器是一种用来降低光功率的光无源器件。根据不同的应用,它分为可调光衰减器和固定光衰减器两种。在光纤通信中,可调光衰减器主要用于调节光线路电平,在测量光接收机灵敏度时,需要用可调光衰减器进行连续调节来观察光接收机的误码率;在校正光能量指示仪和评价光传输设备时,也要用可调光衰减器。固定光衰减器结构比较简单,如果光纤通信线路上电平太高就需要串入固定光衰减器。光衰减器不仅在光纤通信中有重要应用,而且在光学测量、光计算和光信息处理中也都是不可缺少的光无源器件。

可调光衰减器一般采用光衰减片旋转式结构,衰减片的不同区域对应金属膜的不同厚度。根据金属膜厚度的不同分布,可做成连续可调式和步进可调式。为了扩大光衰减的可调范围和精度,采用衰减片组合的方式,将连续可调的衰减片和步进可调衰减片组合使用。可变衰耗器的主要技术指标是衰减范围、衰减精度、衰耗重复性、插入损耗等。

对于固定式光衰减器,在光纤端面按所要求镀上有一定厚度的金属膜即可以实现光的衰耗;也可以用空气衰耗式,即在光的通路上设置一个几微米的气隙,即可实现光的固定衰耗。

② 实验操作

测量可调光衰减器的特性参数,根据实验对象,选择具体的操作内容,参照示意图 7.10.8。

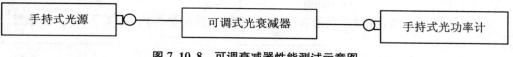

图 7.10.8　可调衰减器性能测试示意图

7. 光纤隔离器参数测量实验

(1) 实验目的

① 了解光隔离器及其用途和主要性能参数;

② 测量光隔离器参数。

(2) 实验仪器用具

手持式光源 1 套、手持式光功率计一台、光纤隔离器 1 只。

(3) 实验内容

① 光隔离器简介

光隔离器是一种只允许光波沿光路单向传输的非互易性光无源器件,它的作用是隔离反向光对前级工作单元的影响。

光隔离器的主要技术指标有:插入损耗、反向隔离度和回波损耗等。目前,在 1 310 nm 波段和 1 550 nm 波段反向隔离度都可做到 40 dB 以上。光通信系统对光隔离器性能的要求是,正向插入损耗低、反向隔离度高、回波损耗高、器件体积小、环境性能好。

光隔离器的主要性能、指标有:

A. 插入损耗

光隔离器的插入损耗由下式表示

$$\alpha_L = -10\lg\frac{p_{\text{out}}}{p_{\text{in}}} \tag{7.10.10}$$

式中,p_{in},p_{out} 为光隔离器的输入、输出光功率。插入损耗主要是由光隔离器中的偏振器、法拉第旋光元件和准直器等元件的插入而产生的。光隔离器的插入损耗一般在 0.5 dB 以下,最好的指标可以达到 0.1 dB 以下。

B. 隔离度

隔离度是光隔离器的重要指标之一,用符号 I_{SO} 表示。数学表达式为

$$I_{\text{SO}} = -\lg\left(\frac{p'_{\text{R}}}{p_{\text{R}}}\right) \tag{7.10.11}$$

式中,p_{R},p'_{R} 分别为反向输入、输出光功率。实际应用中的光隔离器,其隔离度应在 30 dB 以上,越高越好。

C. 回波损耗

光隔离器的回波损耗定义为:光隔离器的正向输入光功率 p_{in} 和返回到输入端的光功率 p'_{in} 之比,由下面式子表示:

$$\alpha_{\text{RL}} = -\lg\left(\frac{p'_{\text{in}}}{p_{\text{in}}}\right) \tag{7.10.12}$$

回波直接影响系统的性能,所以回波损耗是一个相当重要的指标。优良的光隔离器的回波

损耗都在 55 以上。由于光隔离器所用光学材料价格较高、工艺复杂,因此隔离器的价格也较高。

② 实验操作

测量光隔离器的特性参数,根据实验对象,选择具体的操作内容,图 7.10.9 为示意图。

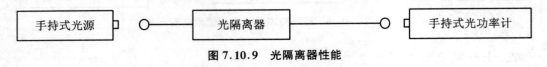

图 7.10.9　光隔离器性能

8. 光纤光开关实验

(1) 实验目的

① 了解光开关及其用途和主要性能参数;

② 操作光开关参数测量。

(2) 实验仪器用具

手持式光源 1 套、手持式光功率计 1 台、机械式光开关 1 套、单模光纤跳线 2 根。

(3) 实验内容

① 光开关简介

光开关是一种将光波在时间上或空间上进行切换的器件,它起着控制和转换光路的作用。它是光纤通信系统、光纤网络系统、交换技术、光纤测试技术以及光纤传感等不可缺少的器件。光开关应具备插入损耗小、开关速度快、串扰小、消光比高、重复性好、寿命长、结构紧凑等性能。

根据工作原理,光开关可分机械式光开关和非机械式光开关两大类。机械式光开关是靠移动光纤或光学元件等使光路发生改变达到通、断的目的。

② 光开关的主要特性参数

光开关的主要特性参数有插入损耗,隔离度,工作波长,消光比,开关时间等。下面分项介绍:

A. 插入损耗

插入损耗表示输出端口的光功率比输入端口的光功率减小,以分贝表示。其表示式为

$$\alpha = -10 \lg \frac{p_{in}}{p_{out}} \tag{7.10.13}$$

式中,p_{in},p_{out} 分别为输入端口和输出端口的光功率。

B. 隔离度

光开关的隔离度定义为,用分贝表示的两个相隔离的输出端口的光功率的比值。表示式为

$$\alpha = -10 \lg \frac{p_{in}}{p_{im}} \tag{7.10.14}$$

式中,p_{in},p_{im} 为 i 端口输入给 n 端口时,在 n 输出端口和 m 输出端口分别测得的光功率。

C. 消光比

两个窗口之间处于导通和非导通状态的分贝表示的插入损耗之差。

D. 开关时间

开关端口从某一初始状态转为"通"或"断"所需要的时间,它从施加给开关或从开关撤去转换能量的时刻起测量。

③ 实验操作

光开关参数测量参考测试示意图 7.10.10 进行实验操作。实验中用到的光开关为机械式光开关,棱镜的移动采用电磁铁驱动方式。

图 7.10.10　光开关性能测试示意图

9. 波分复用(WDM)原理性实验

(1) 实验目的

① 学习光波分复用(WDM)的含义、意义;

② 操作双波长波分复用(WDM)原理实验。

(2) 实验用具

1 310 nm 光信号源 1 台、1 550 nm 光信号源 1 台、双踪示波器一台、1310 nm/1 550 nm 合波器 1 只、1310 nm/1 550 nm 分波器 1 只、两端带 PC/FC 接头光纤 3 米、红外光接收器 1 台、跳线 2 根、光纤活动接头 5 个。

(3) 实验内容

光波分复用(WDM)技术是一种增加通信容量的技术,一根现有的普通单模光纤可传输的带宽极宽,仅 1 550 nm 传输窗口就可传输成千上万个光信道,所以利用光波分复用技术的前景十分光明。

光波分复用(WDM)也称光频分复用,两者的物理原理相同。习惯上,光频分复用是指光频细分,即光信道非常密集;而光波分复用是指光频粗分,光信道相隔较大,甚至在光纤的不同窗口上,其复用的信道也较少。

波分复用是复用光纤信道。即指一根光纤中同时传输具有不同波长的几个载波,而每个载波又各自载荷一群数字信号。经此光纤信道长距离传输,到终端由分波器将各载波分开,然后进入到各自的通道,进行分离解调,恢复各载波载送的信息。"复用"分为单向复用和双向复用,显然,双向复用的复用量将增大一倍。

操作双波长波分复用(WDM)实验,参照原理框图 7.10.11,按老师要求操作实验。

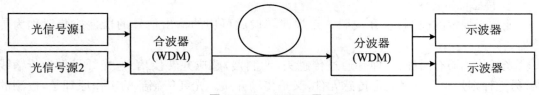

图 7.10.11　WDM 原理

10. M－Z 光纤干涉实验

(1) 实验目的

① 了解 M－Z 干涉的原理和用途;

② 实验操作调试 M－Z 干涉仪并进行性能测试。

（2）实验仪器用具

He-Ne 激光器 1 套、光纤干涉演示仪 1 套、633 nm 单模光纤 1 根、光纤切割刀 1 套。

（3）实验内容

① M－Z 干涉仪的原理和用途

以光纤取代传统 M－Z（马赫-泽得尔）干涉仪的空气隙，就构成了光纤型 M－Z 干涉仪。这种干涉仪可用于制作光纤型光滤波器、光开关等多种光无源器件和传感器，在光通信、光传感领域有广泛的用途，其应用前景非常美好。

光纤型 M－Z 干涉仪实际上是由分束器构成，当相干光从光纤型分束器的输入端输入后，在分束器输出端的两根长度基本相同的单模光纤会合处产生干涉，形成干涉场。干涉场的光强分布（干涉条纹）与输出端两光纤的夹角及光程差相关，令夹角固定，那么外界因素改变的光程差直接和干涉场的光强分布（干涉条纹）相对应。

② 实验操作

按图 10.2.12 所示仔细将光耦合进光纤分束器的输入端，此时可用光能量指示仪监测，固定好位置；精心调试分束器输出端两根光纤的相对位置，使其在会合处产生干涉条纹。固定调试好的相对位置，分析观察到的现象。

光纤耦合架   光纤耦合端面   输出光

图 7.10.12　聚光器件耦合原理示意图

11. 光纤温度传感原理实验

（1）实验目的

① 了解传感的意义；

② 操作光纤温度传感原理实验。

（2）实验仪器用具

He-Ne 激光器 1 套、光纤干涉演示仪一套、633 nm 单模光纤 1 根、光纤切割刀一套。

（3）实验内容

① 传感器的定义和意义

能感受规定的被测量，并按照一定规律转换成可用的输出信号的器件或装置称为传感器。

光纤传感器有两种，一种是通过传感头（调制器）感应并转换信息，光纤只作为传输线路；另一种则是光纤本身既是传感元件，又是传输介质。光纤传感器的工作原理是，被测的量改变了光纤的传输参数或载波光波参数，这些参数随待测信号的变化而变化。光信号的变化反映了待测物理量的变化。

在信息社会中，人们的一切活动都是以信息的获取和信息的交换为中心，传感器是信息技术的三大技术之一。随着信息技术进入新时期，传感技术也进入了新阶段。"没有传感器技术就没有现代科学技术"的观点已被全世界所公认，因此，传感技术受到各国的重视，特别是备受发达国家的重视,我国也将传感技术纳入国家重点发展项目。

② 实验操作

本实验中传感量是温度,温度改变了光波的位相,通过对位相的测量来实现对温度的测量。具体的测量技术是,运用干涉测量技术把光波的相位变化转换为强度(振幅)变化,实现对温度的检测,操作步骤参考实验 10。光纤 M-Z 型干涉仪进行对温度传感的测量,利用干涉仪的一臂作参考臂,另一臂作测量臂(改变温度),配以检测显示系统就可以实现对温度传感的观测。本操作只对温度引起光波参数改变作定性的干涉图案的变化观测,详细的量化可参考专门资料。

注意 受温变化光纤长度为 360 mm。

12. 光纤压力传感原理实验

(1) 实验目的

① 了解传感的意义;

② 操作光纤压力传感原理实验。

(2) 实验仪器用具

He-Ne 激光器 1 套、光纤干涉演示仪一套、633 nm 单模光纤 1 根、光纤切割刀一套。

(3) 实验内容

① 光纤 M-Z 型压力传感原理

M-Z 干涉仪型传感器属于双光束干涉原理,由双光束干涉的原理可知,干涉场的干涉光强为

$$I \propto 1 + \cos\delta \tag{7.10.15}$$

δ 为干涉仪两臂的光程差对应的位相差,δ 等于 2π 整数倍时为干涉场的极大值。压力改变了干涉仪其中一臂的光程,于是改变了干涉仪两臂的光程差,即位相差,位相差的变化由按上式规律变化的光强反映出来。

② 实验操作

本实验中传感量是压力,压力改变了光波的位相,通过对位相的测量来实现对压力的测量。具体的测量技术是运用干涉测量技术把光波的相位变化转换为强度(振幅)变化,实现对压力的检测。操作方案采用光纤干涉仪进行对压力传感的测量,利用干涉仪的一臂作参考臂,另一臂作测量臂(改变应力),配以检测显示系统就可以实现对压力传感的观测。示意图如图 7.10.13 所示。本操作只对压力引起光波参数改变作定性的干涉图案的变化观测,详细的量化可参考专门资料。

注意 变形光纤长度为 60 mm。

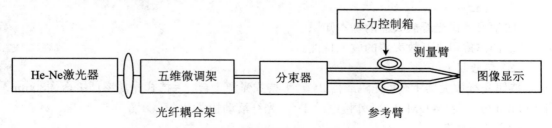

图 7.10.13 压力传感原理示意图

13. 发射机消光比测量实验

(1) 实验目的

① 了解光发射机消光比的含义和表示方法；

② 操作光发射机消光比的测量。

(2) 实验仪器用具

带外调制接口光源 1 台、误码仪 1 台、手持式光功率计 1 台、跳线 2 根。

(3) 实验内容

① 光发射机消光比的含义、表示方法：

消光比是光发射机的重要指标之一，在数字通信系统中，光发射机发送的是"0"码和"1"码的光脉冲。理想的光发射机，在发射"0"码时应无光功率输出，而实际使用中的光发射机，由于本身的缺陷，或者由于直流偏置选择不当，使得在发射"0"码时也有光功率输出。描述光发射机的这种性质用消光比（EXT）来表示，其定义为

$$EXT = \frac{\text{全"0"码的平均输出光功率}}{\text{全"1"码的平均输出光功率}} \qquad (7.10.16)$$

消光比的增大将使接收机的灵敏度降低，消光比越大，灵敏度下降越厉害。因此，为了保证光接收机有足够的灵敏度，通常要求光发射机的消光比小于 10%。

② 实验操作

按图 7.10.14 所示进行光发射机消光比的测量，分别使数字光信号源输出全"0 码"、全"1 码"，直接用跳线将光信号源输出的光输入给光能量指示仪接收，记录下相应的光功率，由消光比（EXT）定义式即可算得其值。

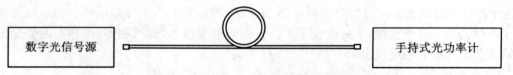

| 数字光信号源 | | 手持式光功率计 |

图 7.10.14　光发射机消光比测试框图

本实验中的数字光信号源为由误码仪产生伪随机码调制的带外调制接口的光源。实验上可以分别测出光源加上伪随机码时的光功率和撤去伪随机码时的光功率，然后代入式子计算出即可。必须注意的是，因为伪随机码的"0"码和"1"码的几率基本相等，所以全"1"码的光功率应该是加上伪随机码时测得的光功率的 2 倍。

14. 掺铒光纤放大器原理性实验

(1) 实验目的

① 学习掺铒光纤放大器的基本知识；

② 操作掺铒光纤放大器的放大特性。

(2) 实验用具

掺铒光纤放大器 1 套、光隔离器 2 个、手持式光源 1 台、手持式光功率计 1 台、980 nm/1 550 nm 分波器（WDM）1 个、外接电源 1 套、光纤活动接头 3 个。

(3) 实验内容

1) 学习掺铒光纤放大器（EDFA）的基本知识

① 光纤放大器概念、用途

光放大器是实现全光通信的关键性部件,光纤放大器有两类,一类是使用一般传输光纤制作的光放大器,这是借助传输光纤材料的三阶非线性效应产生的增益机制而使光信号得以放大的一种分布式光纤放大器;另一类是利用光纤中的掺杂物质引起激活机制实现光放大的光纤放大器,掺铒光纤放大器属于此类。掺铒光纤放大器(EDFA)的出现和应用,引起了光纤通信领域一场新的变革,人们称 EDFA 是光纤通信史上的一个里程碑。

② EDFA 的基本结构和工作原理

EDFA 由掺铒光纤、泵浦光源、耦合器(WDM)和光隔离器等几部分组成,铒光纤是放大器的工作物质,选择长度由掺杂浓度决定,各种掺杂浓度都有一个最佳长度,设计放大器时应选择在最佳长度上。泵浦光源为大功率 LD,工作波长一般选择 980 nm。光耦合器的作用是将信号光和泵浦光有效地合波,并一块进入掺铒光纤;光隔离器是一种非互易性光学器件,其作用是使铒光纤放大器工作在行波状态,隔离反向波对信号源或前级的工作状态的影响。实用的 EDFA 可用一个泵源正向泵浦或反向泵浦,也可用两个泵源双向泵浦。

③ EDFA 的主要特性

A. 增益特性

这是掺铒光纤放大器最主要的性能,其增益与输入信号有关,小信号输入增益大,大信号输入增益小,并且增益有一个饱和值,即输入信号过大时则掺铒光纤放大器的增益饱和,输出趋于一个有限的固定值。

B. 噪声特性

掺铒光纤放大器具有比电子放大更优良的信号噪声比,所以它可以作光接收机的前置放大器,从而获得更好的接收机灵敏度。

C. 光频响应

掺铒光纤放大器的放大是有一定光频范围的,称此为光频响应。典型的掺铒光纤放大器的光频响应带宽为 35 nm,相当于 4 300 GHz,这是非常宽的。

2) 实验操作

在掺铒光纤放大器的放大特性实验中,可采用如图 7.10.15 所示进行操作。

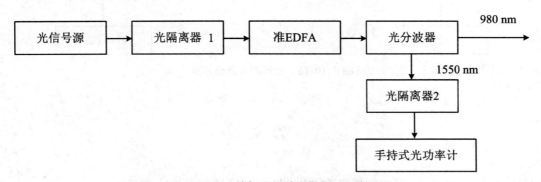

图 7.10.15　掺铒光纤放大器原理示意图

测出光信号进入放大器前的光功率 p_{in};然后将信号光输入给 EDFA,在 EDFA 的输出端(光隔离器 2 的输出端)测输出光功率 p_{out},由(7.10.17)式计算放大器的放大倍数,或者由(7.10.18)式计算以分贝表示的放大器的增益(dB)。

$$\alpha = \frac{p_{out}}{p_{in}} \tag{7.10.17}$$

$$\alpha = 10\lg\frac{p_{out}}{p_{in}} \tag{7.10.18}$$

15. 开路音频模拟信号传输实验

(1) 实验目的

① 使实验者建立通过内调制的方式上载信息到光载波的感性认识；了解模拟通信系统的基本组成和开路光通信的优越性。

② 操作开路音频模拟信号传输实验。

(2) 实验仪器用具

可见 LD 光载波源 1 套、音频信号源 1 台、光检测器 1 套、解调系统 1 套。

(3) 实验内容

① 基本概念

光通信有无线光通信和有线光通信两类，有线光通信即光纤通信，而无线光通信则是开路光通信，以大气作信道的光通信。开路光通信无需线路，简单经济，在太空通信有着非常美好的前景。

通信的传输信号有数字信号和模拟信号两种，相应的系统为数字通信系统和模拟通信系统。模拟通信系统不需要复杂昂贵的编码系统，有独到之处。

调制是上载信息的手段，有内调制、外调制两种，内调制无需调制器，直接调制 LD 的工作电流，简单方便、经济。

② 操作开路音频模拟信号传输实验

按图 7.10.16 连接线路，并对该简单装置的音质效果进行评价。

图 7.10.16　音频模拟通信系统

参 考 文 献

[1] 戴道宣,戴乐山.近代物理实验[M].北京:高等教育出版社,2006.

[2] 陈云琳,刘依真.近代物理实验[M].北京:北京交通大学出版社,2010.

[3] 刘维,崔金刚,兰铖.近代物理实验[M].哈尔滨:哈尔滨工程大学出版社,2008.

[4] 张志东,魏怀鹏,展永,等.近代物理开发研究与创新[M].天津:天津大学出版社,2007.

［5］　贾瑞皋,薛庆忠.电磁学［M］.北京:高等教育出版社,2003.

［6］　王魁香,韩炜.新编近代物理实验［M］.北京:科学出版社,2007.

［7］　殷婷,杨辰.巨磁阻效应及其应用［J］.科教论坛,2010(8):169.

［8］　鲁军政.自旋电子学的研究与发展［J］.科技信息,2009(3):520.

［9］　蔡建旺.磁电子学器件应用原理［J］.物理学进展,2006,26(2):180-225.